ライブラリ　例題から展開する大学数学❶

例題から展開する
大学の基礎数学

星賀 彰 著

サイエンス社

サイエンス社のホームページのご案内
https://www.saiensu.co.jp
ご意見・ご要望は　rikei@saiensu.co.jp　まで.

まえがき

本書は，大学進学を間近に控えた高校生，ならびに高校の数学に不安を感じたまま入学してしまった大学生を対象として書かれている．推薦入試や AO 入試など大学入試制度が多様化する今，数学の基礎知識がないまま大学に入学したために難解な授業についていけず，留年や退学してしまうケースが非常に多く見られている．もちろん，入学させた以上，補講などのサポート体制を用意する責任が大学にはあるが，学生も自らその状況を打開する気持ちを持ってもらいたい．とはいえ高校で学ぶ数学の範囲は広く，どの分野を重点的に復習すればよいのか見当がつかないであろう．そこで本書は，高校で学ぶ数学のうち特に大学で必要とされる内容を厳選し再構成することにした．さらに，進学する学部によって内容の重要度も異なるので，次ページに各章の重要度を学科ごとに記載したので参考にしてもらいたい．

また，本書は「例題から展開する」と銘打ってある通り，例題を軸にして話を展開させている．例題は，動機づけとなる「導入問題」，理解度を確認する「確認例題」，そして応用力を身につける「基本例題」の 3 種類がある．難解と思われる単元も，なんとか「確認例題」まではがんばって理解してもらいたい．

本書が，大学の数学で苦しむ学生諸君の手助けになることを期待する．

最後に，本書を編むにあたり資料画像を提供して下さった秋山智朗氏と，原稿の遅れを辛抱強く見守りながら，多くの助言をして下さったサイエンス社の田島伸彦氏および鈴木綾子氏に感謝の意を表したい．

2019 年 9 月

著者

学科別重要度

章	理数	理科	工学	教育	情報	経済
1 三角比とその応用	A	B	A	A	B	C
2 平面の図形と方程式	A	B	B	A	B	C
3 平面ベクトル	A	B	A	A	A	C
4 集合と命題	A	C	B	A	A	B
5 場合の数と確率	A	C	B	A	A	A
6 数列と極限	A	B	A	A	A	B
7 さまざまな関数	A	A	A	A	A	A
8 微分とその応用	A	A	A	A	A	A
9 積分とその応用	A	A	A	A	A	A
10 複素数	A	C	A	A	B	C
11 整数の性質	A	C	C	A	A	C
12 2次曲線	A	C	C	B	C	C

重要度：A = 高い，B = 中くらい，C = 低い

学科の分類

理数 = 理学部数学科
理科 = 数学科を除く理系学科（農・医・薬を含む）
教育 = 数学科教員養成課程

目　　次

例題の構成と利用について

導入 例題

これは，いわば話の「マクラ」である．まずこの導入例題を実際に解くことによって，これからどのような話が始まるのか，どのような内容をどのような観点から考えようとしているのかを，実感として理解することができる．「なぜだろう？　それはどういうことだろう？」——そんなふうに興味がわいて，話の続きが読みたくなったとしたら，しめたものである．読者のみなさんはすでにそのとき，行く先に広がる新しい世界に出発する準備を終えているのである．

確認 例題

本を読んで勉強することは，著者というガイドにしたがって観光名所をめぐり歩くようなものである．ガイドについて歩けば，要領よくポイントをおさえることができるわけであるが，やはり，もう一度自分の足でたどってみることがどうしても必要である．そのために確認例題を用意した．すでに学んだことがらについて，数値を変えて練習したり，あるいは，抽象的な内容を具体例に即して考察したりすることによって，読者のみなさんは理解をさらに深め，定着させることができる．

基本 例題

問題を解くことの効用はさまざまである．問題演習を通じて，たとえば，今まで習ったことを発展させたり，少し角度を変えて検討したりすることができる．本ライブラリにおいて，そのような役割を担うのが基本例題である．観光にたとえるならば，「少し足をのばして，周辺の様子をあちこち見てまわる」という感覚に近い．この基本例題を読者のみなさんがしっかりと自分自身で考えることにより，視野が広がり，理解が立体的になる．こうして，「学んだ知識」が「使える知識」へと変貌するのである．

第1章 三角比とその応用

本章では高校の「数学I」で学ぶ三角比とその応用について論じる．三角比はさまざまな学問を学ぶ上で知っていなければならない重要な項目である．7章で登場する三角関数の足がかりにもなっている．

1.1　三角比の定義

まずは，次の例題を考えてみよう．

導入 例題 1.1

次の問に答えよ．

(1)　自宅から 200 m 離れた所にあるビルのてっぺんを望遠鏡で見たら，望遠鏡の仰角は 30° になっていた．このビルの高さは何 m か．

(2)　長さ 3 m の釣り竿を，岸壁から 45° の角度で海面に投下したとき，釣り糸は岸壁から何 m の位置にあるか．ただし釣り竿の下端は岸壁の真上にあるとする．

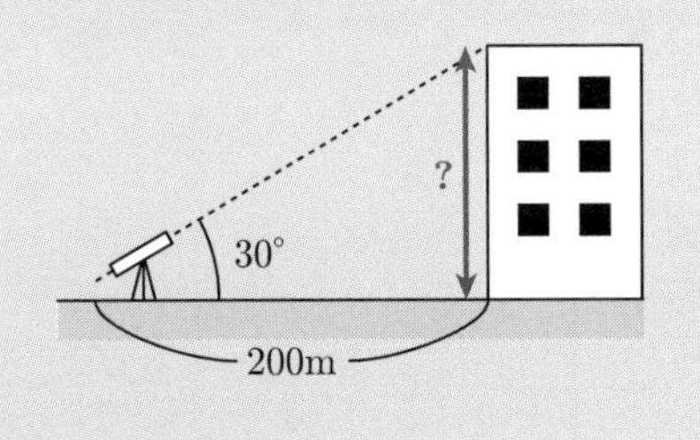

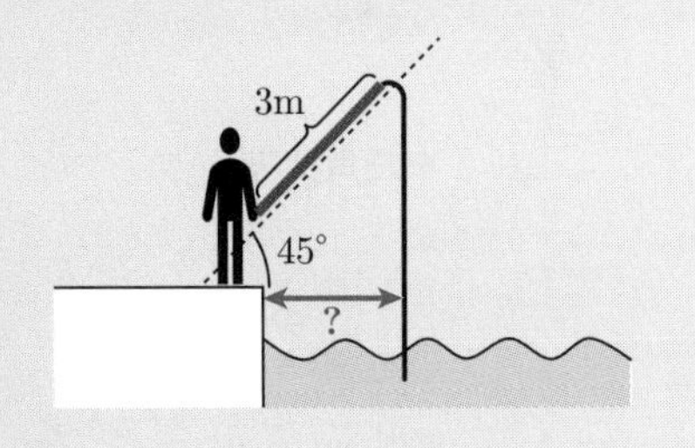

【解答】　図からわかるように，いずれも三角定規の辺の比から求められる．

(1)　内角が $30^\circ, 60^\circ, 90^\circ$ の直角三角形の辺の比は $1:2:\sqrt{3}$ であるから，ビルの高さを x m とすると

$$200 : x = \sqrt{3} : 1$$

が成り立ち，これより $\sqrt{3} = 1.73205\cdots$ だから

$$x = \frac{200}{\sqrt{3}} = 115.47005\cdots$$

となる．したがってビルの高さは約 115.47 m となる．

(2)　内角が $45°, 45°, 90°$ の直角三角形の辺の比は $1:1:\sqrt{2}$ であるから，岸壁から釣り糸までの距離を x m とすると

$$3 : x = \sqrt{2} : 1$$

が成り立ち，これより $\sqrt{2} = 1.41421\cdots$ だから

$$x = \frac{3}{\sqrt{2}} = 2.12132\cdots$$

となる．したがって岸壁から釣り糸までの距離は約 2.12 m となる．　■

この例題は，たまたまよく知られた直角三角形の辺の比が使えたが，いつもそうとは限らない．そこで，$0° < \theta < 90°$ なる θ ごとに，θ を内角とする直角三角形の辺の比を調べておくことは有益である．

図のような直角三角形において，$\frac{x}{r}, \frac{y}{r}, \frac{y}{x}$ はいずれも θ のみに依存して決まる値である．これらを順に**余弦**（**コサイン**），**正弦**（**サイン**），**正接**（**タンジェント**）とよび，$\boldsymbol{\cos\theta}, \boldsymbol{\sin\theta}, \boldsymbol{\tan\theta}$ と表す．つまり

$$\cos\theta = \frac{x}{r}$$

$$\sin\theta = \frac{y}{r}$$

$$\tan\theta = \frac{y}{x}$$

とする．これらを**三角比**という．

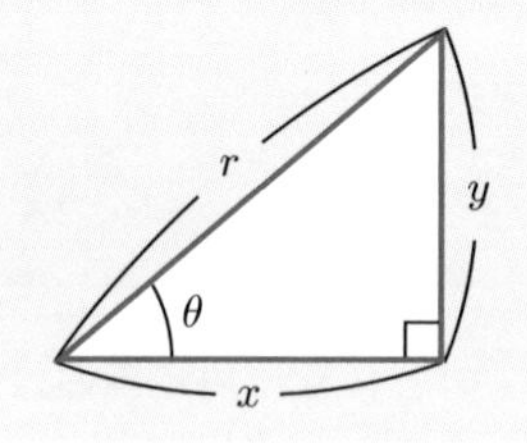

なお，定義より

$$\tan\theta = \frac{\sin\theta}{\cos\theta}$$

が成り立つことがわかる．

確認 例題 1.2

次の各 θ に対して，三角比を求めよ．

(1)　$\theta = 30^\circ$　　(2)　$\theta = 45^\circ$　　(3)　$\theta = 60^\circ$

【解答】　いずれも三角定規の辺の比からわかる．

(1)

$$\sin 30^\circ = \frac{1}{2},\quad \cos 30^\circ = \frac{\sqrt{3}}{2},\quad \tan 30^\circ = \frac{1}{\sqrt{3}}$$

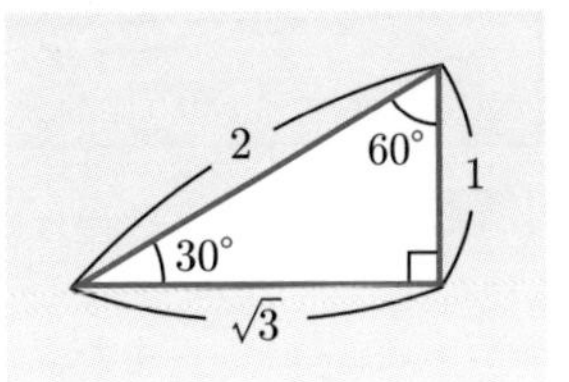

(2)

$$\sin 45^\circ = \frac{1}{\sqrt{2}},\quad \cos 45^\circ = \frac{1}{\sqrt{2}},\quad \tan 45^\circ = 1$$

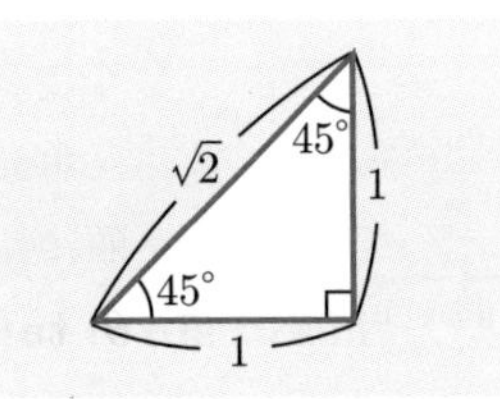

(3)

$$\sin 60^\circ = \frac{\sqrt{3}}{2},\quad \cos 60^\circ = \frac{1}{2},\quad \tan 60^\circ = \sqrt{3}$$

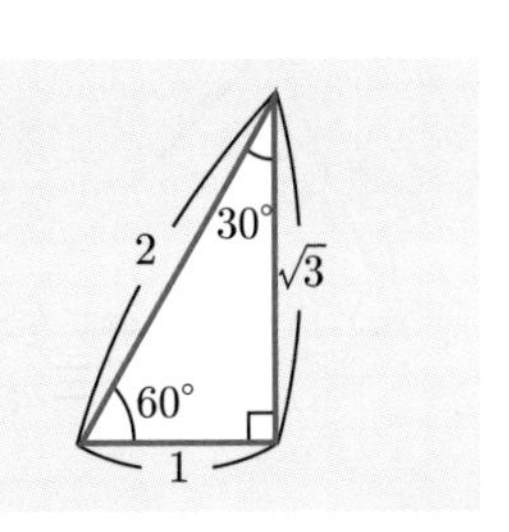

■

直角三角形の鋭角の 1 つが θ ならば，もう 1 つの鋭角は $90^\circ - \theta$ であるから

$$\sin(90^\circ - \theta) = \cos\theta$$

$$\cos(90^\circ - \theta) = \sin\theta$$

$$\tan(90^\circ - \theta) = \frac{1}{\tan\theta}$$

がそれぞれ成り立つ．

巻末の三角比表を用いれば，次のような問題も解くことができる．

基本 例題 1.3

三角比表を用いて図の x, y を求めよ．

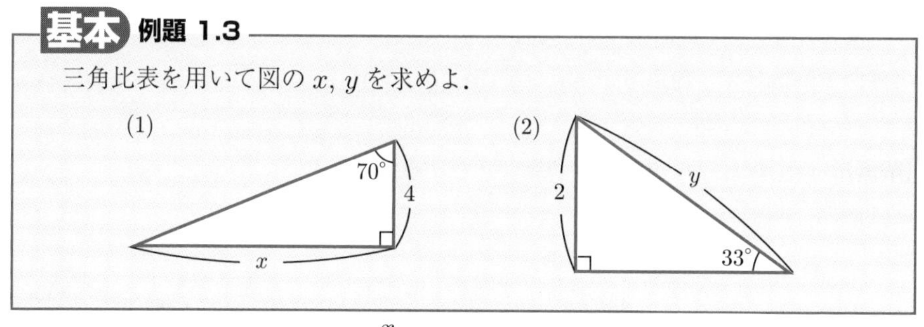

【解答】 (1)

$$\frac{x}{4} = \tan 70^\circ = 2.74748$$

$$x = 2.74748 \times 4 = 10.98992$$

(2)

$$\frac{2}{y} = \sin 33^\circ = 0.54464$$

$$y = \frac{2}{0.54464} = 3.67215 \cdots$$

■

問 1.1 次の図の x, y, z をそれぞれ求めよ（必要なら三角比表を用いよ）．

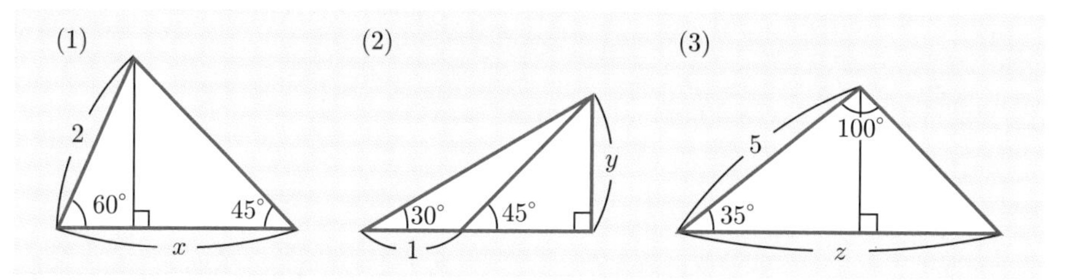

1.2 三角比の拡張

前節では鋭角 θ に対する三角比を定義した．ここでは θ の変域を拡張して，$0^\circ \leqq \theta \leqq 180^\circ$ である θ に対しても三角比を定義する．“拡張する”ということは，$0^\circ < \theta < 90^\circ$ のときは先の定義と一致しなくてはならない．

座標平面上に，原点を中心とする半径 r の半円（上半円）を考える．半円周上の点 $\mathrm{P}(x, y)$, $\mathrm{A}(r, 0)$ に対して，$\angle\mathrm{AOP} = \theta$ とするとき，

$$\cos\theta = \frac{x}{r}, \qquad \sin\theta = \frac{y}{r}, \qquad \tan\theta = \frac{y}{x}$$

と定義する．定義より明らかに $90^\circ < \theta < 180^\circ$（鈍角）のとき，

$$\cos\theta < 0, \qquad \sin\theta > 0, \qquad \tan\theta < 0$$

となることがわかる．なお，$\tan 90^\circ$ は定義できない．

確認　例題 1.4

次の値を求めよ．

(1)　$\sin 150^\circ$　　(2)　$\tan 135^\circ$　　(3)　$\cos 180^\circ$

【解答】　三角比は r の大きさには依存しないので，$r = 1$ として考えてよい．このとき，$\mathrm{P}(\cos\theta, \sin\theta)$ である．

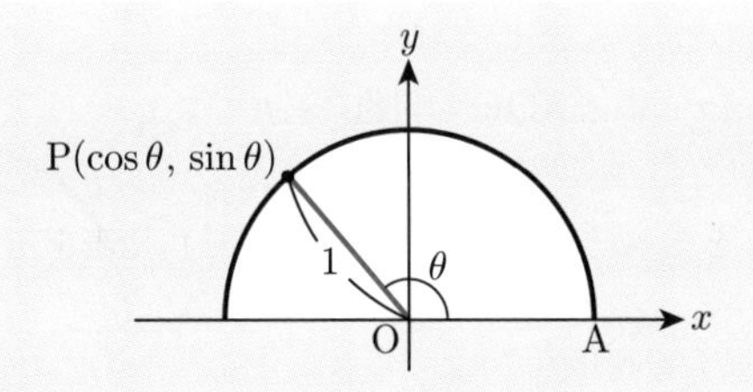

(1)　$\angle\mathrm{AOP} = 150^\circ$ のとき，$\mathrm{P}\left(-\frac{\sqrt{3}}{2}, \frac{1}{2}\right)$ であるから

$$\sin 150^\circ = \frac{1}{2}$$

となる．

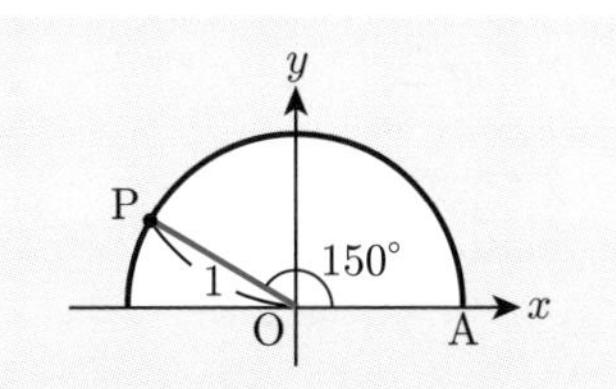

(2)　$\angle\mathrm{AOP} = 135^\circ$ のとき，$\mathrm{P}\left(-\frac{1}{\sqrt{2}}, \frac{1}{\sqrt{2}}\right)$ であるから

$$\tan 135^\circ = \frac{\frac{1}{\sqrt{2}}}{-\frac{1}{\sqrt{2}}} = -1$$

となる．

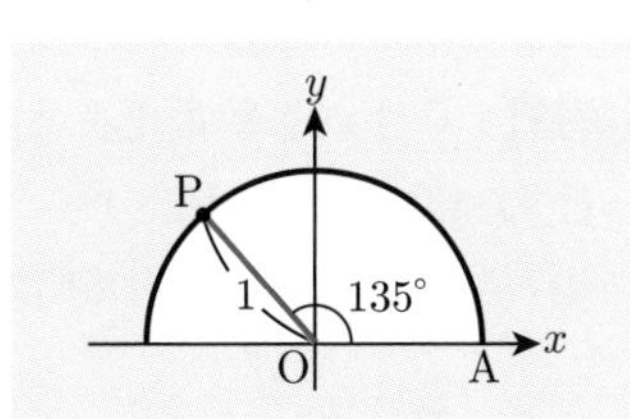

(3)　$\angle \mathrm{AOP} = 180^\circ$ のとき，$\mathrm{P}(-1, 0)$ であるから

$$\cos 180^\circ = -1$$

となる．

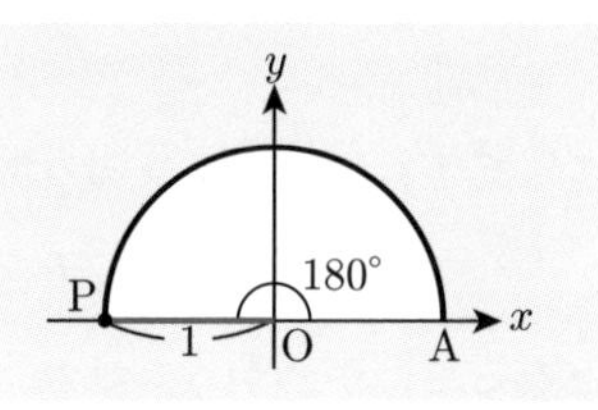

■

問 1.2　下の表の空欄を埋めよ．

θ	0°	90°	120°	135°	150°	180°
$\cos\theta$						-1
$\sin\theta$					$\frac{1}{2}$	
$\tan\theta$		—		-1		

上半円周上の2点P, Qが y 軸に関して対称な位置にあるとき，$\angle \mathrm{AOP} = \theta$ ならば $\angle \mathrm{AOQ} = 180^\circ - \theta$ となるので

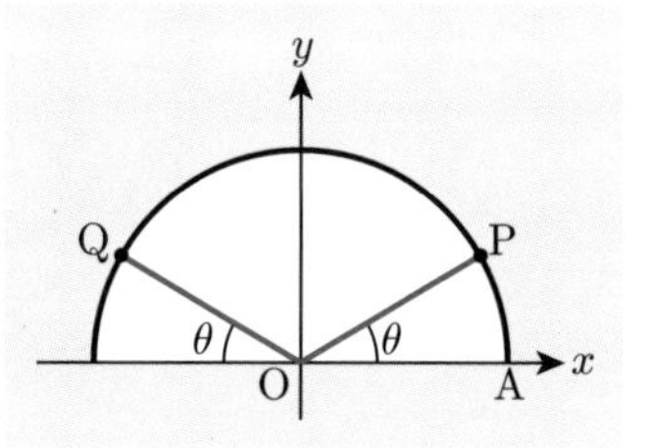

$$\cos(180^\circ - \theta) = -\cos\theta$$
$$\sin(180^\circ - \theta) = \sin\theta$$
$$\tan(180^\circ - \theta) = -\tan\theta$$

が成り立つ．

確認 例題 1.5

次の値を求めよ．

(1)　$\sin 95^\circ$　　(2)　$\cos 140^\circ$

【解答】　いずれも三角比表と上の性質より得られる．

(1)　$\sin 95^\circ = \sin(180^\circ - 85^\circ) = \sin 85^\circ = 0.99619$

(2)　$\cos 140^\circ = \cos(180^\circ - 40^\circ) = -\cos 40^\circ = -0.76604$ ■

なお，整数 m に対して，三角比のべき乗は

$$(\cos\theta)^m = \cos^m\theta, \quad (\sin\theta)^m = \sin^m\theta, \quad (\tan\theta)^m = \tan^m\theta$$

と表すことにする．三平方の定理より，任意の θ に対して

$$\cos^2\theta + \sin^2\theta = 1$$

が成り立つ．また，$\theta \neq 90°$ であるとき，両辺を $\cos^2\theta$ で割ることにより

$$1 + \tan^2\theta = \frac{1}{\cos^2\theta}$$

が成り立つことがわかる．いずれもよく使われる等式である．

基本 例題 1.6

$0° \leqq \theta \leqq 180°$ であるとき，次の問に答えよ．

(1)　$\cos\theta = \frac{1}{5}$ のとき $\sin\theta$ を求めよ．

(2)　$90° < \theta < 180°$ かつ $\sin\theta = \frac{1}{10}$ のとき $\tan\theta$ を求めよ．

【解答】　(1)

$$\sin^2\theta = 1 - \cos^2\theta = 1 - \frac{1}{25} = \frac{24}{25}$$

と $\sin\theta > 0$ より

$$\sin\theta = \sqrt{\frac{24}{25}} = \frac{2\sqrt{6}}{5}$$

となる．

(2)

$$\begin{aligned}\tan^2\theta &= \frac{1}{\cos^2\theta} - 1 = \frac{1}{1 - \sin^2\theta} - 1 \\ &= \frac{1}{1 - \frac{1}{100}} - 1 = \frac{100}{99} - 1 = \frac{1}{99}\end{aligned}$$

と $\tan\theta < 0$ より

$$\tan\theta = -\sqrt{\frac{1}{99}} = -\frac{1}{3\sqrt{11}}$$

となる．■

問 1.3　$0° \leqq \theta \leqq 180°$ であるとき，次の問に答えよ．

(1)　$\tan\theta = -\frac{3}{4}$ のとき $\cos\theta, \sin\theta$ を求めよ．

(2)　$90° < \theta < 180°$ かつ $\sin\theta = \frac{1}{\sqrt{10}}$ のとき $\cos\theta, \tan\theta$ を求めよ．

1.3　正弦定理・余弦定理

この節では，三角形の辺と内角の関係についての 2 つの重要な定理を学ぶ．まずは次の例題を考えてみよう．

導入 例題 1.7

三角形の各辺の垂直二等分線は1点で交わることを示せ.

【解答】 三角形 ABC の，辺 AB, BC の垂直二等分線の交点を O とする．このとき三角形 OAB は二等辺三角形なので OA = OB が成り立つ．同様にして OB = OC が成り立つこともわかる．したがって三角形 OAC は OA = OC の二等辺三角形となり AC の垂直二等分線は点 O を通ることがわかる．

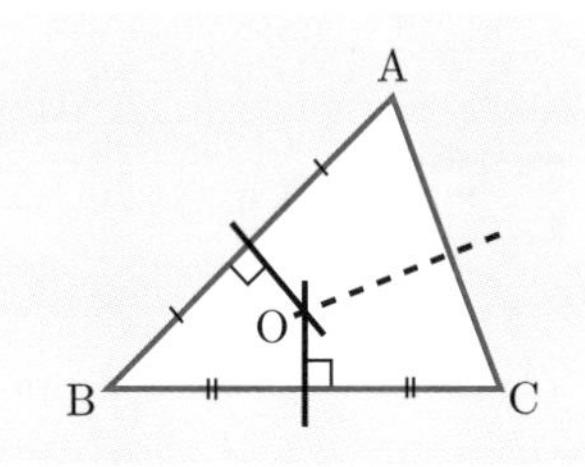

■

この導入例題 1.7 で定まる点 O は，3 点 A, B, C を通る円の中心となっている．この円を三角形 ABC の**外接円**といい，点 O を三角形 ABC の**外心**という．外接円の半径は OA（= OB = OC）である．

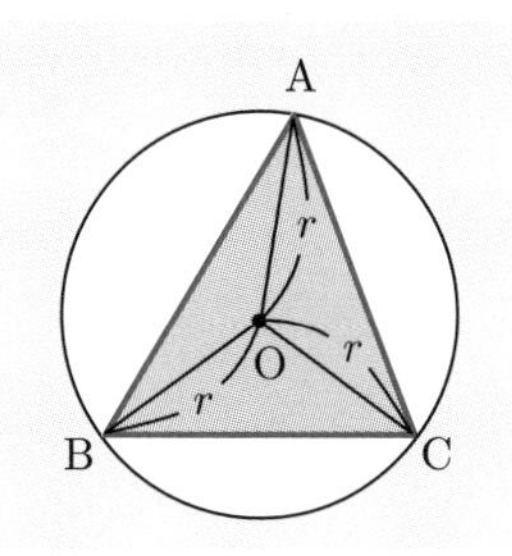

三角形とその外接円について，次の定理が成り立つ．

定理 1.1　（正弦定理） 三角形 ABC において，$\mathrm{BC} = a$, $\mathrm{CA} = b$, $\mathrm{AB} = c$ とし，三角形 ABC の外接円の半径を r とする．このとき，

$$\frac{a}{\sin\angle\mathrm{A}} = \frac{b}{\sin\angle\mathrm{B}} = \frac{c}{\sin\angle\mathrm{C}} = 2r$$

つまり

$$a = 2r\sin\angle\mathrm{A}, \qquad b = 2r\sin\angle\mathrm{B}, \qquad c = 2r\sin\angle\mathrm{C}$$

が成り立つ．

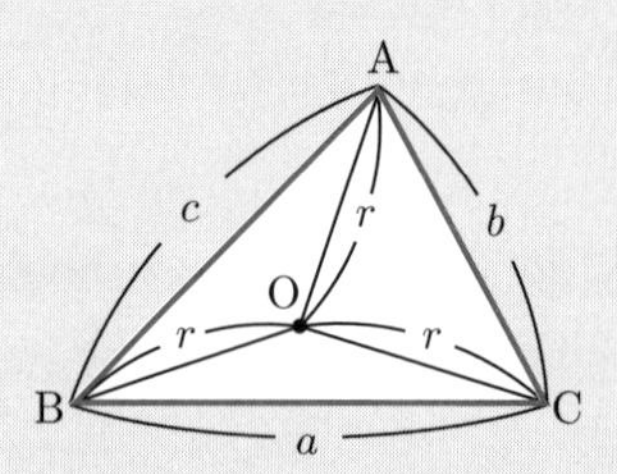

【証明】 $a = 2r\sin\angle\mathrm{A}$ を示せば十分である．

まず $\angle\mathrm{A}$ が鋭角のとき，BO の延長線と外接円の交点を A' とすると，弧 BC の円周角であることから $\angle\mathrm{A} = \angle\mathrm{A}'$ となり，$\mathrm{A}'\mathrm{B} = 2r$ である．したがって

$$\frac{a}{2r} = \sin\angle\mathrm{A}' = \sin\angle\mathrm{A}$$

が成り立つ（右図上）．

次に $\angle\mathrm{A}$ が直角のときは $a = 2r$ であるから

$$\frac{a}{2r} = 1 = \sin 90^\circ = \sin\angle\mathrm{A}$$

が成り立つ（右図中）．

また $\angle\mathrm{A}$ が鈍角のとき，四角形 $\mathrm{ABA'C}$ が外接円に接するように A' を円周上にとると，$\angle\mathrm{A}'$ は鋭角であり $\angle\mathrm{A}' = 180^\circ - \angle\mathrm{A}$ が成り立つ（右図下）．

よって上の議論により

$$\frac{a}{2r} = \sin\angle\mathrm{A}' = \sin(180^\circ - \angle\mathrm{A}) = \sin\angle\mathrm{A}$$

が成り立つ．

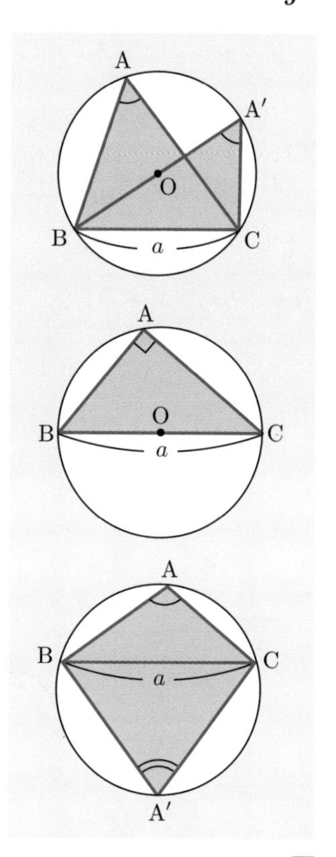

■

基本 例題 1.8

次の図の x, θ をそれぞれ求めよ．

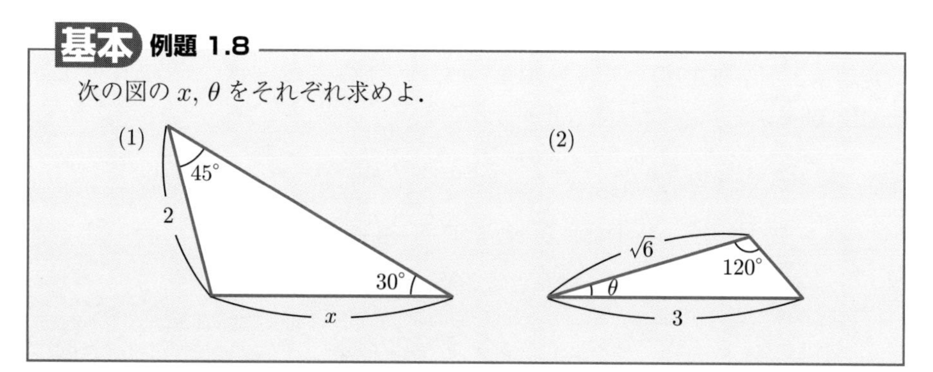

【解答】 (1) 正弦定理より

$$\frac{x}{\sin 45^\circ} = \frac{2}{\sin 30^\circ}$$

が成り立つ．したがって

$$x = \frac{2\sin 45^\circ}{\sin 30^\circ} = \frac{2 \cdot \frac{1}{\sqrt{2}}}{\frac{1}{2}} = 2\sqrt{2}$$

となる．

(2)　三角形の残りの内角は $60^\circ - \theta$ であるから，正弦定理より

$$\frac{3}{\sin 120^\circ} = \frac{\sqrt{6}}{\sin(60^\circ - \theta)}$$

が成り立つ．したがって

$$\sin(60^\circ - \theta) = \frac{\sqrt{6}\sin 120^\circ}{3} = \frac{1}{\sqrt{2}}$$

となり，$60^\circ - \theta$ は鋭角なので

$$60^\circ - \theta = 45^\circ \qquad \text{すなわち} \qquad \theta = 15^\circ$$

となる．■

問 1.4　次の図の x, θ をそれぞれ求めよ．

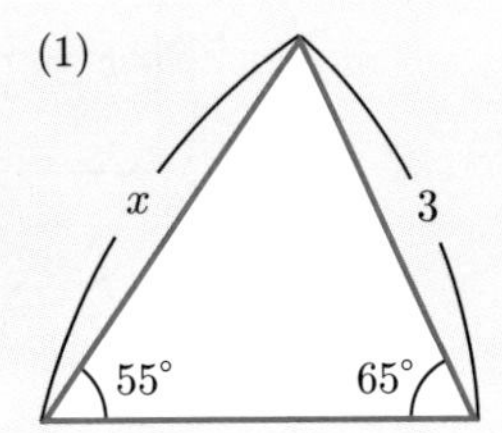

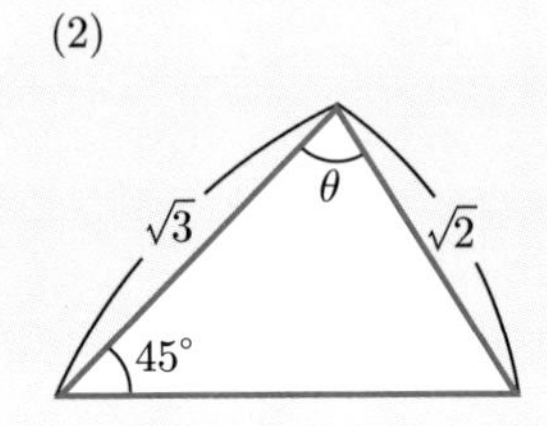

次の定理も重要である．

定理 1.2　（余弦定理）　三角形 ABC において $\mathrm{BC} = a$, $\mathrm{CA} = b$, $\mathrm{AB} = c$, $\angle\mathrm{BAC} = \theta$ とする．このとき次が成り立つ．

$$a^2 = b^2 + c^2 - 2bc\cos\theta$$

$$\left(\text{すなわち}\ \cos\theta = \frac{b^2 + c^2 - a^2}{2bc}\right)$$

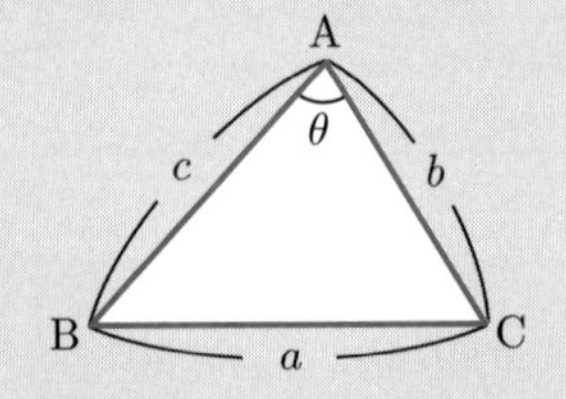

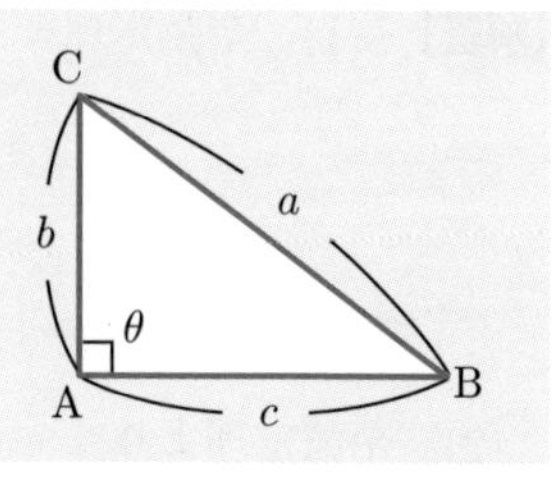

【証明】　まず，$\theta = 90^\circ$ のときは三平方の定理より明らか．

またθが鋭角のとき，少なくとももう一つ鋭角の内角があるので，たとえば $\angle B$ が鋭角であるとする．このとき点Cから直線ABへの垂線の足をDとすると，

$$\mathrm{CD} = b\sin\theta$$

$$\mathrm{BD} = c - b\cos\theta$$

となり，直角三角形BCDに対する三平方の定理より

$$a^2 = b^2\sin^2\theta + (c - b\cos\theta)^2$$
$$= b^2 + c^2 - 2bc\cos\theta$$

が成り立つ．

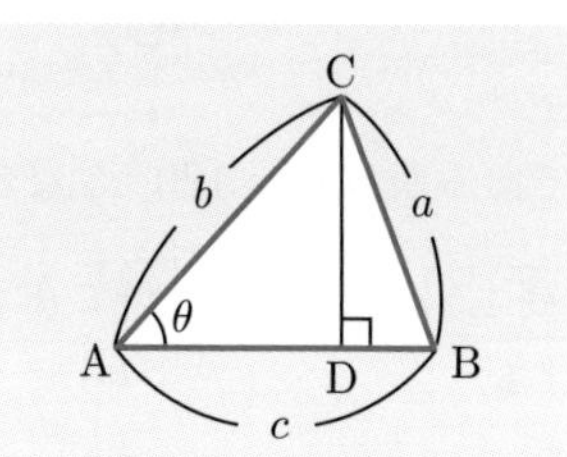

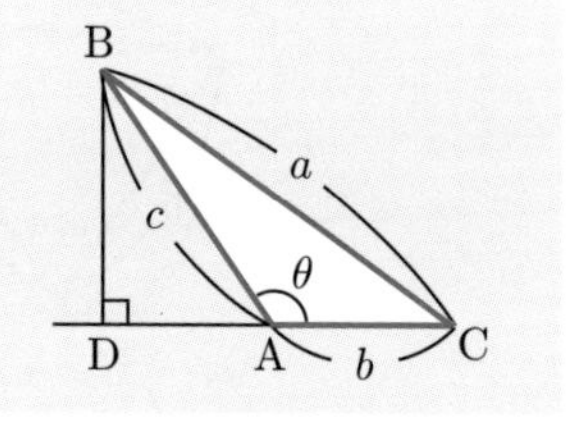

θが鈍角のときは，点Bから直線ACに下ろした垂線の足をDとすると

$$\mathrm{BD} = c\sin(180^\circ - \theta) = c\sin\theta$$

$$\mathrm{CD} = b + \mathrm{AD} = b + c\cos(180^\circ - \theta)$$
$$= b - c\cos\theta$$

となる．

よって直角三角形BCDに対する三平方の定理より

$$a^2 = c^2\sin^2\theta + (b - c\cos\theta)^2$$
$$= b^2 + c^2 - 2bc\cos\theta$$

が成り立つ．■

基本 例題 1.9

次の図において x, θ をそれぞれ求めよ．

(1)

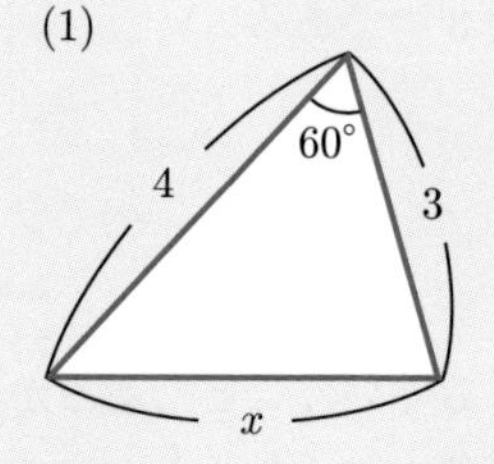

(2)

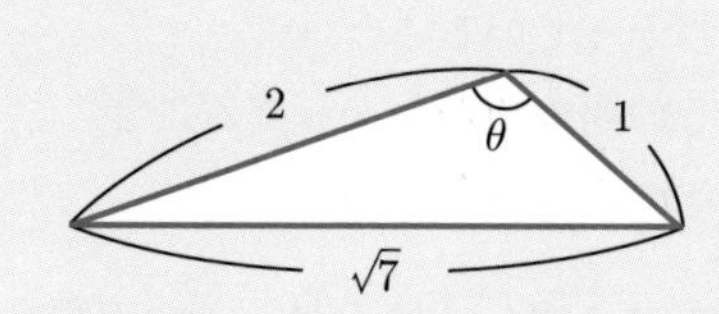

【解答】 (1)　余弦定理より

$$x^2 = 3^2 + 4^2 - 2 \cdot 3 \cdot 4 \cdot \frac{1}{2} = 13$$
$$x = \sqrt{13}$$

となる．

(2)　余弦定理より

$$\cos\theta = \frac{2^2 + 1^2 - \sqrt{7}^2}{2 \cdot 2 \cdot 1} = -\frac{1}{2}$$

であるから $\theta = 120^\circ$ となる．■

問 1.5　次の図において θ, x をそれぞれ求めよ．ただし三角形の内角はいずれも鋭角とする．

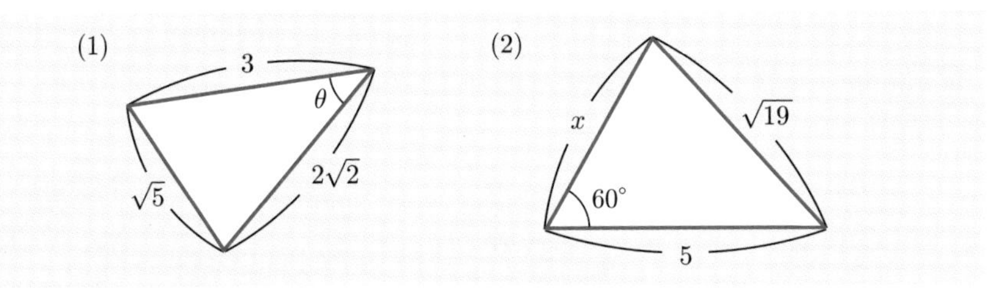

1.4　三角形の面積

三角形の面積は (底辺) × (高さ) ÷ 2 で求められるが，三角形の「高さ」がわかっている状況は現実的ではない．辺の長さや内角のような，三角形を構成する直接的な要素から面積を求める方法を考えてみよう．

導入　例題 1.10

三角形が一意に定まるための条件を 3 つ述べよ．

【解答】 三角形が一意に定まるための条件は次の 3 つである．

- 3 辺がわかっていること
- 2 辺とその間の角がわかってること
- 1 辺とその両端の角がわかっていること ■

三角形が定まるということは，その面積も定まるということであるから，上の条件のうちのいずれかが与えられれば，三角形の面積を求めることができる．

［公式 1］　三角形の 2 辺の長さが a, b であり，その 2 辺の間の角が θ であるとき，その面積 S は

$$S = \frac{1}{2}ab\sin\theta$$

で与えられる．

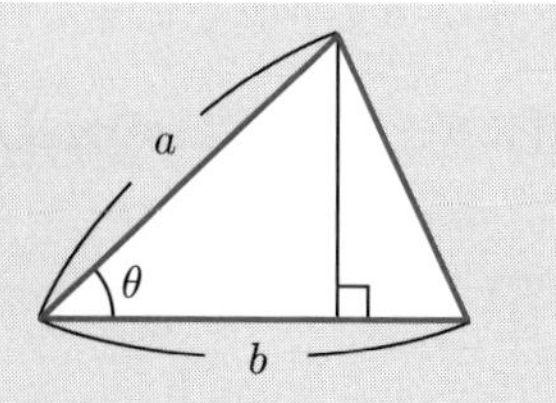

【証明】　長さが b である辺を三角形の底辺と見たとき，高さは $a\sin\theta$ となるので，面積は

$$S = \frac{1}{2}ab\sin\theta$$

となる．■

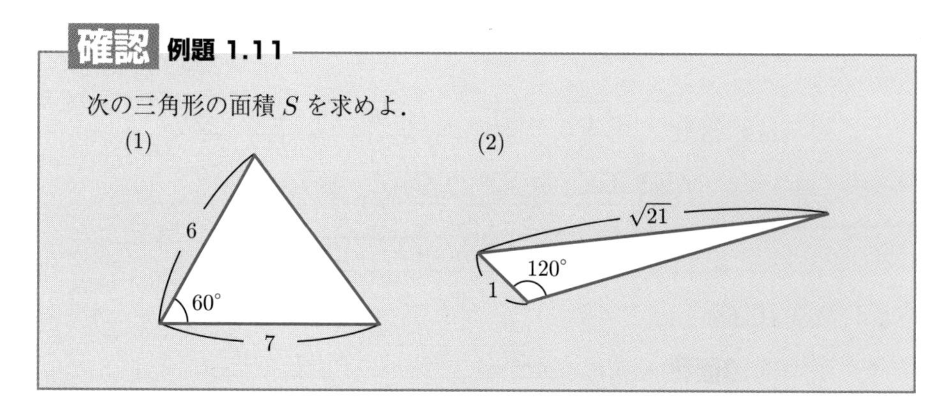

次の三角形の面積 S を求めよ．

【解答】　(1)　［公式 1］より

$$S = \frac{1}{2}\cdot 6\cdot 7\cdot \sin 60^\circ = \frac{1}{2}\cdot 6\cdot 7\cdot \frac{\sqrt{3}}{2} = \frac{21\sqrt{3}}{2}$$

となる．

(2)　残りの一辺を x とすると余弦定理より

$$21 = x^2 + 1 - 2x\cdot 1\cdot \cos 120^\circ$$

$$x^2 + x - 20 = 0$$

$$(x-4)(x+5) = 0$$

となるので $x = 4$ がわかる．したがって［公式 1］より

$$S = \frac{1}{2}\cdot 1\cdot 4\cdot \sin 120^\circ = \sqrt{3}$$

となる．■

次に，3 辺の長さが与えられた場合を考えてみよう．

[公式 2]　(ヘロンの公式)

a, b, c を 3 辺とする三角形の面積 S は

$$S = \sqrt{s(s-a)(s-b)(s-c)}$$

$$\text{ただし}\quad s = \frac{a+b+c}{2}$$

で与えられる．

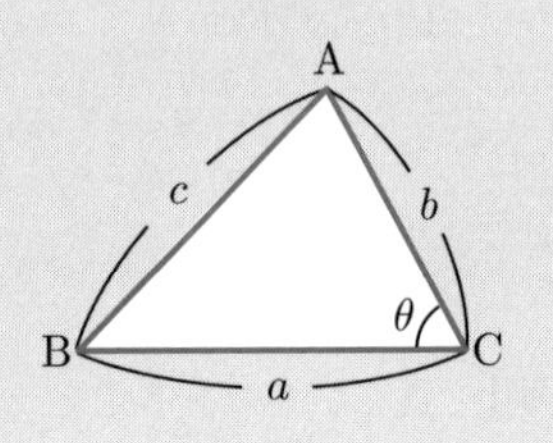

【証明】　$\angle \mathrm{C} = \theta$ とすると，余弦定理より

$$\cos\theta = \frac{a^2+b^2-c^2}{2ab}$$

であるから

$$\begin{aligned}\sin\theta &= \sqrt{1-\frac{(a^2+b^2-c^2)^2}{4a^2b^2}} = \sqrt{\frac{4a^2b^2-(a^2+b^2-c^2)^2}{4a^2b^2}}\\ &= \frac{\sqrt{(2ab+a^2+b^2-c^2)(2ab-a^2-b^2+c^2)}}{2ab}\\ &= \frac{\sqrt{(a+b+c)(a+b-c)(c+b-a)(c+a-b)}}{2ab}\end{aligned}$$

となり［公式 1］より

$$\begin{aligned}S &= \frac{1}{2}ab\sin\theta = \frac{\sqrt{2s(2s-2c)(2s-2a)(2s-2b)}}{4}\\ &= \sqrt{s(s-a)(s-b)(s-c)}\end{aligned}$$

となる．■

確認 例題 1.12

右の三角形の面積 S を求めよ．

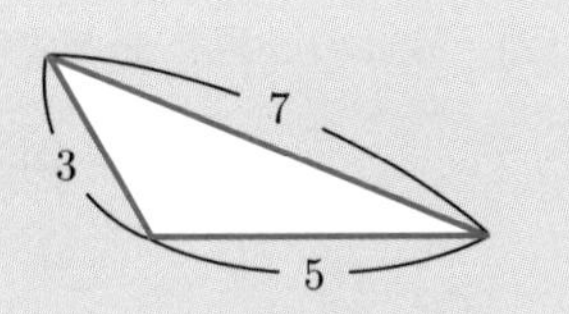

【解答】　$s = \frac{5+7+3}{2} = \frac{15}{2}$ であるから［公式 2］より

$$S = \sqrt{\frac{15}{2}\frac{1}{2}\frac{5}{2}\frac{9}{2}} = \frac{15\sqrt{3}}{4}$$

となる．■

問 1.6　次の三角形の面積を求めよ．

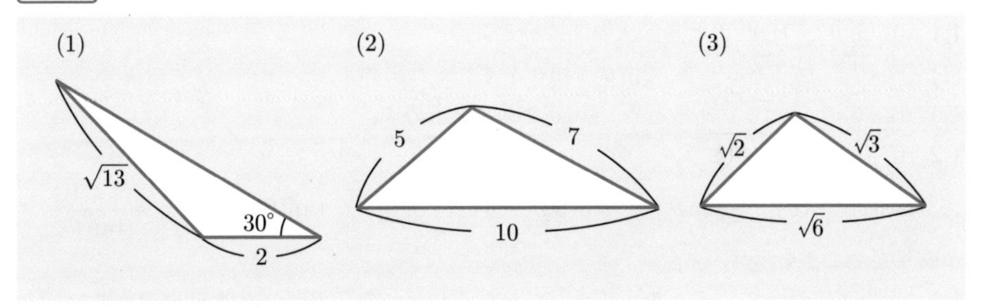

基本 例題 1.13

図のような直方体の 3 つの頂点を結んでできる三角形 ABC の面積 S を求めよ．

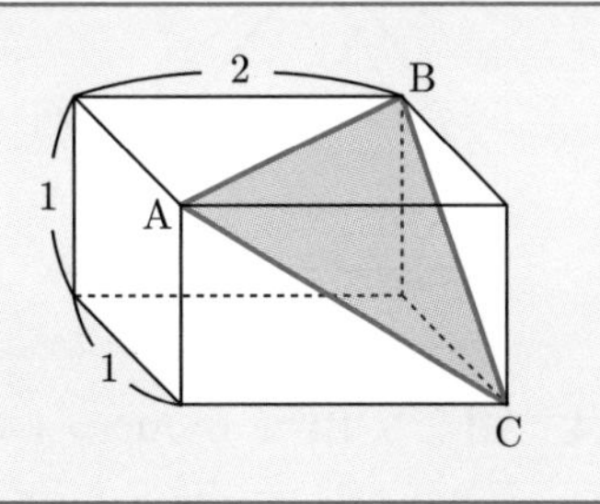

【解答】　三平方の定理より $\mathrm{AB} = \mathrm{AC} = \sqrt{5}$, $\mathrm{BC} = \sqrt{2}$ であるから $s = \frac{2\sqrt{5}+\sqrt{2}}{2}$．よって［公式 2］より

$$S = \sqrt{\frac{2\sqrt{5}+\sqrt{2}}{2}\left(\frac{\sqrt{2}}{2}\right)^2 \frac{2\sqrt{5}-\sqrt{2}}{2}}$$

$$= \frac{\sqrt{2}}{4}\sqrt{(2\sqrt{5}+\sqrt{2})(2\sqrt{5}-\sqrt{2})} = \frac{\sqrt{2}}{4}\sqrt{18} = \frac{3}{2}$$

となる．■

問 1.7　次のような四面体において，三角形 ABC の面積を求めよ．

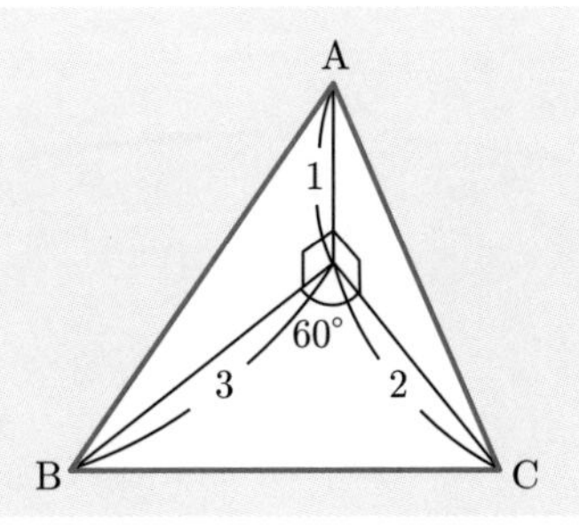

第1章　演習問題

1.1　$0^\circ \leqq \theta \leqq 180^\circ$ のとき，次の問に答えよ．

(1)　$\cos\theta = \frac{1}{4}$ であるとき，$\sin\theta, \tan\theta$ をそれぞれ求めよ．

(2)　$\tan\theta = -\sqrt{10}$ であるとき，$\sin\theta, \cos\theta$ を求めよ．

1.2　$0^\circ < \theta < 90^\circ$ のとき，

$$\cos(90^\circ + \theta) = -\sin\theta, \qquad \sin(90^\circ + \theta) = \cos\theta, \qquad \tan(90^\circ + \theta) = -\frac{1}{\tan\theta}$$

が成り立つことを示せ．

1.3　次の図において，x, y を求めよ．また，それぞれの三角形の面積 S を求めよ．

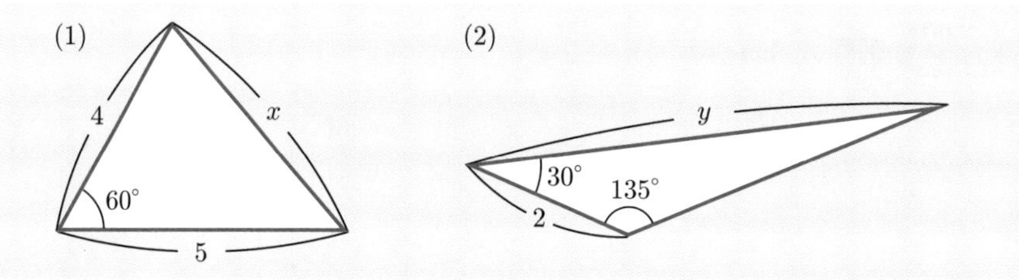

1.4　$\mathrm{AB} = 5, \mathrm{BC} = 6, \mathrm{AC} = 4$ である三角形 ABC について，次の問に答えよ．

(1)　三角形 ABC の面積 S を求めよ．

(2)　点 A から辺 BC に下ろした垂線 AD の長さを求めよ．

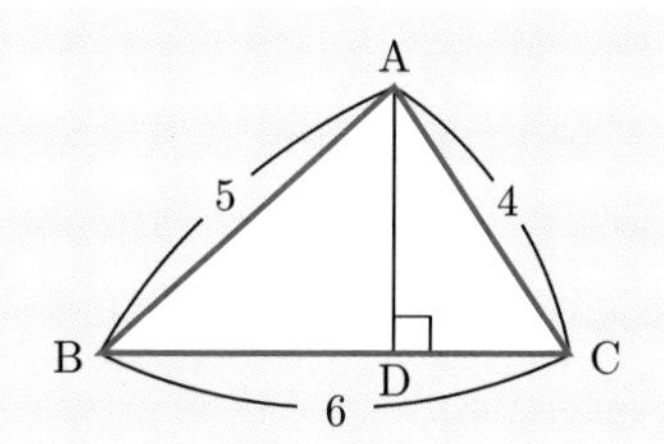

1.5　図は円の一部である．この円の半径を求めよ．

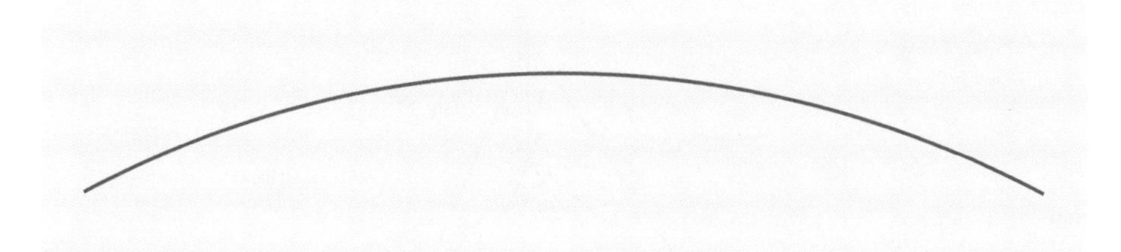

1.6　下図左のような三角形の面積 S は，

$$S = \frac{r^2 \sin\theta_1 \sin\theta_2}{2\sin(\theta_1 + \theta_2)}$$

で表せることを示せ．

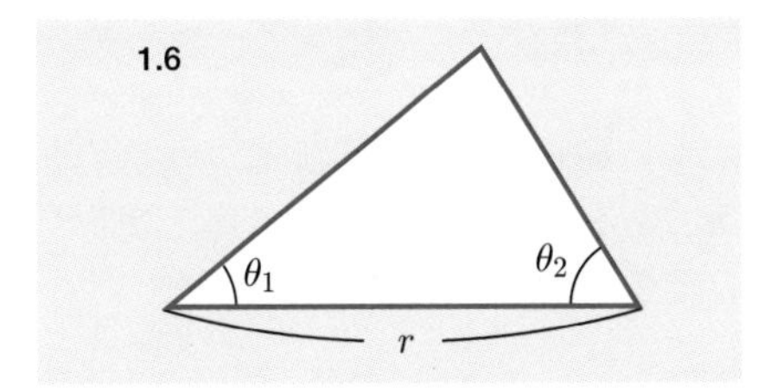

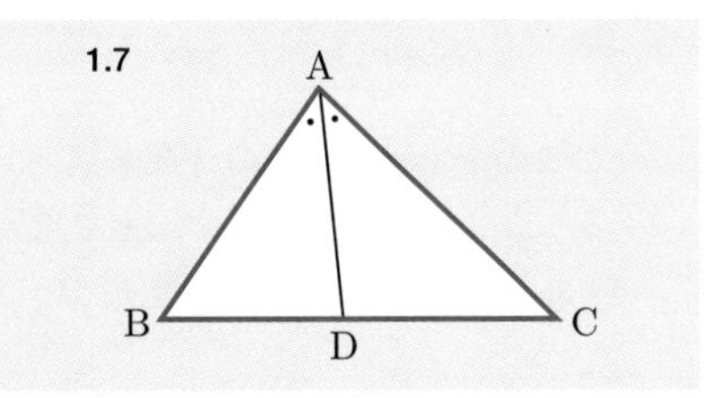

1.7　上図右の三角形 ABC の，∠A の二等分線と辺 BC の交点を D とするとき

$$\mathrm{AB} : \mathrm{AC} = \mathrm{BD} : \mathrm{DC}$$

が成り立つことを，正弦定理を用いて示せ．

1.8　（**トレミーの定理**）円に内接する四角形 ABCD に対して

$$\mathrm{AB} \cdot \mathrm{CD} + \mathrm{AD} \cdot \mathrm{BC} = \mathrm{AC} \cdot \mathrm{BD}$$

が成り立つことを，余弦定理を用いて示せ．

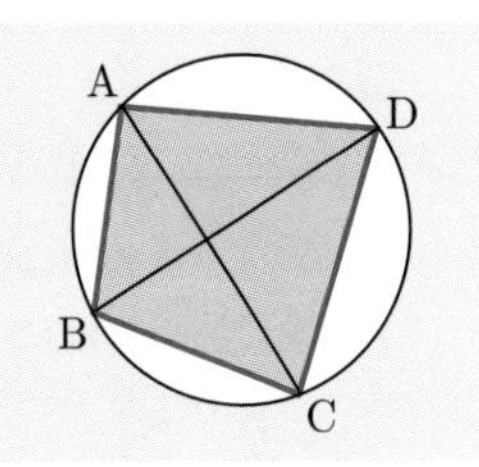

1.9　一辺の長さが a である正七角形の 2 つの対角線の長さを b, c （$b < c$） とするとき，

$$\frac{1}{a} = \frac{1}{b} + \frac{1}{c}$$

が成り立つことを，トレミーの定理を用いて示せ．

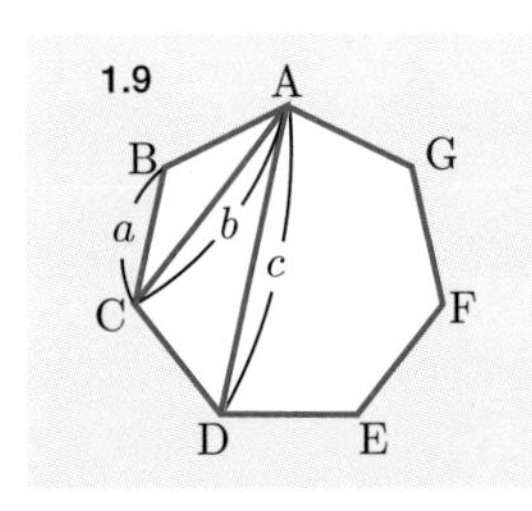

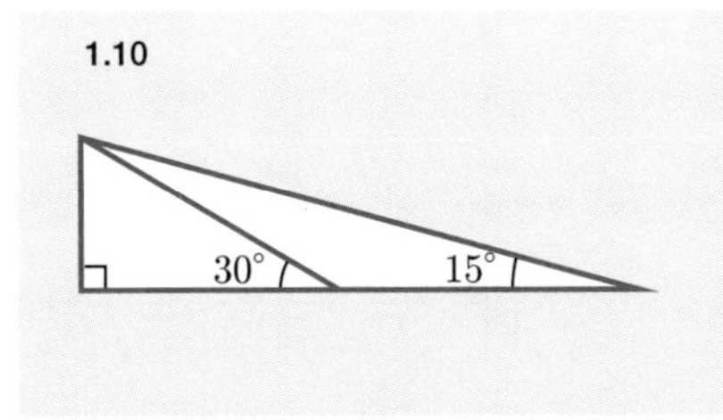

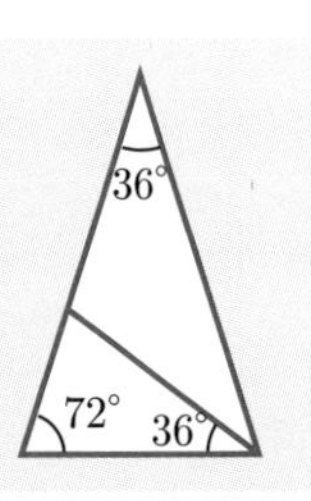

1.10　上図右を用いて，$\sin 15°$, $\cos 15°$ および $\sin 36°$, $\cos 36°$ を求めよ．

第2章 平面の図形と方程式

この章では，高校の「数学 II」で扱われている座標平面上の図形について復習する．大学で空間図形を学ぶ上で重要な単元である．なお，第 3 章 3.6 節「空間ベクトル」で一部空間図形を扱っているので，そちらも参照すること．

2.1 座標平面上の点

本章の前提として，次の例題程度の基礎知識はあるものとして話を進める．

導入 例題 2.1

座標平面上に 2 点 $\mathrm{A}(x_1, y_1)$, $\mathrm{B}(x_2, y_2)$ が与えられているとする．このとき，次の値を求めよ．

(1) 線分 AB の長さ．

(2) 自然数 m, n に対して，線分 AB を $m : n$ の比に内分する点 C の座標．

(3) 点 B に対して，点 A と対称な位置にある点 D の座標．

【解答】 (1) $\mathrm{AB} = \sqrt{(x_1 - x_2)^2 + (y_1 - y_2)^2}$

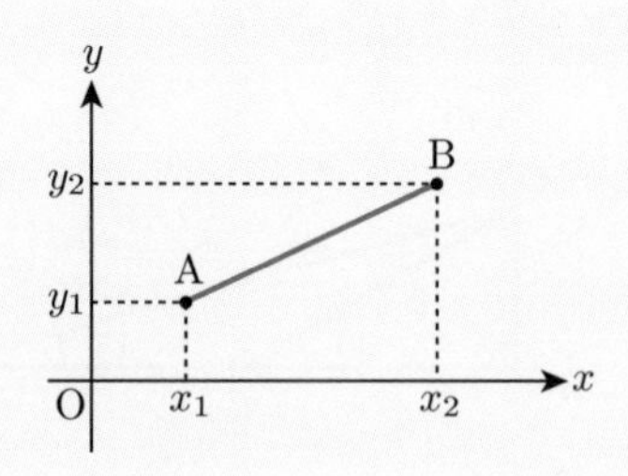

(2)　$\mathrm{C}\left(\dfrac{nx_1+mx_2}{m+n},\ \dfrac{ny_1+my_2}{m+n}\right)$

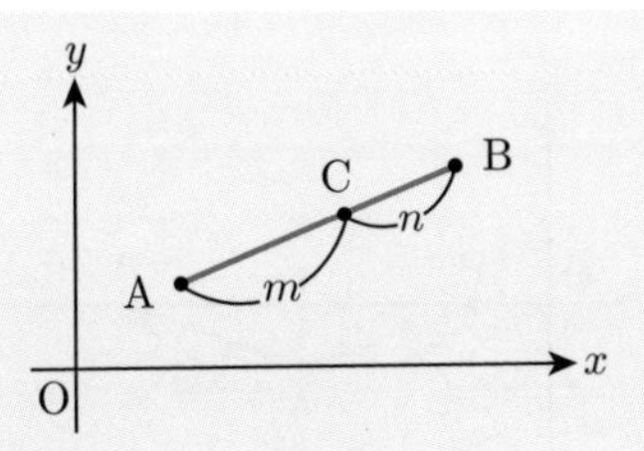

(3)　$\mathrm{D}(X,Y)$ とすると，線分 AD の中点が B となるので

$$\frac{x_1+X}{2}=x_2,\quad \frac{y_1+Y}{2}=y_2$$

$$X=2x_2-x_1,\quad Y=2y_2-y_1$$

となる．したがって

$$\mathrm{D}(2x_2-x_1, 2y_2-y_1)$$

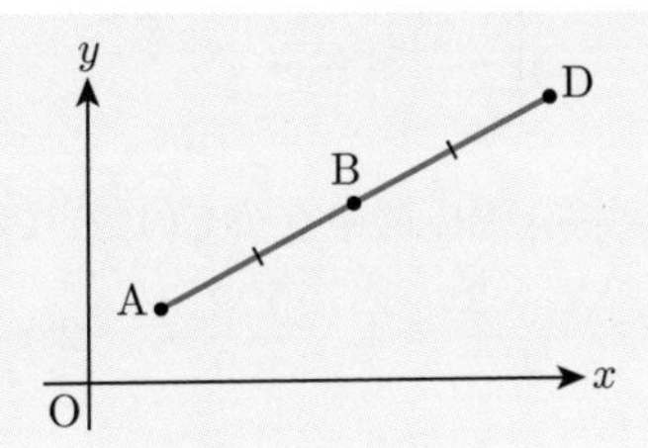

■

確認　例題 2.2

3 点 $\mathrm{A}(4,-1)$, $\mathrm{B}(2,3)$, $\mathrm{C}(4,2)$ に対して，次の問に答えよ．

(1)　x 軸上の点で，点 A との距離が 3 である点 P の座標を求めよ．

(2)　線分 AB を 4 : 3 の比に内分する点 Q の座標を求めよ．

(3)　点 C に関して，点 B と対称の位置にある点 R の座標を求めよ．

【解答】　(1)　$\mathrm{P}(x,0)$ とおくと $\mathrm{AP}=3$ より

$$\sqrt{(x-4)^2+1}=3$$

$$(x-4)^2+1=9$$

これを解いて $x=4\pm2\sqrt{2}$ となるので

$$\mathrm{P}(4+2\sqrt{2}, 0) \quad \text{および} \quad \mathrm{P}(4-2\sqrt{2}, 0)$$

となる．

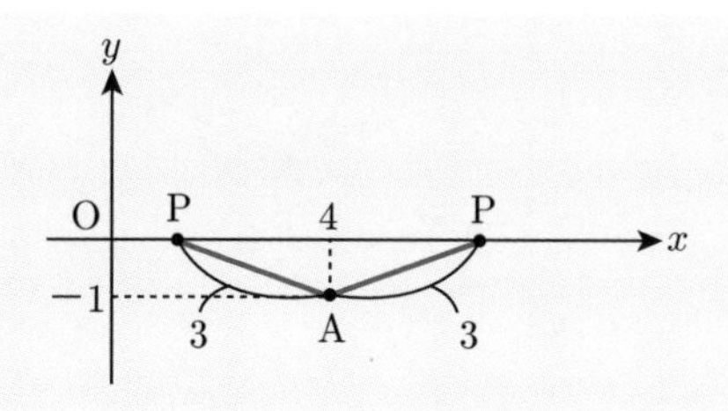

(2)　導入例題 2.1 (2) の公式を利用すると $\mathrm{Q}\left(\dfrac{20}{7}, \dfrac{9}{7}\right)$ となる．

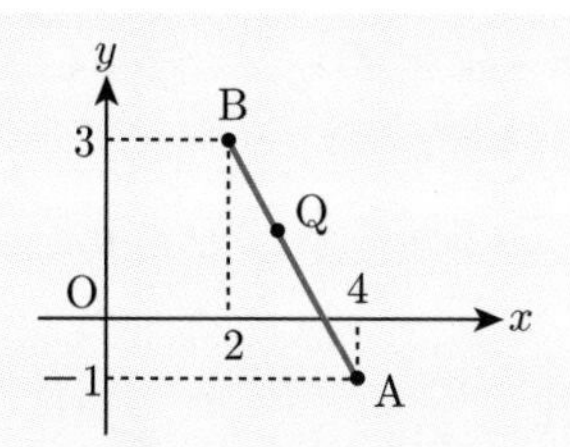

(3)　$\mathrm{R}(X, Y)$ とすると，線分 BR の中点が $\mathrm{C}(4, 2)$ であるから

$$\frac{X+2}{2} = 4, \quad \frac{Y+3}{2} = 2$$

$$X = 6, \quad Y = 1$$

よって $\mathrm{R}(6, 1)$ となる．

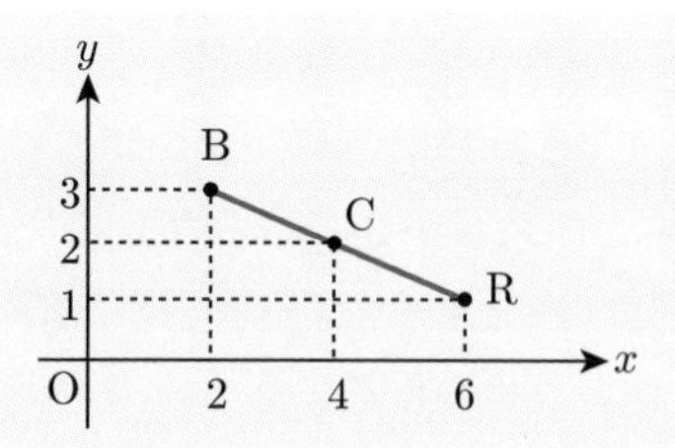

■

基本 例題 2.3

3 点 $\mathrm{A}(x_1, y_1)$, $\mathrm{B}(x_2, y_2)$, $\mathrm{C}(x_3, y_3)$ を頂点とする三角形 ABC が与えられている．辺 BC の中点を D とし，辺 AD を 2 : 1 の比に内分する点を G とするとき，点 G の座標を求めよ．

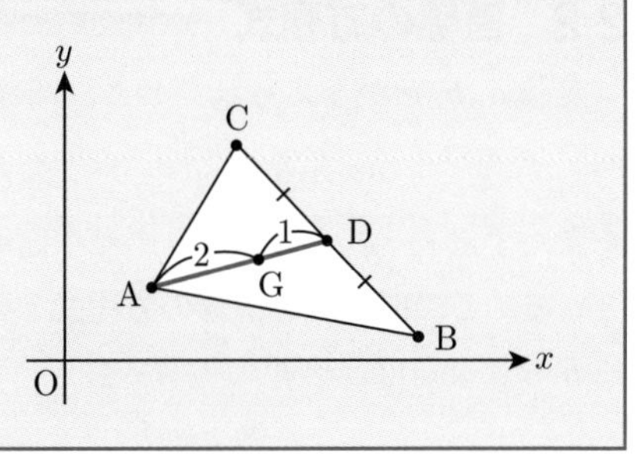

【解答】 $\mathrm{D}\left(\dfrac{x_2+x_3}{2}, \dfrac{y_2+y_3}{2}\right)$ であるから，点 G の座標は

$$\mathrm{G}\left(\frac{2\cdot\frac{x_2+x_3}{2}+1\cdot x_1}{2+1}, \frac{2\cdot\frac{y_2+y_3}{2}+1\cdot y_1}{2+1}\right)$$

つまり

$$\mathrm{G}\left(\frac{x_1+x_2+x_3}{3}, \frac{y_1+y_2+y_3}{3}\right)$$

となる．■

この基本例題 2.3 と同様にして，辺 AC の中点 E に対して線分 BE を 2 : 1 の比に内分する点も，辺 AB の中点 F に対して線分 CF を 2 : 1 の比に内分する点も G と一致することがわかる．つまり，三角形の 3 つの中線は点 G において 1 点で交わるのである．この点 G を三角形 ABC の**重心**という．

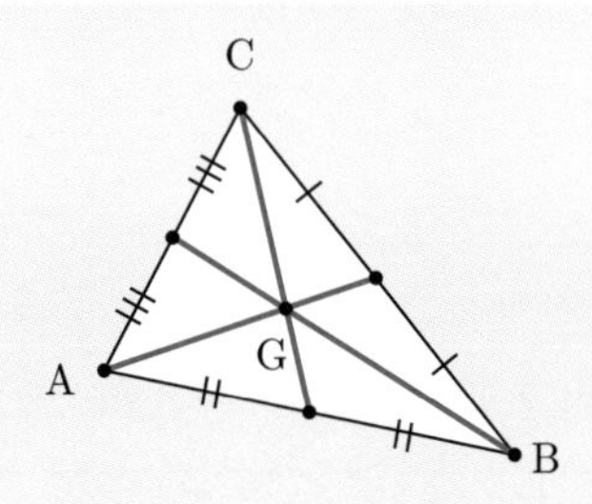

問 2.1　三角形 ABC の 3 辺 AB, BC, CA の中点をそれぞれ D, E, F とするとき，三角形 DEF の重心と三角形 ABC の重心は一致することを示せ．

2.2 直線の方程式

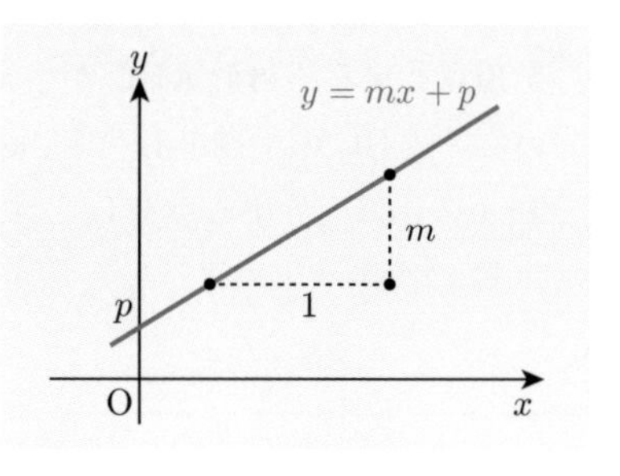

定数 a, b, c が与えられたとき，関係式

$$ax+by+c=0$$

を満たす点 (x,y) の集合は，座標平面上の直線となる．この関係式を**直線の方程式**という．特に $b\neq 0$ ならば，直線の方程式は

$$y=-\frac{a}{b}x-\frac{c}{b}$$

と表すことができる，このとき

$$m=-\frac{a}{b}$$

を直線の**傾き**という．傾きは直線上の点について，x 座標が 1 増えたときの y 座標の増分を表す．

傾き m が正ならば直線は右肩上がりになり，傾き m が負ならば直線は右肩下がりとなる．また，傾き m が等しい 2 つの直線は平行となる．

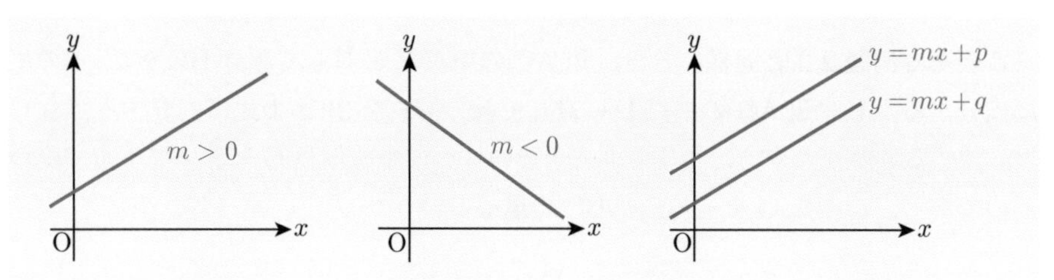

導入 例題 2.4

(1) 点 $\mathrm{A}(a,b)$ を通り，傾きが m である直線の方程式を求めよ．

(2) 2 点 $\mathrm{A}(a,b)$, $\mathrm{B}(c,d)$ を通る直線 ♣[1] の方程式を求めよ．

【解答】 (1) $y=m(x-a)+b$

(2) まず $a\neq c$ のとき，この直線の傾きは

$$\frac{y\text{ の増分}}{x\text{ の増分}}=\frac{d-b}{c-a}$$

となるので，(1) より

♣[1] 以後，この直線を直線 AB とよぶことにする．

$$y = \frac{d-b}{c-a}(x-a)+b \qquad \left(y = \frac{d-b}{c-a}(x-c)+d \text{ でもよい}\right)$$

となる．また $a = c$ のときは，

$$x = a$$

となる．

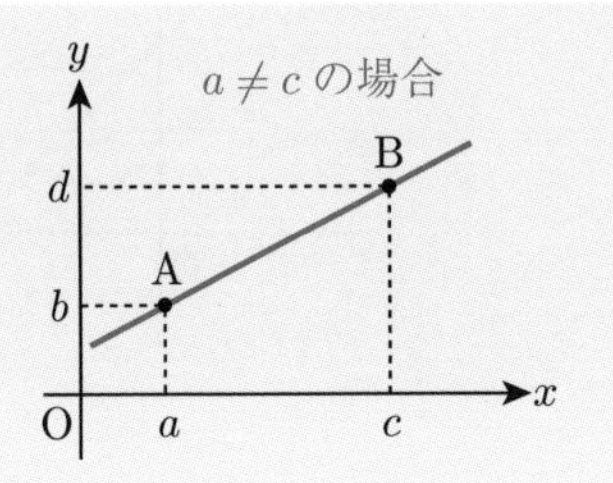

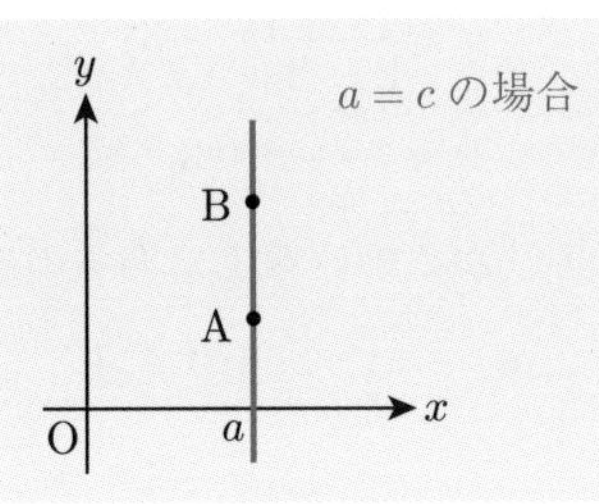

■

確認 例題 2.5

3 点 A(5, 3), B(−2, −1), C(5, 0) に対して，次の問に答えよ．

(1)　直線 AB の方程式を求めよ．

(2)　点 C を通り，直線 AB に平行な直線の方程式を求めよ．

【解答】　(1)　導入例題 2.4 (2) より

$$y = \frac{-1-3}{-2-5}(x-5)+3$$

$$y = \frac{4}{7}x + \frac{1}{7}$$

となる．

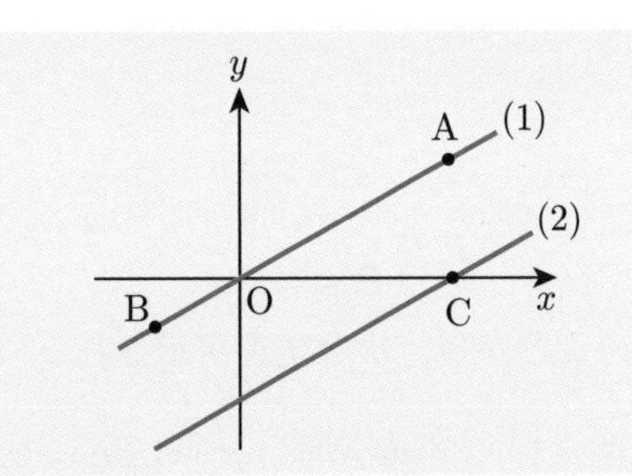

(2)　求めるのは傾きが $\frac{4}{7}$ で点 C を通る直線なので，導入例題 2.4 (1) より

$$y = \frac{4}{7}(x-5)$$

$$y = \frac{4}{7}x - \frac{20}{7}$$

となる．

■

基本 例題 2.6

3点 $A(3, 0)$, $B(2, 1)$, $C(-1, a)$ が同一直線上にあるとき，a を求めよ．

【解答】 直線ABの方程式は導入例題 2.4 (2) より

$$y = \frac{1-0}{2-3}(x-3)$$

$$y = -x + 3$$

であり，点Cがこの直線上にあるので

$$a = -(-1) + 3 = 4$$

となる．

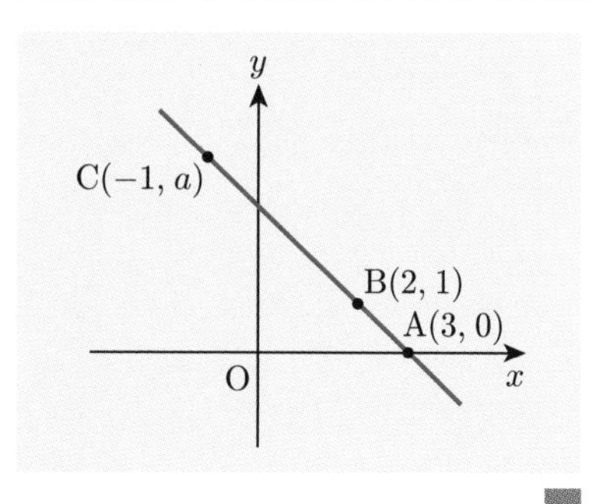

問 2.2 4点 $A(-2, 2)$, $B(1, 5)$, $C(3, 1)$, $D(4, a)$ に対して，次の問に答えよ．

(1) 直線ABの方程式を求めよ．

(2) 直線ABに平行で，点Cを通る直線の方程式を求めよ．

(3) AB // CD となるように a を定めよ．

直線

$$y = mx + p$$

が x 軸となす角を θ（$0^\circ \leqq \theta < 180^\circ$）とするとき，図より

$$m = \tan\theta$$

となることがわかる．

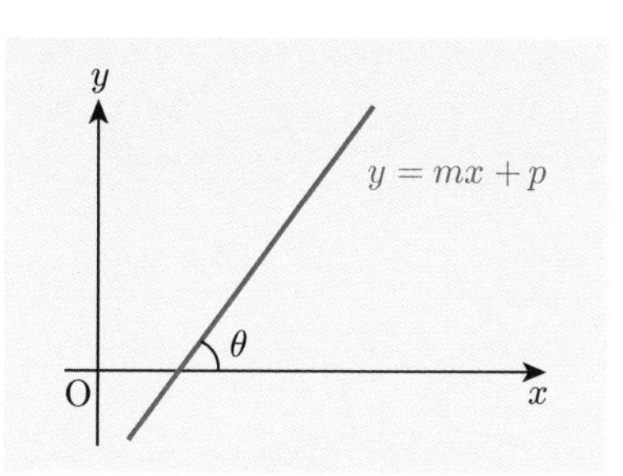

このことから，次の定理が示される．

定理 2.1 2直線 $y = mx + p$, $y = nx + q$ が直交するならば

$$mn = -1$$

が成り立つ．逆に $mn = -1$ が成り立つならば2直線は直交する．

【証明】 2直線が直交するとき，一方は右肩上がりである．右肩上がりである直線が x 軸となす角を θ とすると $0^\circ < \theta < 90^\circ$ であるから，これに直交するもう一方の直線が x 軸となす角は $90^\circ + \theta$ となる．

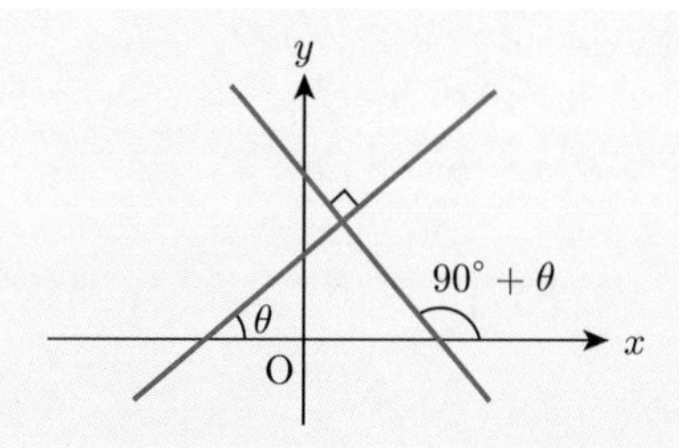

したがって演習問題 1.2 より

$$\tan\theta\cdot\tan(90^\circ+\theta)=\tan\theta\cdot\left(-\frac{1}{\tan\theta}\right)=-1$$

であるから $mn=-1$ がわかる．逆も同様に示される． ■

確認 例題 2.7

2 点 A(4, 2), B(1, −1) に対して，線分 AB の垂直二等分線の方程式を求めよ．

【解答】　直線 AB の傾きは

$$\frac{-1-2}{1-4}=1$$

であるから，直交する直線の傾きは -1 である．また線分 AB の中点を M とすると，$\mathrm{M}(\frac{5}{2},\frac{1}{2})$ となるので，求める直線の方程式は

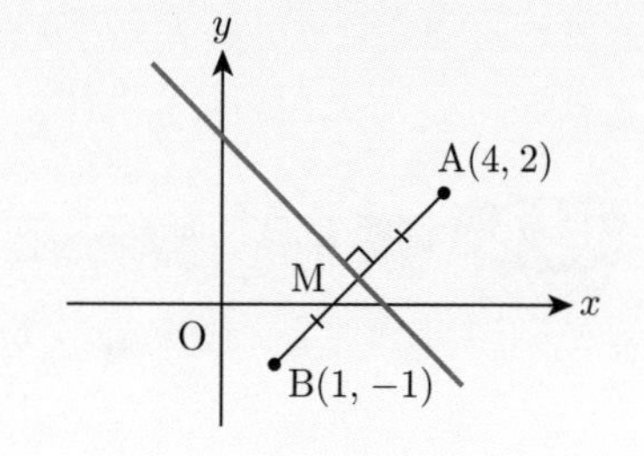

$$y=-\left(x-\frac{5}{2}\right)+\frac{1}{2}$$

$$y=-x+3$$

となる． ■

基本 例題 2.8

3 点 A$(a,0)$, B$(b,0)$, C$(0,c)$ を頂点とする三角形 ABC に対して，各頂点から対辺に下ろした垂線は，1 点で交わることを示せ．

【解答】　頂点 C から辺 AB に下ろした垂線は y 軸と一致するので，頂点 A から辺 BC に下ろした垂線 ℓ_1 と頂点 B から辺 AC に下ろした垂線 ℓ_2 が y 軸上で交わることを示せばよい．

まず，直線BCの傾きは $-\frac{c}{b}$ であるから，ℓ_1 は A を通り傾きが $\frac{b}{c}$ の直線となり，その方程式は

$$y=\frac{b}{c}(x-a)\quad すなわち\quad y=\frac{b}{c}x-\frac{ab}{c}$$

となる．同様に，直線 ℓ_2 の方程式は

$$y=\frac{a}{c}(x-b)\quad すなわち\quad y=\frac{a}{c}x-\frac{ab}{c}$$

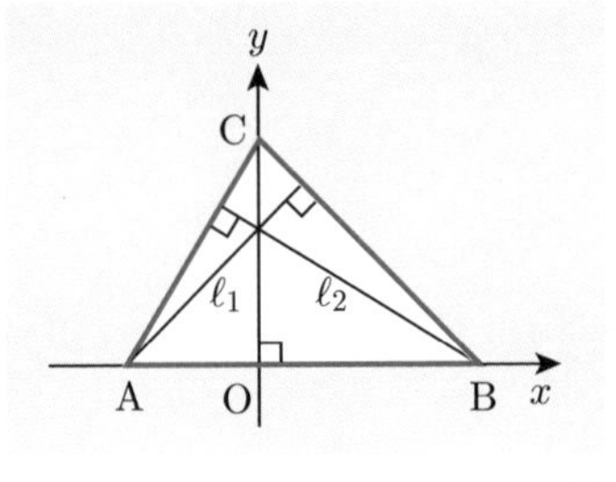

となり，ℓ_1 と ℓ_2 は y 軸上の点 $(0,-\frac{ab}{c})$ で交わることがわかる．■

この例題において a, b, c は任意の数であるから，任意の三角形に対して，その各頂点から対辺に下ろした垂線は1点で交わることを意味している．この3つの垂線の交点を三角形の**垂心**という．

問2.3　三角形ABCの垂心をDとするとき，三角形DBCの垂心はAとなることを示せ．

2.3　直線と点の距離

直線 ℓ と，ℓ 上にない点Aが与えられたとき，直線 ℓ と点Aの**距離**は，点Aから直線 ℓ に下ろした垂線の長さである．以下，直線と点の距離を与える公式を導こう．

導入　例題 2.9

$c\neq 0$ であるとき，直線 $ax+by+c=0$ と原点Oの距離 d を求めよ．

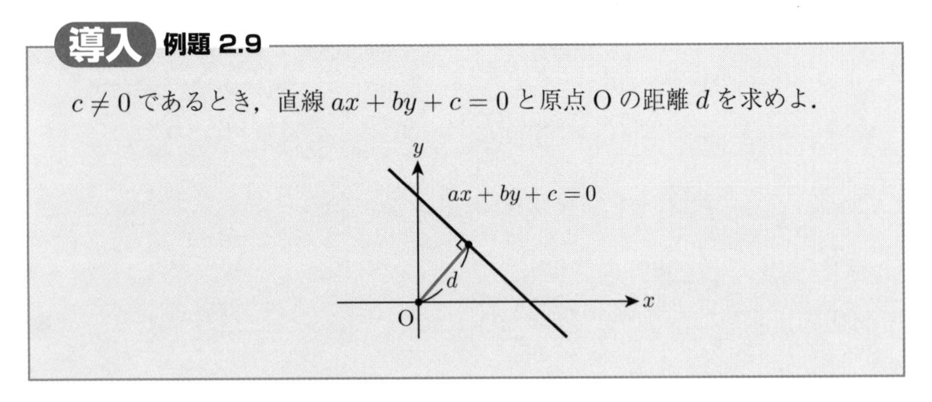

【解答】　$a\neq 0, b\neq 0$ のとき，直線 $ax+by+c=0$ と x 軸，y 軸との交点はそれぞれ $X(-\frac{c}{a},0)$, $Y(0,-\frac{c}{b})$ となるので

$$OX=\frac{|c|}{|a|},\qquad OY=\frac{|c|}{|b|},\qquad XY=\sqrt{\frac{c^2}{a^2}+\frac{c^2}{b^2}}=\frac{|c|\sqrt{a^2+b^2}}{|ab|}$$

となる．原点Oから直線 $ax+by+c=0$ に下ろした垂線の足をHとすると，$d=OH$ であり三角形OXYと三角形HXOは相似であるから

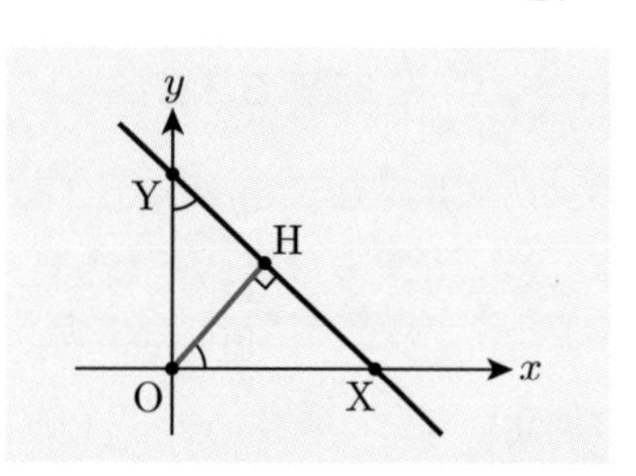

$$\mathrm{OH} : \mathrm{OX} = \mathrm{OY} : \mathrm{XY}$$

$$d : \frac{|c|}{|a|} = \frac{|c|}{|b|} : \frac{|c|\sqrt{a^2+b^2}}{|ab|}$$

より

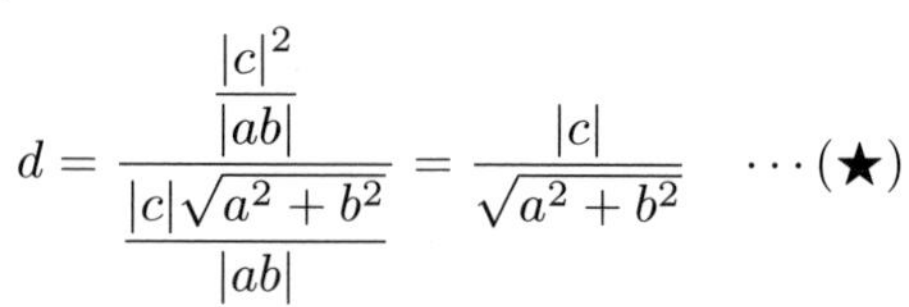

$$d = \frac{\dfrac{|c|^2}{|ab|}}{\dfrac{|c|\sqrt{a^2+b^2}}{|ab|}} = \frac{|c|}{\sqrt{a^2+b^2}} \quad \cdots (\bigstar)$$

となる．

$a=0$ のときは，直線は x 軸に平行な直線 $y=-\frac{c}{b}$ となるので，原点との距離は

$$d = \frac{|c|}{|b|}$$

となり，これは $(\bigstar)$ で $a=0$ としたものと一致する．$b=0$ の場合も同様である．以上により，いずれの場合も $d=\dfrac{|c|}{\sqrt{a^2+b^2}}$ となる． ■

この例題を踏まえて，直線 $ax+by+c=0$ と，その上にない任意の点 $\mathrm{A}(x_0, y_0)$ との距離 d を求めてみよう．

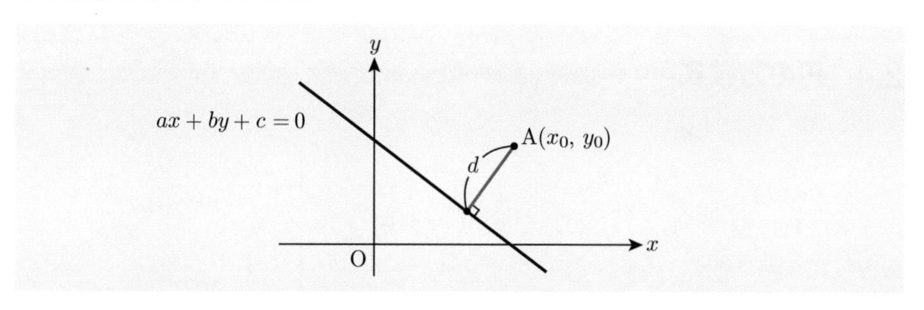

点 A を原点 O に平行移動し，それと同じように直線も平行移動したとき，直線の方程式は

$$a(x+x_0) + b(y+y_0) + c = 0$$

$$ax + by + ax_0 + by_0 + c = 0$$

となる．d はこの直線と原点との距離となるので，導入例題 2.9 より

$$d = \frac{|ax_0+by_0+c|}{\sqrt{a^2+b^2}}$$

となることがわかる．

確認 例題 2.10

(1)　直線 $2x+y=5$ と点 A$(4,2)$ の距離 d を求めよ．
(2)　直線 $y=\frac{1}{3}x-4$ と点 B$(-3,5)$ の距離 d を求めよ．

【解答】　(1)　直線の方程式は $2x+y-5=0$ と表されるので導入例題 2.9 より

$$d=\frac{|8+2-5|}{\sqrt{4+1}}=\frac{5}{\sqrt{5}}=\sqrt{5}$$

となる．

(2)　直線の方程式は $x-3y-12=0$ と表されるので導入例題 2.9 より

$$d=\frac{|-3-15-12|}{\sqrt{1+9}}=\frac{30}{\sqrt{10}}=3\sqrt{10}$$

となる．■

問 2.4　次の問に答えよ．
(1)　直線 $y=\frac{1}{2}x+5$ と点 A$(2,-2)$ の距離 d を求めよ．
(2)　直線 $x=6$ と点 B$(-1,-2)$ の距離 d を求めよ．
(3)　傾きが -2 で，点 C$(1,3)$ との距離が $\sqrt{5}$ である直線の方程式を求めよ．

2.4　円の方程式

中心 A，半径 r の円は

$$\mathrm{AP}=r$$

となる点 P の集合である．この事実を用いて，**円の方程式**を導こう．

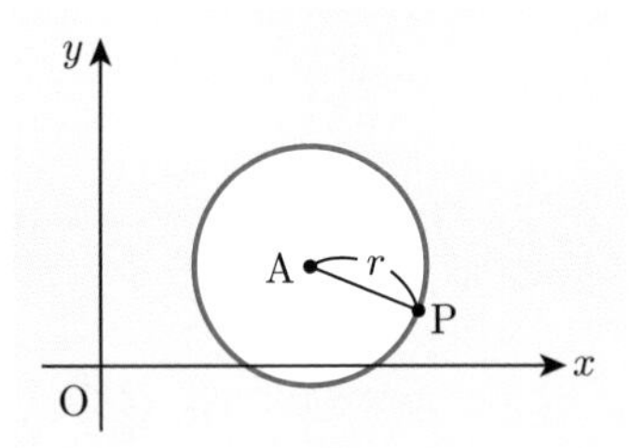

導入 例題 2.11

中心が A(a,b) で半径が r の円の方程式を求めよ．

【解答】　円周上の点を P(x,y) とすると，AP $=r$ であるから

$$\sqrt{(x-a)^2+(y-b)^2}=r \qquad \text{すなわち} \qquad (x-a)^2+(y-b)^2=r^2$$

となる．■

確認　例題 2.12

方程式 $x^2+2x+y^2-y=0$ はどのような図形を表すか．

【解答】　方程式は

$$x^2+2x+y^2-y=0$$
$$(x+1)^2+\left(y-\frac{1}{2}\right)^2=\frac{5}{4}$$

と変形できるので，図形は点 $\mathrm{A}(-1,\frac{1}{2})$ が中心で半径 $\frac{\sqrt{5}}{2}$ の円となる． ■

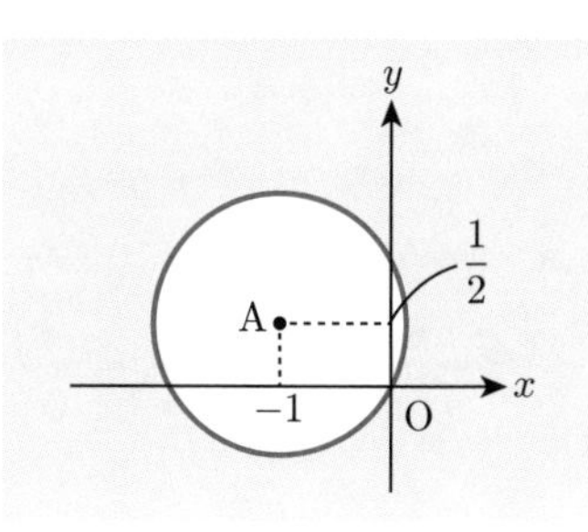

基本　例題 2.13

3 点 A(1,0), B(0,3), C(2,−1) を通る円の中心の座標と半径を求めよ．

【解答】　求める円の方程式を

$$x^2+y^2+ax+by+c=0$$

とおくと，3 点 A, B, C を通ることから

$$\begin{cases} a+c=-1 \\ 3b+c=-9 \\ 2a-b+c=-5 \end{cases}$$

が導かれる．これを解いて

$$a=-10, \quad b=-6, \quad c=9$$

となるので，求める円の方程式は

$$x^2+y^2-10x-6y+9=0$$
$$(x-5)^2+(y-3)^2=25$$

となる．したがって中心は点 $(5,3)$，半径は 5 である． ■

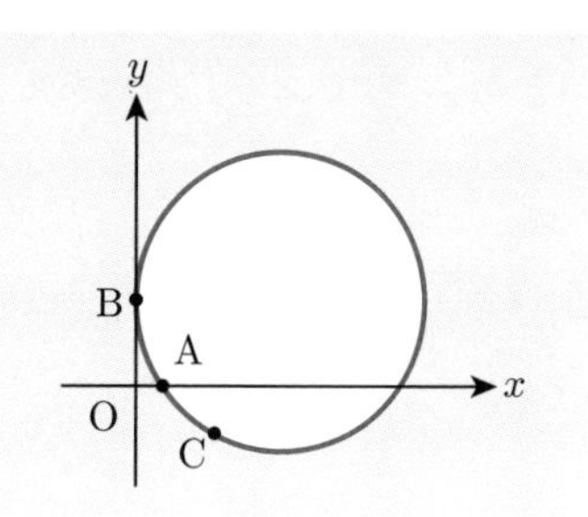

問 2.5　相異なる 4 点 A(0,5), B(2,4), C(−1,3), D(a,3) が同一円周上にあるとき，a を求めよ．

円の**接線の方程式**はどのように表されるだろうか．まずは次の例題を考えてみよう．

導入　例題 2.14

円

$$x^2 + y^2 = r^2$$

上の点 $\mathrm{A}(x_0, y_0)$（ただし $x_0,\ y_0 \neq 0$）における接線の傾きを $x_0,\ y_0$ を用いて表せ．

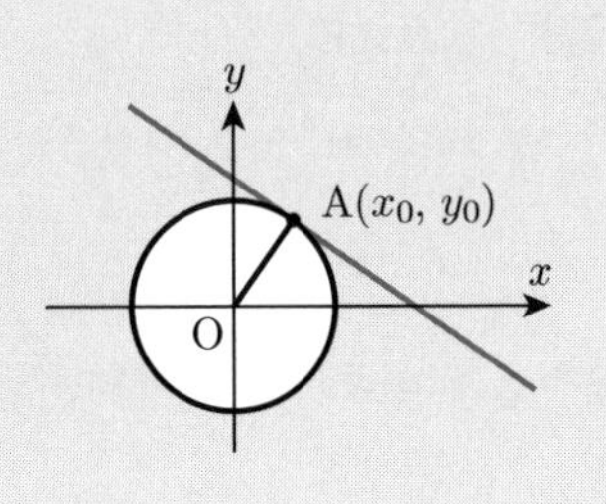

【解答】　図のように，点 $\mathrm{A}(x_0, y_0)$ における接線は直線 OA と直交している．直線 OA の傾きは $\dfrac{y_0}{x_0}$ であるから，接線の傾きは $-\dfrac{x_0}{y_0}$ となる．■

この例題より，円 $x^2 + y^2 = r^2$ 上の点 $\mathrm{A}(x_0, y_0)$ における接線は，点 A を通り傾きが $-\frac{x_0}{y_0}$ である直線であるから

$$y = -\frac{x_0}{y_0}(x - x_0) + y_0$$

$$x_0x + y_0y = x_0^2 + y_0^2$$

つまり

$$x_0x + y_0y = r^2$$

となる．この公式は $x_0 = 0$ または $y_0 = 0$ の場合にも成り立つ．

確認　例題 2.15

円

$$x^2 + y^2 = 5$$

上の点 $\mathrm{A}(1, -2)$ における接線の方程式を求めよ．

【解答】　円の接線の公式より

$$x - 2y = 5$$

となる．■

基本 例題 2.16

点 A$(3,1)$ を通り，円 $x^2+y^2=1$ に接する直線の方程式を求めよ．

【解答】 接点を P(a,b) とおくと，求める接線の方程式は

$$ax+by=1$$

となる．また点 P(a,b) は円上にあり，接線が点 A$(3,1)$ を通ることから

$$\begin{cases} a^2+b^2=1 & \cdots\cdots ① \\ 3a+b=1 & \cdots\cdots ② \end{cases}$$

が成り立つ．②より $b=-3a+1$ となり，これを①に代入して

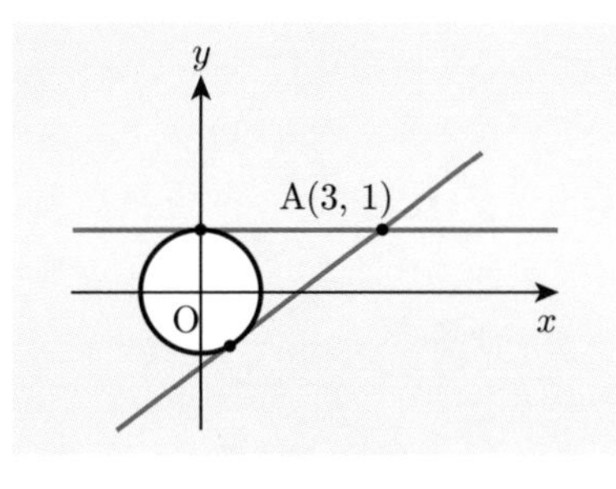

$$10a^2-6a=0$$
$$a(5a-3)=0$$

より $a=0, \frac{3}{5}$ となる．$a=0$ のとき $b=1$ であり，$a=\frac{3}{5}$ のとき $b=-\frac{4}{5}$ であるから，求める接線の方程式は

$$y=1 \qquad \text{および} \qquad 3x-4y=5$$

となる．■

問 2.6　点 A$(-3,1)$ を通り，円 $x^2+y^2=5$ に接する直線の方程式を求めよ．

2.5　不等式が表す領域

直線も円も，x と y に関する等式で表された．ここでは x と y に関する不等式が表す領域について考えてみよう．

導入 例題 2.17

次の不等式を満たす点 (x,y) の集合はどのような領域か．

(1)　$x-y>1$　　　(2)　$3x+4y \leqq 5$

【解答】 (1)　不等式は $y<x-1$ と表されるので，求める領域は直線 $y=x-1$ 上の各点よりも y 座標が小さい点 (x,y) の集合となる．したがって次図左の水色の部分のようになる．ただし境界上の点は含まれない．

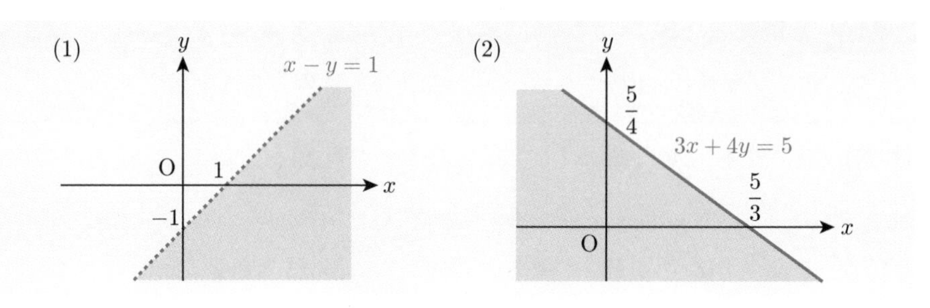

(2)　(1) と同様に考えて，上図右の水色の部分のようになる．ただし境界上の点は含まれる．■

この導入例題 2.17 を見てもわかるように，領域を仕切る境界は“不等号”を“等号”に置き換えた直線である．境界のどちら側が求める領域かを判断するには，境界上にない簡単な点（たとえば原点 O(0,0) など）が不等式を満たしているかどうかで判断すればよい．なお，不等号が $<, >$ か $\leqq, \geqq$ かで，境界上の点を含むかどうかが決まる．

確認 例題 2.18

次の条件が表す領域を図示せよ．

(1)　$\begin{cases} x + 2y \leqq 3 \\ 2x - 3y \geqq 4 \end{cases}$　　(2)　$x^2 - 2x + y^2 + 2y < 7$

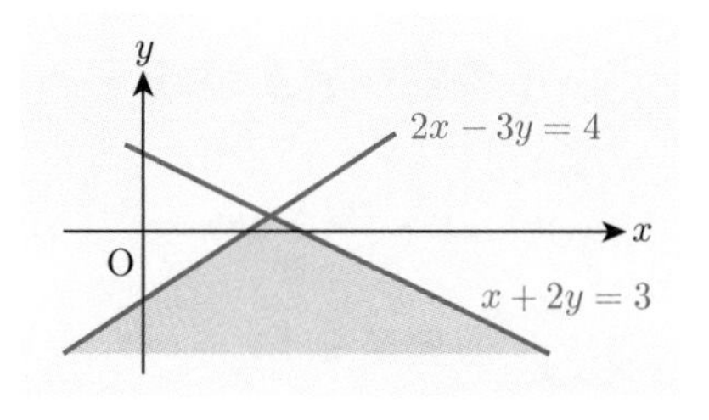

【解答】　(1)　2 つの不等式を同時に満たす点 (x, y) の集合であるから．2 つの直線 $x + 2y = 3$, $2x - 3y = 4$ で仕切られる 4 つの領域のいずれかである．原点 O は $x + 2y \leqq 3$ を満たし，$2x - 3y \geqq 4$ は満たさないので，図の水色の部分が求める領域となることがわかる．ただし，境界上の点はすべて含まれる．

(2)　条件の不等式は

$$(x-1)^2 + (y+1)^2 < 9$$

と表すことができる．つまり求める領域は，点 $(1, -1)$ との距離が 3 より小さい点 (x, y) の集合であるから，図のような円の内部となる．ただし，境界上の点は含まれない．

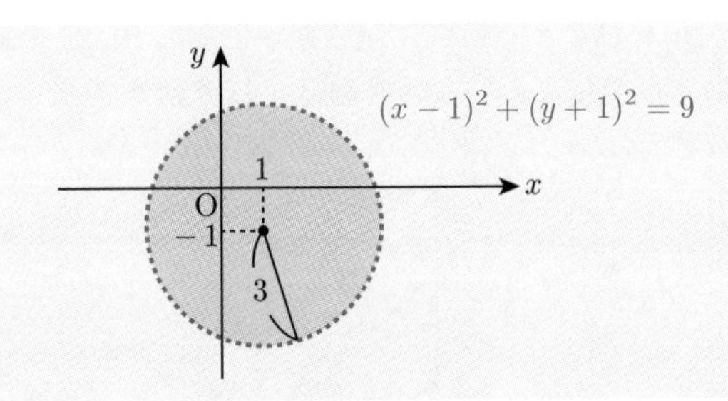

■

問 2.7　次の条件が表す領域を図示せよ．

(1) $\begin{cases} x+y \leqq 2 \\ 2x-y \leqq 5 \\ -1 \leqq x \end{cases}$　　(2) $x^2+y^2 \geqq 6x+8y$

次の例題は**線形計画問題**とよばれる，応用上重要な問題である．

基本 例題 2.19

x, y が次の 4 つの条件：

$$2x+y \leqq 8, \quad x+3y \leqq 9, \quad x \geqq 0, \quad y \geqq 0$$

を満たすとき，$x+y$ の最大値・最小値を求めよ．

【解答】　4 つの条件を満たす点 (x, y) の集合は下図の水色の部分である．

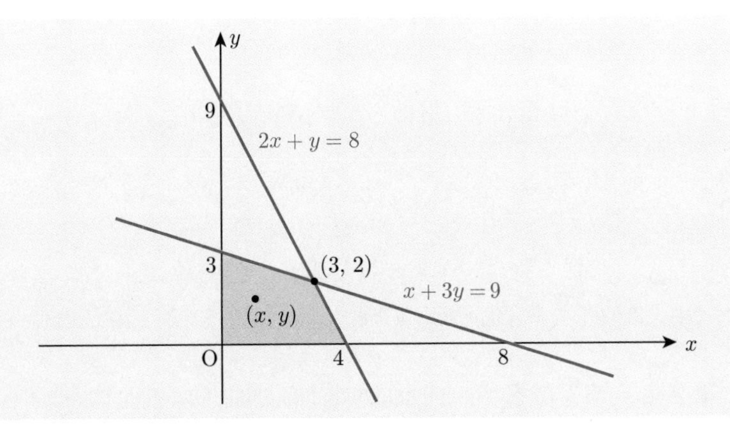

一方，$x+y=k$ とおくと，これは傾きが -1 で点 $(0,k)$ を通る直線の方程式を表しており，k の値が変化するとこの直線は平行移動する．

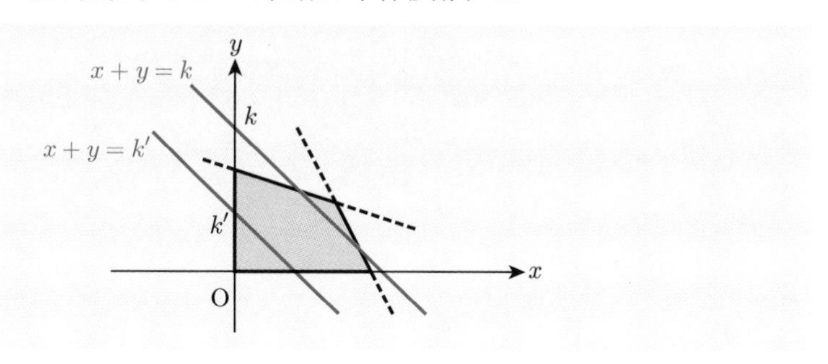

したがって点 (x,y) が図の集合上を動くとき, k が取り得る値の範囲は, 直線 $x+y=k$ が図の集合と共有点を持つような範囲であるから，図より

$$0 \leqq k \leqq 5$$

となることがわかる．

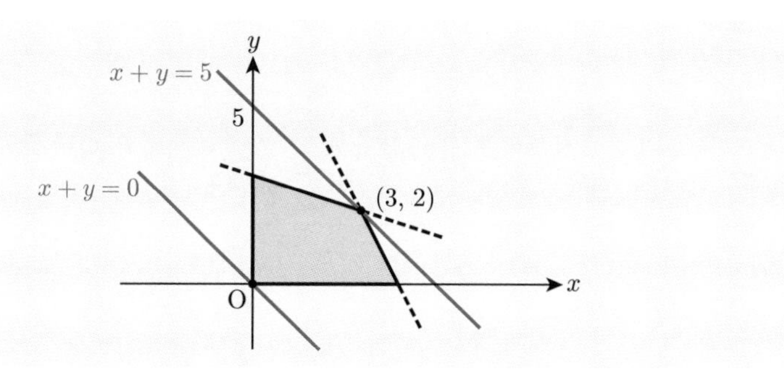

以上より，$x+y$ は $x=0,\ y=0$ のとき最小値 0 となり，$x=3,\ y=2$ のとき最大値 5 となる． ■

問 2.8　$x,\ y$ が次の 4 つの条件：

$$3x+2y \leqq 6, \quad x+2y \leqq 4, \quad x \geqq 0, \quad y \geqq 0$$

を満たすとき，$3x+y$ の最大値・最小値を求めよ．

第2章　演習問題

2.1　3 点 O(0,0), A(3,1), B(1,2) を頂点とする三角形 OAB はどのような三角形か．

2.2　2 点 A$(a,-1)$, B$(-4,b)$ に対して，線分 AB を $2:1$ の比に内分する点が C$(-2,3)$ であるとき，$a,\ b$ を求めよ．

2.3　次の直線の方程式を求めよ．

(1)　2点 $\mathrm{A}(4,-5)$, $\mathrm{B}(-2,3)$ を通る直線．

(2)　点 $\mathrm{C}(2,4)$ を通り，直線 $3x+y+1=0$ に垂直な直線．

(3)　2点 $\mathrm{D}(7,2)$, $\mathrm{E}(3,6)$ に対して，線分 DE の垂直二等分線．

2.4　直線 $5x+2y+6=0$ と点 $\mathrm{A}(-1,-2)$ の距離 d を求めよ．

2.5　点 $\mathrm{P}(6,4)$ から直線 $3x+4y-5=0$ に下ろした垂線の足 H の座標を求めよ．

2.6　3つの直線 $4x-y+1=0$, $x-y-2=0$, $x+2y-11=0$ で囲まれる三角形の面積を求めよ．

2.7　次の円の方程式を求めよ．

(1)　3点 $\mathrm{A}(0,3)$, $\mathrm{B}(1,-1)$, $\mathrm{C}(4,-1)$ を通る円．

(2)　2点 $\mathrm{D}(-3,2)$, $\mathrm{E}(4,-3)$ を直径の両端とする円．

(3)　2点 $\mathrm{F}(5,-1)$, $\mathrm{G}(-2,-2)$ を通り x 軸に接する円．

2.8　点 $\mathrm{P}(3,2)$ を通り円 $x^2+y^2=9$ に接する直線の方程式を求めよ．

2.9　次の条件が示す図形を図示せよ．

(1)　$\begin{cases} 3x+y \leqq 3 \\ x+2y \geqq 2 \end{cases}$　(2)　$\begin{cases} x^2+y^2 \leqq 4 \\ x+y \geqq 0 \end{cases}$　(3)　$-3 \leqq x^2+y^2-4y \leqq 0$

(4)　$\begin{cases} -1 \leqq x+y \leqq 3 \\ 0 \leqq x-y \leqq 4 \end{cases}$　(5)　$x^2-y^2>0$

2.10　ある工場では2種類の原料 A, B を使って2つの製品 P, Q を製造している．P を1つ作るには A が 2 kg，B が 3 kg 必要であり，Q を1つ作るには A が 5 kg，B が 1 kg 必要である．また P を1つ作ったときの利益は4万円であり，Q を1つ作ったときの利益は3万円である．現在，この工場の原料の在庫は A が 123 kg，B が 80 kg であるという．このとき，次の問に答えよ．

(1)　P を x 個，Q を y 個作るとき，使用する原料 A および B の量 (kg) をそれぞれ x, y を用いて表せ．

(2)　(1) のとき，総利益 k（万円）を x, y を用いて表せ．

(3)　在庫の原料のみで総利益 k を最大にするには，P と Q をそれぞれ何個作ればよいか．

	製品 P を1つ作ったとき	製品 Q を1つ作ったとき	原料の在庫 (kg)
原料 A の使用量 (kg)	2	3	123
原料 B の使用量 (kg)	5	1	80
利益（万円）	4	3	

第3章
平面ベクトル

大学の基礎課程で必ず学ぶことになる「線形代数学」．その基礎知識となるベクトルについて論じる．第1章の三角比・第2章の図形とも関連するので十分理解してから臨むこと．なお，章のタイトルは「平面ベクトル」となっているが，3.6節では空間ベクトルも扱う．

3.1 ベクトルの定義とその演算

まずは，“ベクトル”の必要性を端的に表した次の例題を考えてみよう．

導入 例題 3.1

下図の四角形ABCDを，頂点Aが点A′の位置に移るように平行移動する方法を示せ．

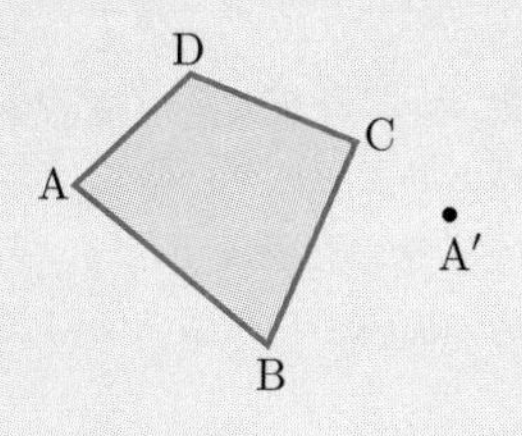

【解答】 右図のように線分AA′を作図し，点Aから点A′に向かう“矢印”を考える．これと等しい矢印を，点B, C, Dから引いたときの矢先の点をぞれぞれB′, C′, D′とすれば，四角形A′B′C′D′が求める図形である．

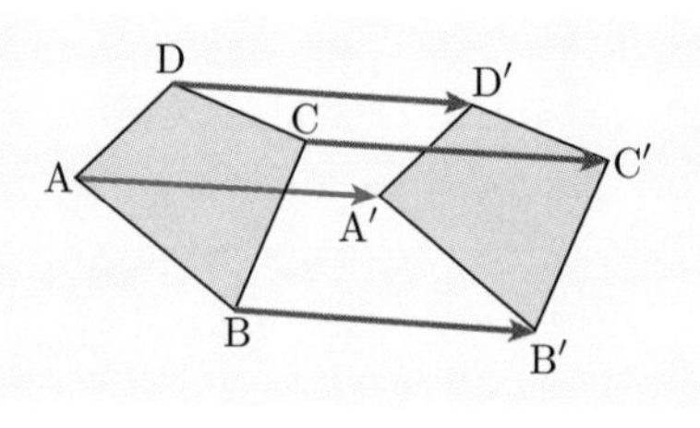

■

上の解答のポイントは，線分AA′に向きの情報を付け加えた“矢印”である．このように，長さと向きが与えられた矢印を**ベクトル**♣1といい，$\vec{a}$のように表す．

♣1 平面上のベクトルなので正しくは平面ベクトルという．これに対して空間内の矢印を空間ベクトルと呼ぶ．

2つのベクトル $\overrightarrow{a}$, $\overrightarrow{b}$ に対して，その長さと向きがともに等しいとき，**2つのベクトルは等しい**といい $\overrightarrow{a} = \overrightarrow{b}$ と表す．上の解答のように点Aから点A′に向かう矢印が定めるベクトルを $\overrightarrow{a}$ とするとき，$\overrightarrow{a} = \overrightarrow{\mathrm{AA'}}$ とも表す．導入例題3.1においては $\overrightarrow{\mathrm{BB'}} = \overrightarrow{\mathrm{CC'}} = \overrightarrow{\mathrm{DD'}} = \overrightarrow{a}$ である．つまりベクトルが有する性質は“長さ”と“向き”のみであり，存在する場所には依存しない．

ベクトル $\overrightarrow{a}$ に対して，その長さを**ベクトル $\overrightarrow{a}$ の大きさ**といい $|\overrightarrow{a}|$ と表す．$\overrightarrow{a} = \overrightarrow{b}$ であるならば

$$|\overrightarrow{a}| = |\overrightarrow{b}|$$

が成り立つが，逆は成り立たない．

$$|\overrightarrow{a}| = 1$$

となるベクトル $\overrightarrow{a}$ を**単位ベクトル**という．

また，与えられたベクトル $\overrightarrow{a}$ に対して，長さが等しく向きが正反対であるベクトルを **$\overrightarrow{a}$ の逆ベクトル**といい $-\overrightarrow{a}$ と表す．定義より明らかに

$$|-\overrightarrow{a}| = |\overrightarrow{a}|$$

が成り立つ．

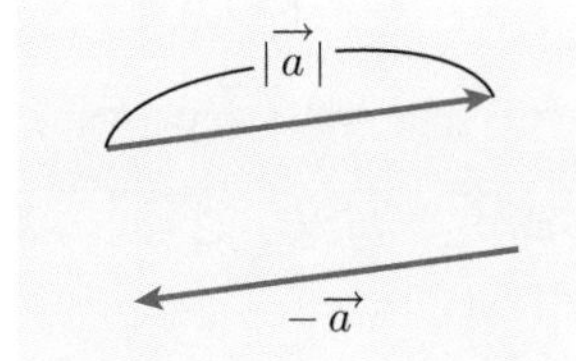

確認 例題 3.2

ベクトル $\overrightarrow{a}$, $\overrightarrow{b}$, $\overrightarrow{c}$, $\overrightarrow{d}$ がそれぞれ下図のように与えられているとき，等しいベクトルと大きさが等しいベクトルをそれぞれ選び出せ．ただし，各格子は長さ1の正方形とする．

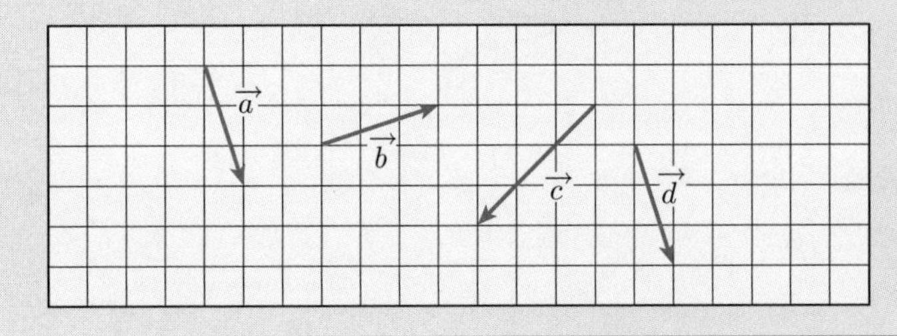

【解答】　図より明らかに $\overrightarrow{a} = \overrightarrow{d}$．また $|\overrightarrow{a}| = |\overrightarrow{b}| = |\overrightarrow{d}|$ $(= \sqrt{10})$ である．■

ベクトルには「和」・「差」・「定数倍」の演算が定義できる．いずれも図形を使うと理解しやすい．

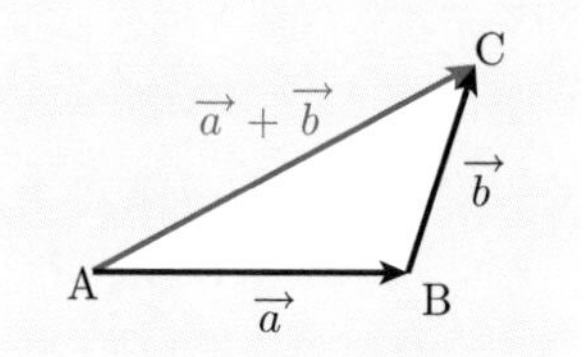

【ベクトルの和】 2つのベクトル $\vec{a}$, $\vec{b}$ に対して，$\overrightarrow{\mathrm{AB}}=\vec{a}$, $\overrightarrow{\mathrm{BC}}=\vec{b}$ となるような点 A, B, C を考えたとき，$\vec{a}$ と $\vec{b}$ の**和** $\vec{a}+\vec{b}$ を

$$\vec{a}+\vec{b}=\overrightarrow{\mathrm{AC}}$$

で定義する．

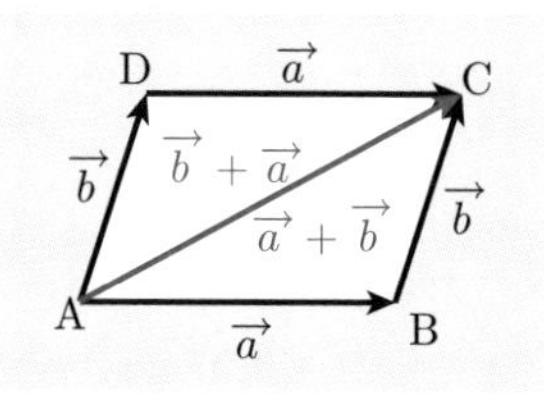

四角形 ABCD が平行四辺形になるように点 D をとると，$\overrightarrow{\mathrm{AD}}=\vec{b}$, $\overrightarrow{\mathrm{DC}}=\vec{a}$ であるから

$$\vec{a}+\vec{b}=\vec{b}+\vec{a}$$

が成り立つ．

また，もう1つのベクトル $\vec{c}$ が与えられたとき，

$$(\vec{a}+\vec{b})+\vec{c}=(\vec{a}+\vec{c})+\vec{b}=(\vec{b}+\vec{c})+\vec{a}$$

が成り立つので，これらを単に $\vec{a}+\vec{b}+\vec{c}$ と表す（$\vec{a}$, $\vec{b}$, $\vec{c}$ の順番を入れ替えても同じベクトルを表す）．

なお，ベクトル $\overrightarrow{\mathrm{AB}}$ が与えられたとき，任意の点 C に対して

$$\overrightarrow{\mathrm{AB}}=\overrightarrow{\mathrm{AC}}+\overrightarrow{\mathrm{CB}}$$

が成り立つ．この公式は頻繁に使うので覚えておくとよい．

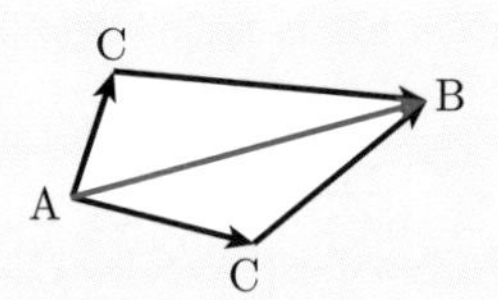

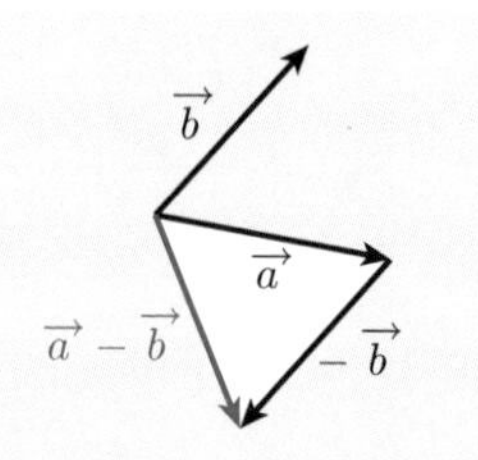

【ベクトルの差】 2つのベクトル $\vec{a}$, $\vec{b}$ に対して，その**差** $\vec{a}-\vec{b}$ を $\vec{a}$ と $-\vec{b}$ の和，つまり

$$\vec{a}-\vec{b}=\vec{a}+(-\vec{b})$$

で定義する．

また，点 A, B, C が与えられたとき，

$$\overrightarrow{\mathrm{AB}}-\overrightarrow{\mathrm{AC}}=\overrightarrow{\mathrm{AB}}+(-\overrightarrow{\mathrm{AC}})=\overrightarrow{\mathrm{AB}}+\overrightarrow{\mathrm{CA}}=\overrightarrow{\mathrm{CB}}$$

より

$$\overrightarrow{\mathrm{AB}} - \overrightarrow{\mathrm{AC}} = \overrightarrow{\mathrm{CB}}$$

が成り立つ．

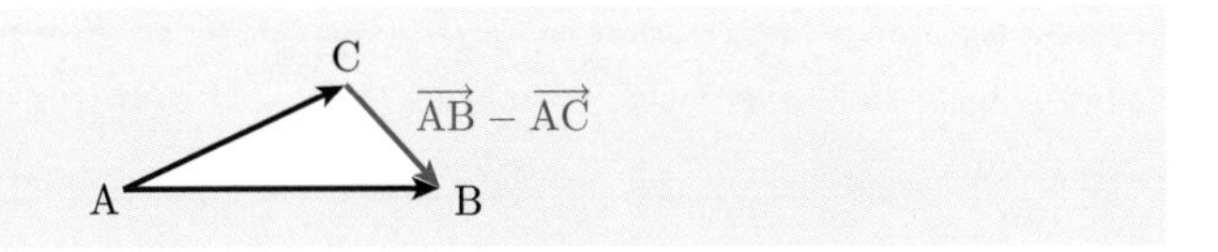

なお，定義から

$$\overrightarrow{\mathrm{AB}} - \overrightarrow{\mathrm{AB}} = \overrightarrow{\mathrm{AA}}$$

となるが，これは大きさが 0 のベクトルとなるので，**零(れい)ベクトル**とよび $\overrightarrow{0}$ と表す．任意のベクトル $\overrightarrow{a}$ に対して

$$\overrightarrow{a} + \overrightarrow{0} = \overrightarrow{a}, \qquad \overrightarrow{a} - \overrightarrow{0} = \overrightarrow{a}, \qquad \overrightarrow{0} - \overrightarrow{a} = -\overrightarrow{a}$$

が成り立つ．

【ベクトルの定数倍】　ベクトル $\overrightarrow{a}$ に対して，その**定数倍** $k\overrightarrow{a}$ を，次のように定義する．

(1)　$k > 0$ の場合，$\overrightarrow{a}$ と同じ向きで，大きさが $k|\overrightarrow{a}|$ であるベクトル
(2)　$k < 0$ の場合，$-\overrightarrow{a}$ と同じ向きで，大きさが $|k||\overrightarrow{a}|$ であるベクトル
(3)　$k = 0$ の場合，零ベクトル

定数倍については次の公式が成り立つ．

[公式]

$$k\overrightarrow{a} + \ell\overrightarrow{a} = (k+\ell)\overrightarrow{a}, \quad \text{特に} \quad 0\overrightarrow{a} = \overrightarrow{0}$$

$$k\overrightarrow{a} + k\overrightarrow{b} = k(\overrightarrow{a} + \overrightarrow{b}), \quad \text{特に} \quad k\overrightarrow{0} = \overrightarrow{0}$$

$$k(\ell\overrightarrow{a}) = \ell(k\overrightarrow{a}) = (k\ell)\overrightarrow{a}$$

確認 例題 3.3

ベクトル $\overrightarrow{a}$, $\overrightarrow{b}$, $\overrightarrow{c}$ が下図のように与えられたとき，次のベクトルを図示せよ．

(1)　$2\overrightarrow{a}+\overrightarrow{b}$　　(2)　$4\overrightarrow{a}-\overrightarrow{c}$　　(3)　$\overrightarrow{a}+\overrightarrow{b}+\overrightarrow{c}$　　(4)　$\dfrac{1}{3}\overrightarrow{a}-\overrightarrow{b}-2\overrightarrow{c}$

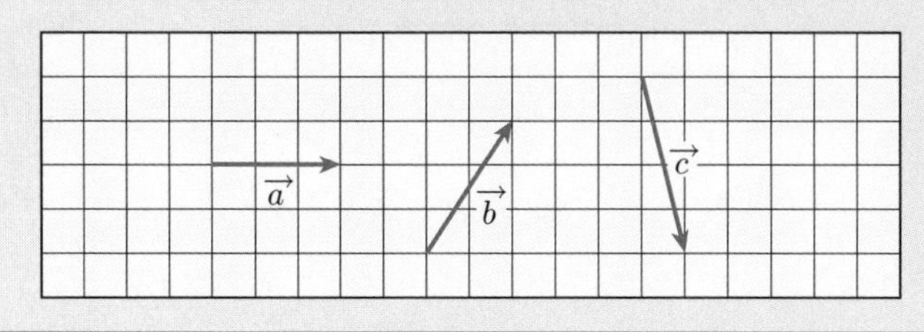

【解答】　それぞれ下図のようになる．

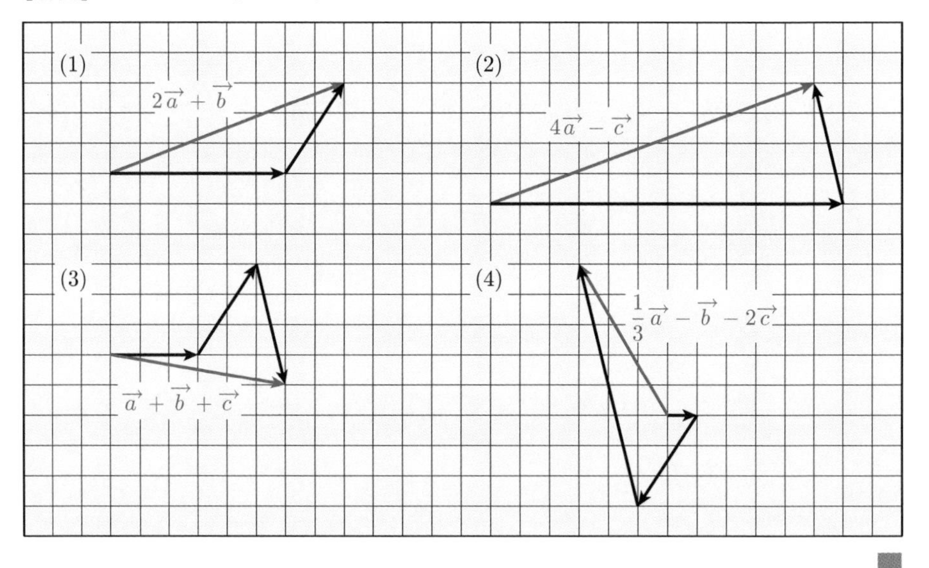

■

ベクトルは，物理的には「力の向きと大きさ」を表すのに便利な概念である．ベクトルの和は「力の合成」を表している．たとえば陸上競技の走り幅跳びややり投げで選手が助走するのは，踏み切る瞬間や投げる瞬間に，前方と上方の2つの向きの力を生み出すことで，合成してできる斜め上に向いた大きな力を生み出すためである．その生み出された力の向きと大きさは，ベクトルの和として求めることができるのである．

問 3.1　確認例題 3.3 において，次のベクトルを図示せよ．

(1)　$-\vec{a}+\vec{b}+\vec{c}$　　(2)　$2\vec{b}+\vec{c}$　　(3)　$\dfrac{4}{3}\vec{a}-2\vec{b}-\vec{c}$

基本 例題 3.4

平行四辺形 ABCD の対角線の交点を E とする．$\overrightarrow{\mathrm{AB}}=\vec{a}$, $\overrightarrow{\mathrm{AD}}=\vec{b}$ とするとき，次のベクトルをそれぞれ $\vec{a}$, $\vec{b}$ を用いて表せ．

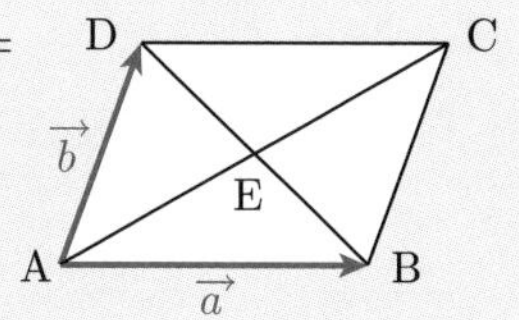

(1)　$\overrightarrow{\mathrm{AE}}$　　(2)　$\overrightarrow{\mathrm{BE}}$

【解答】 (1)　点 E はそれぞれの対角線の中点であることから

$$\overrightarrow{\mathrm{AE}}=\frac{1}{2}\overrightarrow{\mathrm{AB}}+\frac{1}{2}\overrightarrow{\mathrm{AD}}=\frac{1}{2}\vec{a}+\frac{1}{2}\vec{b}$$

となる．

(2)　和の公式と (1) より

$$\overrightarrow{\mathrm{BE}}=\overrightarrow{\mathrm{BA}}+\overrightarrow{\mathrm{AE}}=-\overrightarrow{\mathrm{AB}}+\overrightarrow{\mathrm{AE}}$$
$$=-\vec{a}+\frac{1}{2}\vec{a}+\frac{1}{2}\vec{b}=-\frac{1}{2}\vec{a}+\frac{1}{2}\vec{b}$$

となる．■

2 つのベクトル $\vec{a}$, $\vec{b}$ に対して，$\vec{b}=k\vec{a}$ となる定数 k $(\neq 0)$ が存在するとき，**ベクトル $\vec{a}$, $\vec{b}$ は平行である**という．k は負の数でもよいので，向きが逆のベクトル同士も平行であることに注意すること．

平行ではない 2 つのベクトル $\vec{a}$, $\vec{b}$ が平面上に与えられたとき，同じ平面上のどんなベクトル $\vec{x}$ に対しても，

$$\vec{x}=p\vec{a}+q\vec{b}$$

となるような数 p, q が存在することがわかっている．このとき $\vec{x}$ **はベクトル $\vec{a}$, $\vec{b}$ の一次結合**（または**線形結合**）**である**という．

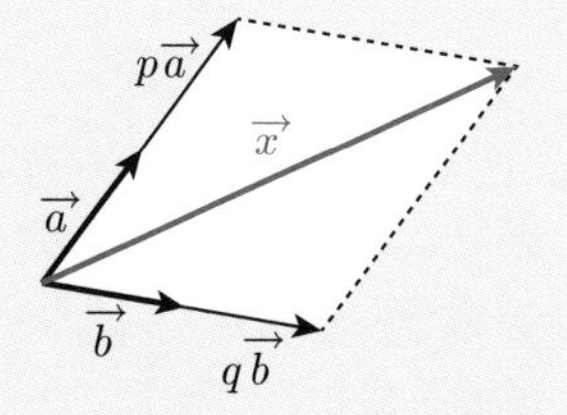

問 3.2　正六角形 ABCDEF において，$\overrightarrow{\mathrm{AB}}=\vec{a}$, $\overrightarrow{\mathrm{AF}}=\vec{b}$ とするとき，次のベクトルをそれぞれ $\vec{a}$, $\vec{b}$ の一次結合として表せ．

(1)　$\overrightarrow{\mathrm{BC}}$　　(2)　$\overrightarrow{\mathrm{AD}}$　　(3)　$\overrightarrow{\mathrm{AE}}$　　(4)　$\overrightarrow{\mathrm{CE}}$

3.2 座標平面上のベクトルの成分表示

この節では座標平面上でのベクトルの表し方を学ぶ．ベクトルの複雑な問題を解決するには有効な手段となる．まずは次の例題を考えてみよう．

導入 例題 3.5

O を原点とする座標平面上に点 A(1, 0), B(0, 1), C(3, 2), D(5, −1) があり，$\vec{e_1} = \overrightarrow{\mathrm{OA}}$, $\vec{e_2} = \overrightarrow{\mathrm{OB}}$ とする．このとき，ベクトル $\overrightarrow{\mathrm{OC}}$, $\overrightarrow{\mathrm{OD}}$ をそれぞれ $\vec{e_1}$, $\vec{e_2}$ の一次結合として表せ．

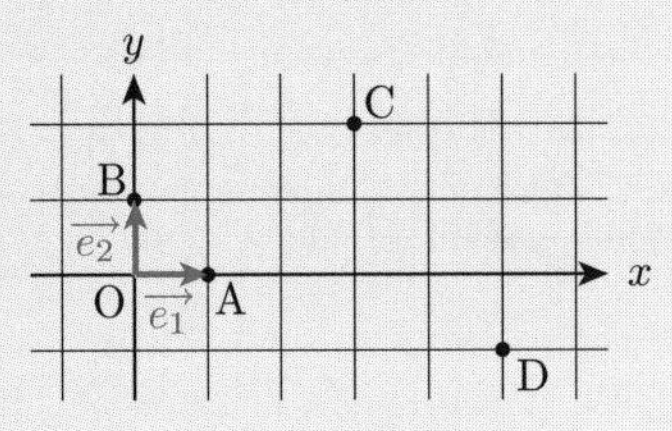

【解答】 図よりそれぞれ

$$\overrightarrow{\mathrm{OC}} = 3\vec{e_1} + 2\vec{e_2}, \qquad \overrightarrow{\mathrm{OD}} = 5\vec{e_1} - \vec{e_2}$$

となる． ■

平面上の点 P(a, b) に対して，ベクトル $\overrightarrow{\mathrm{OP}}$ を**点 P の位置ベクトル**という．導入例題 3.5 からわかるように，$\overrightarrow{\mathrm{OP}} = a\vec{e_1} + b\vec{e_2}$ が成り立つので，点 P の位置ベクトルを簡単に

$$\overrightarrow{\mathrm{OP}} = \begin{pmatrix} a \\ b \end{pmatrix}$$

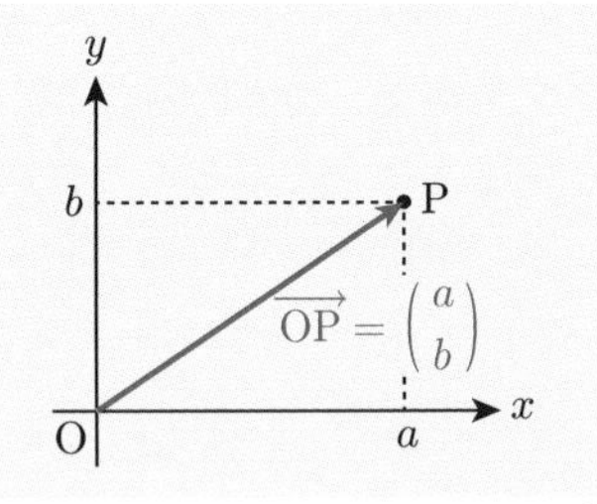

と表すことにする．これをベクトル $\overrightarrow{\mathrm{OP}}$ の**成分表示**♣1 といい，a, b をそれぞれ $\overrightarrow{\mathrm{OP}}$ の **x 成分**，**y 成分**という．

この表記にしたがうと

$$\vec{e_1} = \begin{pmatrix} 1 \\ 0 \end{pmatrix}, \qquad \vec{e_2} = \begin{pmatrix} 0 \\ 1 \end{pmatrix}, \qquad \vec{0} = \begin{pmatrix} 0 \\ 0 \end{pmatrix}$$

♣1 高校の数学では成分を横に並べて $\overrightarrow{\mathrm{OP}} = (a, b)$ と表したと思う．この表し方を**行ベクトル**という．しかし本書では，点の座標と区別するために成分を縦に並べて表すことにした．この表し方を**列ベクトル**という．

などとなる．なお，ベクトル $\overrightarrow{p} = \begin{pmatrix} a \\ b \end{pmatrix}$ に対して

$$|\overrightarrow{p}| = \sqrt{a^2 + b^2}$$

が成り立つ．

ベクトルを成分表示することの最大のメリットは，ベクトル同士の演算が成分の実数同士の演算に帰着されることである．実際，点 $\mathrm{A}(a_1, a_2)$, $\mathrm{B}(b_1, b_2)$ に対して，次が成り立つことが確かめられる．

$$\overrightarrow{\mathrm{OA}} + \overrightarrow{\mathrm{OB}} = \begin{pmatrix} a_1 \\ a_2 \end{pmatrix} + \begin{pmatrix} b_1 \\ b_2 \end{pmatrix} = \begin{pmatrix} a_1 + b_1 \\ a_2 + b_2 \end{pmatrix}$$

$$\overrightarrow{\mathrm{OA}} - \overrightarrow{\mathrm{OB}} = \begin{pmatrix} a_1 \\ a_2 \end{pmatrix} - \begin{pmatrix} b_1 \\ b_2 \end{pmatrix} = \begin{pmatrix} a_1 - b_1 \\ a_2 - b_2 \end{pmatrix} = \overrightarrow{\mathrm{BA}}$$

$$k\overrightarrow{\mathrm{OA}} = k\begin{pmatrix} a_1 \\ a_2 \end{pmatrix} = \begin{pmatrix} ka_1 \\ ka_2 \end{pmatrix}$$

特に，線分 AB を $m : n$ の比に内分する点を Q とするとき，

$$\overrightarrow{\mathrm{OQ}} = \frac{n}{m+n}\overrightarrow{\mathrm{OA}} + \frac{m}{m+n}\overrightarrow{\mathrm{OB}}$$

が成り立つ．

確認　例題 3.6

2 つのベクトル $\overrightarrow{a} = \begin{pmatrix} 1 \\ -1 \end{pmatrix}$, $\overrightarrow{b} = \begin{pmatrix} 3 \\ 1 \end{pmatrix}$ に対して，$\overrightarrow{a} + 2\overrightarrow{b}$, $3\overrightarrow{a} - \overrightarrow{b}$ をそれぞれ成分表示し，その大きさを求めよ．

【解答】　それぞれ

$$\overrightarrow{a} + 2\overrightarrow{b} = \begin{pmatrix} 1 \\ -1 \end{pmatrix} + 2\begin{pmatrix} 3 \\ 1 \end{pmatrix} = \begin{pmatrix} 7 \\ 1 \end{pmatrix} \quad \text{より} \quad |2\overrightarrow{a} + \overrightarrow{b}| = \sqrt{50} = 5\sqrt{2}$$

$$3\overrightarrow{a} - \overrightarrow{b} = 3\begin{pmatrix} 1 \\ -1 \end{pmatrix} - \begin{pmatrix} 3 \\ 1 \end{pmatrix} = \begin{pmatrix} 0 \\ -4 \end{pmatrix} \quad \text{より} \quad |3\overrightarrow{a} - \overrightarrow{b}| = \sqrt{16} = 4$$

となる．■

問 3.3 2つのベクトル $\overrightarrow{a} = \begin{pmatrix} -2 \\ 3 \end{pmatrix}$, $\overrightarrow{b} = \begin{pmatrix} 1 \\ 2 \end{pmatrix}$ に対して，$-\overrightarrow{a} + 2\overrightarrow{b}$, $4\overrightarrow{a} - 3\overrightarrow{b}$ をそれぞれ成分表示し，その大きさを求めよ．

基本 例題 3.7

2つのベクトル $\overrightarrow{a} = \begin{pmatrix} 4 \\ 3 \end{pmatrix}$, $\overrightarrow{b} = \begin{pmatrix} s \\ 5 \end{pmatrix}$ が平行になるように，定数 s の値を定めよ．

【解答】 $\overrightarrow{b} = k\overrightarrow{a}$ となる定数 k が存在するとき，ベクトル $\overrightarrow{a}$, $\overrightarrow{b}$ は平行となるので

$$\begin{pmatrix} s \\ 5 \end{pmatrix} = \begin{pmatrix} 4k \\ 3k \end{pmatrix}$$

より $k = \dfrac{5}{3}$. したがって

$$s = 4 \cdot \frac{5}{3} = \frac{20}{3}$$

となる． ■

問 3.4 2つの異なるベクトル $\overrightarrow{a} = \begin{pmatrix} s \\ 1 \end{pmatrix}$, $\overrightarrow{b} = \begin{pmatrix} -2 \\ s+3 \end{pmatrix}$ が平行になるように，定数 s の値を定めよ．

3.3 ベクトルの内積

零ベクトルではない2つのベクトル $\overrightarrow{a}$, $\overrightarrow{b}$ に対して，$\mathrm{OA} = \overrightarrow{a}$, $\mathrm{OB} = \overrightarrow{b}$ となる点 A, B を座標平面上にとったとき，$\theta = \angle\mathrm{AOB}$ を**ベクトル** $\overrightarrow{a}$, $\overrightarrow{b}$ **がなす角**という．ただし $0^\circ \leqq \theta \leqq 180^\circ$ とする．

$\overrightarrow{a}$ と $\overrightarrow{b}$ が**平行**となるのは $\theta = 0^\circ$ または $\theta = 180^\circ$ のときである．一方，$\theta = 90^\circ$ となるとき，**ベクトル** $\overrightarrow{a}$, $\overrightarrow{b}$ **は直交する**という．

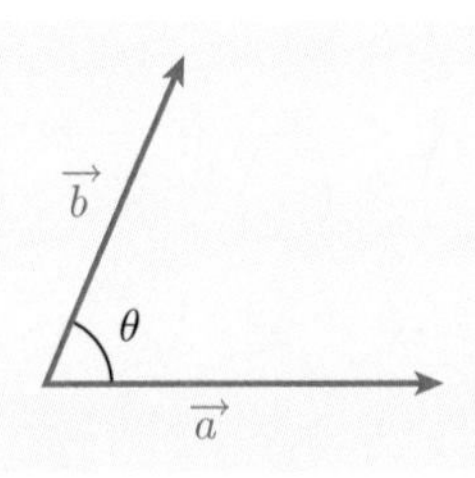

ベクトルが直交するための条件を，成分で表してみよう．

導入 例題 3.8

ベクトル $\overrightarrow{a} = \begin{pmatrix} a_1 \\ a_2 \end{pmatrix}$, $\overrightarrow{b} = \begin{pmatrix} b_1 \\ b_2 \end{pmatrix}$ が直交するための条件を成分 a_1, a_2, b_1, b_2 で表せ．

【解答】 $\mathrm{A}(a_1, a_2)$, $\mathrm{B}(b_1, b_2)$ とすると，

$$\overrightarrow{\mathrm{AB}} = \begin{pmatrix} b_1 - a_1 \\ b_2 - a_2 \end{pmatrix}$$

であるから，三角形 OAB に対する三平方の定理より

$$\begin{aligned} 0 &= |\overrightarrow{\mathrm{OA}}|^2 + |\overrightarrow{\mathrm{OB}}|^2 - |\overrightarrow{\mathrm{AB}}|^2 \\ &= a_1^2 + a_2^2 + b_1^2 + b_2^2 - (b_1 - a_1)^2 - (b_2 - a_2)^2 \\ &= 2a_1b_1 + 2a_2b_2 \end{aligned}$$

が成り立つ．したがってベクトル $\overrightarrow{a}$, $\overrightarrow{b}$ が直交するための条件は

$$a_1b_1 + a_2b_2 = 0$$

となる． ■

上の式の左辺の値を**ベクトル $\overrightarrow{a}$, $\overrightarrow{b}$ の内積**といい

$$\overrightarrow{a} \cdot \overrightarrow{b} = a_1b_1 + a_2b_2$$

と表す．導入例題 3.8 から，零ベクトルではない 2 つのベクトル $\overrightarrow{a}$, $\overrightarrow{b}$ が直交するとき，$\overrightarrow{a} \cdot \overrightarrow{b} = 0$ となる．

内積については次が成り立つ．

$$\begin{aligned} &\overrightarrow{a} \cdot \overrightarrow{b} = \overrightarrow{b} \cdot \overrightarrow{a} \\ &(k\overrightarrow{a}) \cdot \overrightarrow{b} = \overrightarrow{a} \cdot (k\overrightarrow{b}) = k(\overrightarrow{a} \cdot \overrightarrow{b}) \\ &\overrightarrow{a} \cdot (\overrightarrow{b} + \overrightarrow{c}) = \overrightarrow{a} \cdot \overrightarrow{b} + \overrightarrow{a} \cdot \overrightarrow{c} \\ &\overrightarrow{a} \cdot \overrightarrow{a} = |\overrightarrow{a}|^2 \\ &\overrightarrow{a} \cdot \overrightarrow{0} = 0 \end{aligned}$$

なお，導入例題 3.8 において $\vec{a}$，$\vec{b}$ のなす角を θ とすると，余弦定理より

$$\begin{aligned} 2a_1b_1 + 2a_2b_2 &= |\overrightarrow{\mathrm{OA}}|^2 + |\overrightarrow{\mathrm{OB}}|^2 - |\overrightarrow{\mathrm{AB}}|^2 \\ &= 2|\overrightarrow{\mathrm{OA}}||\overrightarrow{\mathrm{OB}}|\cos\theta \end{aligned}$$

が成り立つので，

$$\vec{a} \cdot \vec{b} = |\vec{a}||\vec{b}|\cos\theta$$

が導かれる♣1．このことから

$\vec{a} \cdot \vec{b} > 0$ ならば $\vec{a}$，$\vec{b}$ のなす角は鋭角

$\vec{a} \cdot \vec{b} < 0$ ならば $\vec{a}$，$\vec{b}$ のなす角は鈍角

となることがわかる．また，$-1 \leqq \cos\theta \leqq 1$ より

$$-|\vec{a}||\vec{b}| \leqq \vec{a} \cdot \vec{b} \leqq |\vec{a}||\vec{b}|$$

も成り立つ．

確認 例題 3.9

ベクトル $\vec{a} = \begin{pmatrix} 3 \\ 1 \end{pmatrix}$，$\vec{b} = \begin{pmatrix} -2 \\ 1 \end{pmatrix}$ に対して $\vec{a}$，$\vec{b}$ がなす角 θ を求めよ．

【解答】

$$|\vec{a}| = \sqrt{5}$$

$$|\vec{b}| = \sqrt{10}$$

$$\vec{a} \cdot \vec{b} = -6 + 1 = -5$$

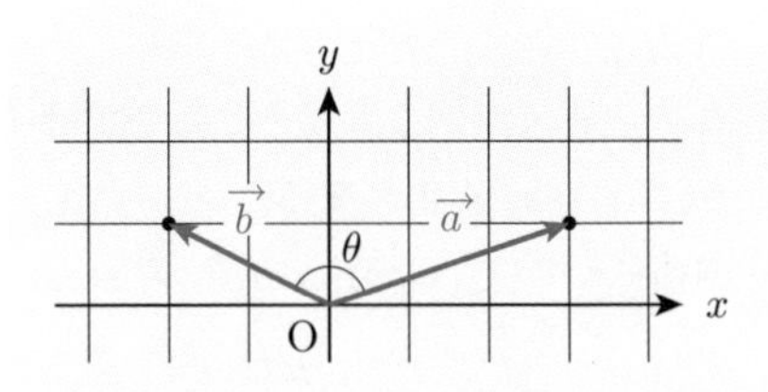

より

$$\cos\theta = \frac{-5}{\sqrt{5}\sqrt{10}} = -\frac{1}{\sqrt{2}}$$

が成り立つ．したがって $\theta = 135^\circ$ となる．■

♣1 この式を内積の定義としてもよい．

基本 例題 3.10

任意のベクトル $\overrightarrow{a}$, $\overrightarrow{b}$ に対して

$$|\overrightarrow{a}+\overrightarrow{b}|^2=|\overrightarrow{a}|^2+2\overrightarrow{a}\cdot\overrightarrow{b}+|\overrightarrow{b}|^2$$

が成り立つことを示せ．

【解答】 内積に関する公式より

$$\begin{aligned}|\overrightarrow{a}+\overrightarrow{b}|^2&=(\overrightarrow{a}+\overrightarrow{b})\cdot(\overrightarrow{a}+\overrightarrow{b})\\&=\overrightarrow{a}\cdot\overrightarrow{a}+\overrightarrow{a}\cdot\overrightarrow{b}+\overrightarrow{b}\cdot\overrightarrow{a}+\overrightarrow{b}\cdot\overrightarrow{b}\\&=|\overrightarrow{a}|^2+2\overrightarrow{a}\cdot\overrightarrow{b}+|\overrightarrow{b}|^2\end{aligned}$$

となる． ■

問 3.5　ベクトル $\overrightarrow{a}=\begin{pmatrix}2\\1\end{pmatrix}$, $\overrightarrow{b}=\begin{pmatrix}1\\-1\end{pmatrix}$ に対して $\overrightarrow{c}=\overrightarrow{a}+s\overrightarrow{b}$ とする．このとき，次の問に答えよ．

(1)　$|\overrightarrow{c}|$ が最小になる s を求めよ．

(2)　(1) で求めた s に対して，$\overrightarrow{b}$ と $\overrightarrow{c}$ のなす角を求めよ．

3.4　図形問題への応用

ここまでの準備を踏まえて，本節では図形の問題にベクトルを応用するが，その前に次の例題を用意しておく．非常によく使われる重要な命題である．

導入 例題 3.11

平行ではない 2 つのベクトル $\overrightarrow{a}$, $\overrightarrow{b}$ $(\neq\overrightarrow{0})$ に対して，

$$s\overrightarrow{a}+t\overrightarrow{b}=\overrightarrow{0}$$

が成り立つならば，$s=t=0$ である．

【解答】 もし $s\neq 0$ ならば，$\overrightarrow{a}=-\dfrac{t}{s}\overrightarrow{b}$ となり $\overrightarrow{a}$ と $\overrightarrow{b}$ が平行でないことに矛盾する．$t\neq 0$ としても同様である．したがって $s=t=0$ である♣1． ■

♣1　この証明法を背理法という．詳しくは 4.5 節（75 ページ）参照．

確認 例題 3.12

三角形OABにおいて，辺OAの中点をCとし，辺OBを3 : 2の比に内分する点をDとする．線分ADと線分BCの交点をEとするとき，AE : EDを求めよ．

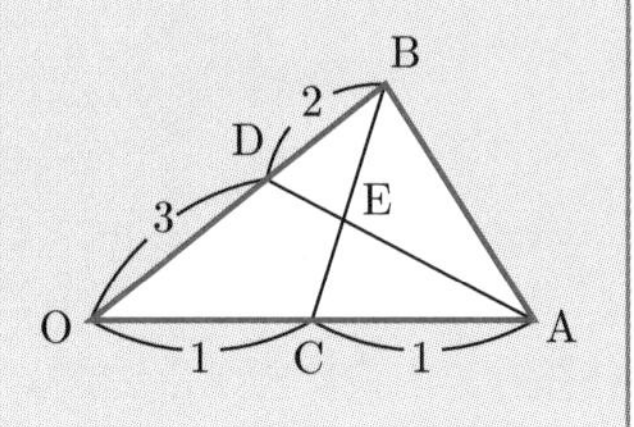

【解答】 $\overrightarrow{\mathrm{OA}} = \vec{a}, \overrightarrow{\mathrm{OB}} = \vec{b}$ とすると，$\overrightarrow{\mathrm{OC}} = \frac{1}{2}\vec{a}, \overrightarrow{\mathrm{OD}} = \frac{3}{5}\vec{b}$ であるから

$$\overrightarrow{\mathrm{BC}} = \overrightarrow{\mathrm{BO}} + \overrightarrow{\mathrm{OC}} = \frac{1}{2}\vec{a} - \vec{b}$$

となる．一方 $\mathrm{AE} : \mathrm{ED} = s : 1 - s$ とおくと

$$\overrightarrow{\mathrm{OE}} = (1-s)\overrightarrow{\mathrm{OA}} + s\overrightarrow{\mathrm{OD}} = (1-s)\vec{a} + \frac{3s}{5}\vec{b}$$

であるから

$$\overrightarrow{\mathrm{BE}} = \overrightarrow{\mathrm{BO}} + \overrightarrow{\mathrm{OE}} = (1-s)\vec{a} + \left(\frac{3s}{5} - 1\right)\vec{b}$$

となる．点B, E, Cが同一直線上にあるので $\overrightarrow{\mathrm{BC}}$ と $\overrightarrow{\mathrm{BE}}$ は平行である．よって $\overrightarrow{\mathrm{BE}} = k\overrightarrow{\mathrm{BC}}$ となる定数 k が存在する．これにより

$$(1-s)\vec{a} + \frac{3s-5}{5}\vec{b} = \frac{k}{2}\vec{a} - k\vec{b}$$

$$\left(1 - s - \frac{k}{2}\right)\vec{a} + \left(\frac{3s}{5} - 1 + k\right)\vec{b} = \vec{0}$$

となり，導入例題3.11より s, k は

$$\begin{cases} 1 - s - \dfrac{k}{2} = 0 \\ \dfrac{3s}{5} - 1 + k = 0 \end{cases}$$

を満たす．これを解いて $s = \frac{5}{7}, k = \frac{4}{7}$ となるので，

$$\mathrm{AE} : \mathrm{ED} = \frac{5}{7} : \frac{2}{7} = 5 : 2$$

となる． ■

問 3.6 三角形OABにおいて，辺OAを2 : 3の比に内分する点をCとし，辺ABを2 : 1の比に内分する点をDとする．線分BCと線分ODの交点をEとするとき，OE : EDを求めよ．

基本 例題 3.13

平面上の三角形 ABC と点 P に対して,

$$2\overrightarrow{AP}+5\overrightarrow{BP}+\overrightarrow{CP}=\vec{0}$$

が成り立つとき，点 P はどこにあるか.

【解答】 条件の等式より，点 P は

$$2\overrightarrow{AP}+5\overrightarrow{BP}+\overrightarrow{CP}=\vec{0}$$

$$2\overrightarrow{AO}+2\overrightarrow{OP}+5\overrightarrow{BO}+5\overrightarrow{OP}+\overrightarrow{CO}+\overrightarrow{OP}=\vec{0}$$

$$8\overrightarrow{OP}=2\overrightarrow{OA}+5\overrightarrow{OB}+\overrightarrow{OC}$$

$$\overrightarrow{OP}=\frac{7}{8}\,\frac{2\overrightarrow{OA}+5\overrightarrow{OB}}{7}+\frac{1}{8}\overrightarrow{OC}$$

を満たす点となる．ここで辺 AB を 5 : 2 の比に内分する点を D とすると

$$\overrightarrow{OD}=\frac{2}{7}\overrightarrow{OA}+\frac{5}{7}\overrightarrow{OB}$$

であるから

$$\overrightarrow{OP}=\frac{7}{8}\overrightarrow{OD}+\frac{1}{8}\overrightarrow{OC}$$

となる．したがって点 P は線分 CD を 7 : 1 の比に内分する点となる ♣[1].

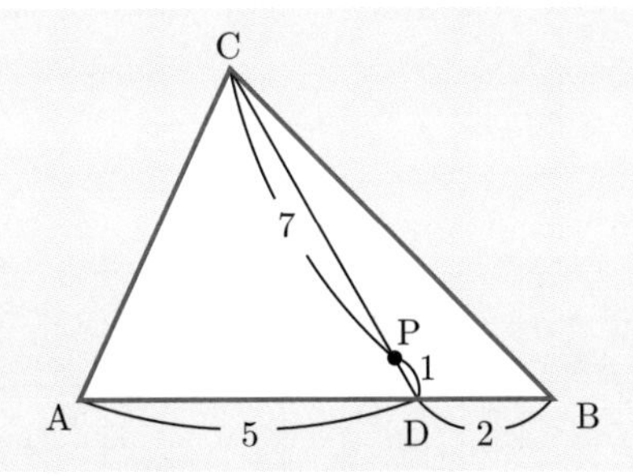

■

問 3.7 平面上の三角形 ABC と点 P に対して,

$$3\overrightarrow{AP}+4\overrightarrow{BP}+5\overrightarrow{CP}=\vec{0}$$

が成り立つとき，点 P はどこにあるか.

♣[1] 点 P の位置は一意に定まるが，その表し方は 1 通りではない.

3.5 ベクトル方程式

第2章では座標平面上の直線を，直線上の点を $\mathrm{P}(x,y)$ とし，x, y が満たす関係式で表した．ここでは直線を，点 P の位置ベクトル $\overrightarrow{p} = \begin{pmatrix} x \\ y \end{pmatrix}$ が満たす関係式で表してみよう．

導入 例題 3.14

与えられたベクトル $\overrightarrow{a} = \begin{pmatrix} -1 \\ 1 \end{pmatrix}$, $\overrightarrow{d} = \begin{pmatrix} 3 \\ 2 \end{pmatrix}$ に対して，ベクトル $\overrightarrow{p} = \begin{pmatrix} x \\ y \end{pmatrix}$ が，実数 t の変化にともない

$$\overrightarrow{p} = \overrightarrow{a} + t\overrightarrow{d}$$

を満たしながら動くとき，点 $\mathrm{P}(x,y)$ の描く図形を図示せよ．

【解答】 $\mathrm{A}(-1,1)$ とおくと

$$\overrightarrow{\mathrm{AP}} = \overrightarrow{p} - \overrightarrow{a} = t\overrightarrow{d}$$

となる．これは t の値によらず，2つのベクトル $\overrightarrow{\mathrm{AP}}$, $\overrightarrow{d}$ が平行であることを意味している．したがって点 P は点 A を通りベクトル $\overrightarrow{d}$ に平行な直線上を動く．

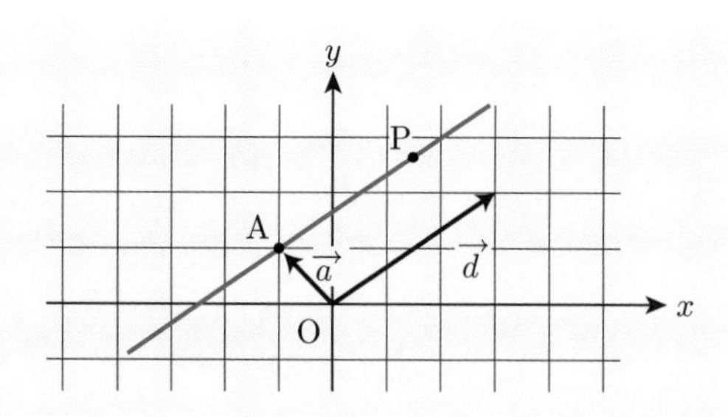

■

一般に，点 A を通りベクトル $\overrightarrow{d}$ に平行な直線は一意に定まり，直線上の点 P の位置ベクトルを $\overrightarrow{p}$ とすると

$$\overrightarrow{p} = \overrightarrow{a} + t\overrightarrow{d}$$

が成り立つ．ただし $\overrightarrow{a}$ は点 A の位置ベクトルとする．これを直線の**ベクトル方程式**といい，$\overrightarrow{d}$ を**方向ベクトル**という．

確認 例題 3.15

2 点 $\mathrm{A}(2,1)$, $\mathrm{B}(1,5)$ を通る直線をベクトル方程式で表せ．

【解答】　点 A, B を通る直線はベクトル

$$\overrightarrow{\mathrm{AB}} = \begin{pmatrix} -1 \\ 4 \end{pmatrix}$$

が方向ベクトルとなるので，求める直線のベクトル方程式は

$$\begin{pmatrix} x \\ y \end{pmatrix} = \begin{pmatrix} 2 \\ 1 \end{pmatrix} + t\begin{pmatrix} -1 \\ 4 \end{pmatrix} = \begin{pmatrix} 2-t \\ 1+4t \end{pmatrix} \quad (t \text{ は実数})$$

となる．■

上の解答は成分ごとに

$$\begin{cases} x = 2 - t \\ y = 1 + 4t \end{cases}$$

と表すこともできる．これを直線の**媒介変数表示**といい，t を**媒介変数**（**パラメータ**）という♣[1]．

一方，点 A を通りベクトル $\vec{n}$ に垂直な直線も一意に定まり，直線上の点 P の位置ベクトルを $\vec{p}$ とすると

$$(\vec{p} - \vec{a}) \cdot \vec{n} = 0$$

が成り立つ．ただし $\vec{a}$ は点 A の位置ベクトルとする．これも直線のベクトル方程式といえるが，内積を成分を用いて計算すれば x と y の直線の方程式が得られる．なおこのとき，ベクトル $\vec{n}$ を直線の**法線ベクトル**という．

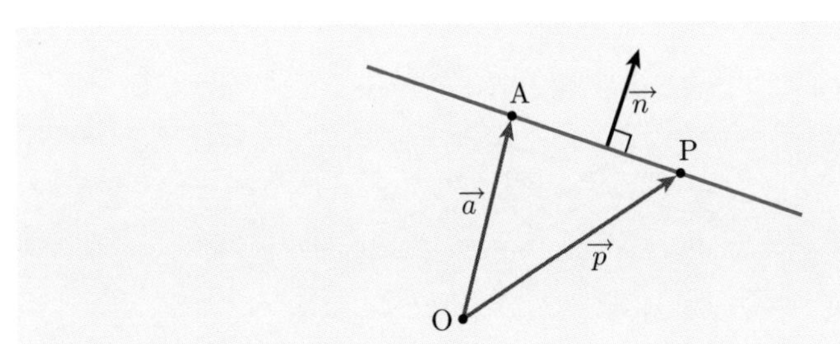

♣[1]　2 つの等式から t を消去すれば，第 2 章で学んだような x と y の直線の方程式になる．

確認 例題 3.16

点 A$(-2, 3)$ を通りベクトル $\overrightarrow{n} = \begin{pmatrix} 3 \\ 4 \end{pmatrix}$ に垂直な直線の方程式を求めよ．

【解答】 点 A の位置ベクトルを $\overrightarrow{a}$ とし，直線上の点 P の位置ベクトルを $\overrightarrow{p} = \begin{pmatrix} x \\ y \end{pmatrix}$ とおくと，$(\overrightarrow{p} - \overrightarrow{a}) \cdot \overrightarrow{n} = 0$ より

$$\begin{pmatrix} x+2 \\ y-3 \end{pmatrix} \cdot \begin{pmatrix} 3 \\ 4 \end{pmatrix} = 0$$

$$3(x+2) + 4(y-3) = 0$$

$$3x + 4y - 6 = 0$$

となる．■

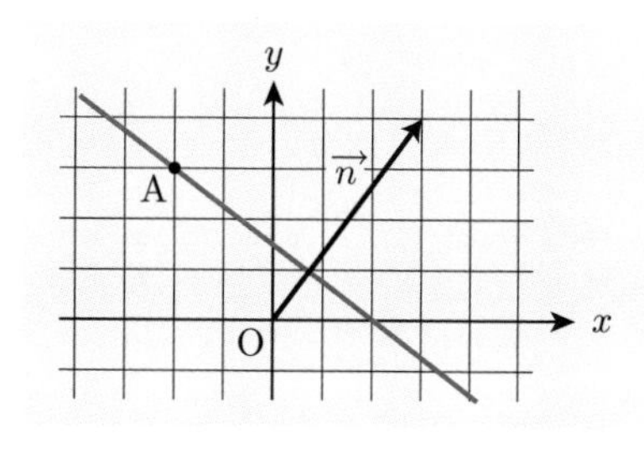

確認例題 3.16 を見てもわかるように，直線 $ax + by + c = 0$ に対して，ベクトル

$$\overrightarrow{n} = \begin{pmatrix} a \\ b \end{pmatrix}$$

は法線ベクトルとなる．

2 つの直線がなす角 θ とは，2 直線が交わってできる角のうち鋭角の方を指す．そのため，2 直線の方向ベクトル同士がなす角，あるいは法線ベクトル同士がなす角とは一致しない場合がある．方向ベクトル同士がなす角 α が鋭角ならば $\theta = \alpha$ であるが，α が鈍角の場合は $\theta = 180^\circ - \alpha$ である．法線ベクトル同士のなす角についても同じことがいえる．

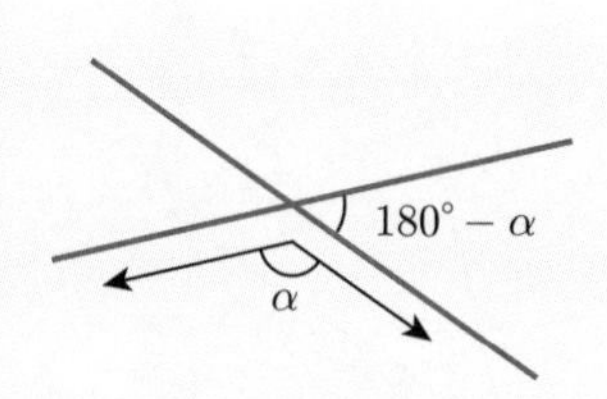

基本 例題 3.17

2つの直線

$$-\sqrt{3}\,x+2y+4=0,\quad 3\sqrt{3}\,x+y-2=0$$

がなす角 θ を求めよ．

【解答】 $\overrightarrow{n_1}=\begin{pmatrix}-\sqrt{3}\\2\end{pmatrix}$, $\overrightarrow{n_2}=\begin{pmatrix}3\sqrt{3}\\1\end{pmatrix}$ はそれぞれの直線の法線ベクトルである．

$\overrightarrow{n_1}$ と $\overrightarrow{n_2}$ のなす角を α とすると

$$\cos\alpha=\frac{\overrightarrow{n_1}\cdot\overrightarrow{n_2}}{|\overrightarrow{n_1}||\overrightarrow{n_2}|}=\frac{-9+2}{\sqrt{7}\sqrt{28}}=-\frac{1}{2}$$

であるから $\alpha=120^\circ$ と鈍角になる．したがって2直線がなす角は

$$\theta=180^\circ-\alpha=60^\circ$$

となる． ■

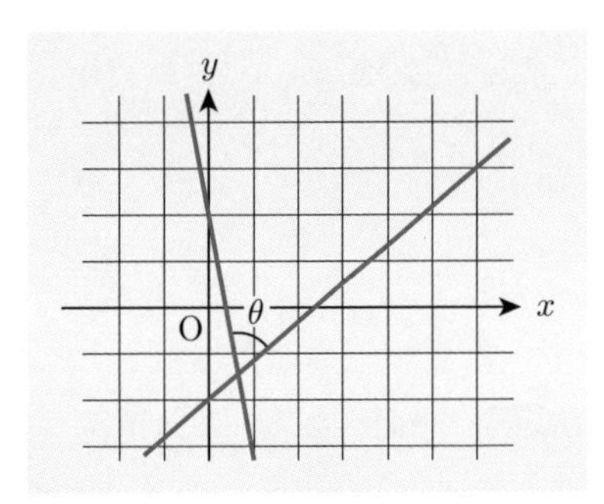

問 3.8　次の問に答えよ．

(1)　点 $(3,4)$ を通り，ベクトル $\vec{n}=\begin{pmatrix}-1\\1\end{pmatrix}$ に垂直な直線の方程式を求めよ．

(2)　(1) で求めた直線と，直線 $(\sqrt{3}+1)x-(\sqrt{3}-1)y+3=0$ がなす角を求めよ．

3.6 空間ベクトルについて

前節までの平面ベクトルの話を踏まえて，ここでは空間ベクトルについて論じるが，実はベクトルを“平面ベクトル”と“空間ベクトル”に区別することはあまり意味がない．空間内の与えられた2点 A, B に対して，ベクトル $\overrightarrow{AB}$ を

「A から B に向かう向きを持った線分」

と定義するという意味では同じだからである．ベクトル同士の和・差・定数倍も平面ベクトルの場合と同じように定義でき，同様の性質が成り立つことがわかる♣1．ただ，空間の立体的な図を紙の上（平面）に投影して表現するため，問題が考えづらいという難点はある．

♣1 繰返しになるので省略する．

確認 例題 3.18

すべての面が平行四辺形である六面体を平行六面体という．下図のような平行六面体 ABCD–EFGH において

$$\overrightarrow{\mathrm{AB}} = \vec{a}, \quad \overrightarrow{\mathrm{AD}} = \vec{b}, \quad \overrightarrow{\mathrm{AE}} = \vec{c}$$

とするとき，次のベクトルを $\vec{a}$, $\vec{b}$, $\vec{c}$ を用いて表せ．

(1) $\overrightarrow{\mathrm{AG}}$　(2) $\overrightarrow{\mathrm{EC}}$　(3) $\overrightarrow{\mathrm{DF}}$

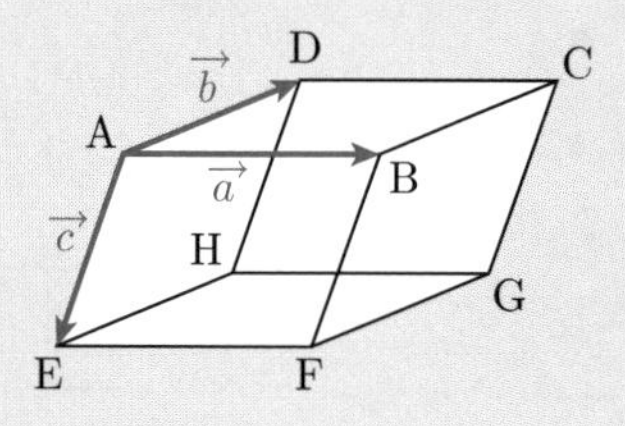

【解答】 平面ベクトルと同様に

$$\overrightarrow{\mathrm{PQ}} = -\overrightarrow{\mathrm{QP}}, \qquad \overrightarrow{\mathrm{PQ}} = \overrightarrow{\mathrm{PR}} + \overrightarrow{\mathrm{RQ}}$$

などの性質を利用して求めればよい．

(1) $\overrightarrow{\mathrm{BC}} = \overrightarrow{\mathrm{AD}}$, $\overrightarrow{\mathrm{CG}} = \overrightarrow{\mathrm{AE}}$ より

$$\overrightarrow{\mathrm{AG}} = \overrightarrow{\mathrm{AC}} + \overrightarrow{\mathrm{CG}} = \overrightarrow{\mathrm{AB}} + \overrightarrow{\mathrm{BC}} + \overrightarrow{\mathrm{CG}} = \vec{a} + \vec{b} + \vec{c}$$

となる．

(2) $\overrightarrow{\mathrm{EG}} = \overrightarrow{\mathrm{AC}}$, $\overrightarrow{\mathrm{GC}} = -\overrightarrow{\mathrm{AE}}$ より

$$\overrightarrow{\mathrm{EC}} = \overrightarrow{\mathrm{EG}} + \overrightarrow{\mathrm{GC}} = \overrightarrow{\mathrm{AB}} + \overrightarrow{\mathrm{AD}} - \overrightarrow{\mathrm{AE}} = \vec{a} + \vec{b} - \vec{c}$$

となる．

(3)

$$\overrightarrow{\mathrm{DF}} = \overrightarrow{\mathrm{DA}} + \overrightarrow{\mathrm{AF}} = -\overrightarrow{\mathrm{AD}} + \overrightarrow{\mathrm{AB}} + \overrightarrow{\mathrm{AE}} = \vec{a} - \vec{b} + \vec{c}$$

となる． ■

問 3.9 確認例題 3.18 において，辺 CD の中点を I，辺 FG の中点を J とするとき，次のベクトルを $\vec{a}$, $\vec{b}$, $\vec{c}$ を用いて表せ．

(1) $\overrightarrow{\mathrm{AJ}}$　(2) $\overrightarrow{\mathrm{FI}}$　(3) $\overrightarrow{\mathrm{IE}}$　(4) $\overrightarrow{\mathrm{IJ}}$

平面ベクトルと同じく，空間内の点 $\mathrm{P}(a,b,c)$ の位置ベクトル $\overrightarrow{\mathrm{OP}}$ を

$$\overrightarrow{\mathrm{OP}} = \begin{pmatrix} a \\ b \\ c \end{pmatrix}$$

と表すことにする．これをベクトルの**成分表示**という．点 $\mathrm{A}(a_1,a_2,a_3), \mathrm{B}(b_1,b_2,b_3)$ に対して $\overrightarrow{\mathrm{OA}} = \overrightarrow{a}, \overrightarrow{\mathrm{OB}} = \overrightarrow{b}$ とすると

$$\overrightarrow{a} + \overrightarrow{b} = \overrightarrow{\mathrm{OA}} + \overrightarrow{\mathrm{OB}} = \begin{pmatrix} a_1 \\ a_2 \\ a_3 \end{pmatrix} + \begin{pmatrix} b_1 \\ b_2 \\ b_3 \end{pmatrix} = \begin{pmatrix} a_1+b_1 \\ a_2+b_2 \\ a_3+b_3 \end{pmatrix}$$

$$\overrightarrow{a} - \overrightarrow{b} = \overrightarrow{\mathrm{OA}} - \overrightarrow{\mathrm{OB}} = \begin{pmatrix} a_1 \\ a_2 \\ a_3 \end{pmatrix} - \begin{pmatrix} b_1 \\ b_2 \\ b_3 \end{pmatrix} = \begin{pmatrix} a_1-b_1 \\ a_2-b_2 \\ a_3-b_3 \end{pmatrix} = \overrightarrow{\mathrm{BA}}$$

$$k\overrightarrow{a} = k\overrightarrow{\mathrm{OA}} = k\begin{pmatrix} a_1 \\ a_2 \\ a_3 \end{pmatrix} = \begin{pmatrix} ka_1 \\ ka_2 \\ ka_3 \end{pmatrix}$$

が成り立つことがわかる．$\overrightarrow{a} = k\overrightarrow{b}$ となる定数 k があるとき，**ベクトル** $\overrightarrow{a}$，$\overrightarrow{b}$ **は平行である**という．また内積も平面ベクトルと同じく

$$\overrightarrow{a} \cdot \overrightarrow{b} = \overrightarrow{\mathrm{OA}} \cdot \overrightarrow{\mathrm{OB}} = \begin{pmatrix} a_1 \\ a_2 \\ a_3 \end{pmatrix} \cdot \begin{pmatrix} b_1 \\ b_2 \\ b_3 \end{pmatrix}$$

$$= a_1b_1 + a_2b_2 + a_3b_3$$

と定義するが，ベクトル $\overrightarrow{a}$，$\overrightarrow{b}$ がなす角を θ とすると

$$\overrightarrow{a} \cdot \overrightarrow{b} = |\overrightarrow{a}||\overrightarrow{b}|\cos\theta$$

が成り立つことも同じく示すことができる♣[1]．したがって，$\overrightarrow{a}$ と $\overrightarrow{b}$ が**直交**するとき $\overrightarrow{a} \cdot \overrightarrow{b} = 0$ となる．

♣[1] それほど難しくないので確かめてみよう．

確認 例題 3.19

3点 A(1, 2, 3), B(3, 1, −1), C(−5, 2, 0) を頂点とする三角形 ABC はどのような三角形か.

【解答】 まず

$$\overrightarrow{\mathrm{AB}} = \begin{pmatrix} 2 \\ -1 \\ -4 \end{pmatrix}, \quad \overrightarrow{\mathrm{AC}} = \begin{pmatrix} -6 \\ 0 \\ -3 \end{pmatrix}, \quad \overrightarrow{\mathrm{BC}} = \begin{pmatrix} -8 \\ 1 \\ 1 \end{pmatrix}$$

であるから

$$\overrightarrow{\mathrm{AB}} \cdot \overrightarrow{\mathrm{AC}} = 2 \cdot (-6) + (-1) \cdot 0 + (-4) \cdot (-3) = -12 + 12 = 0$$
$$|\overrightarrow{\mathrm{AB}}| = \sqrt{21}, \quad |\overrightarrow{\mathrm{AC}}| = 3\sqrt{5}, \quad |\overrightarrow{\mathrm{BC}}| = \sqrt{66}$$

となる ♣1. したがって三角形 ABC は ∠A が直角の直角三角形であることがわかる. ■

問 3.10　3点 A(3, 6, 8), B(3, −1, 9), C(8, 2, 5) を頂点とする三角形 ABC はどのような三角形か.

平面ベクトルで学んだ2つのベクトル方程式

$$\vec{p} = \vec{a} + t\,\vec{d} \qquad \text{および} \qquad (\vec{p} - \vec{a}) \cdot \vec{n} = 0$$

は, いずれも平面上の直線を表したが, 空間ベクトルではこれらの方程式はそれぞれ異なる図形を表している.

まず, 空間内に与えられた点 $\mathrm{A}(x_0, y_0, z_0)$ とベクトル $\vec{d} = \begin{pmatrix} a \\ b \\ c \end{pmatrix}$ に対して, 点 A の位置ベクトルを $\vec{a}$, 点 $\mathrm{P}(x, y, z)$ の位置ベクトルを $\vec{p}$ とする. このときベクトル方程式

$$\vec{p} = \vec{a} + t\,\vec{d} \qquad (t \text{ は実数})$$

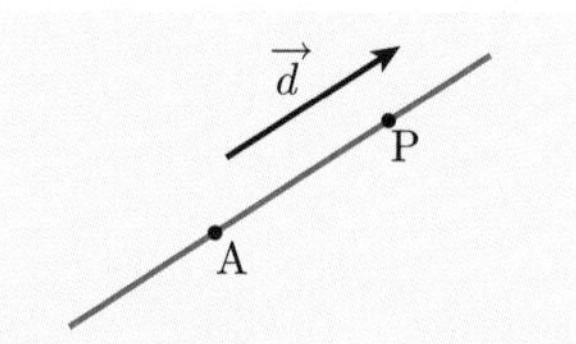

を満たす点 $\mathrm{P}(x, y, z)$ 全体の集合を考えてみよう. 方程式より

♣1 直角三角形であること以外の特徴を探すために3辺の長さも求めた.

$$\vec{p} - \vec{a} = t\,\vec{d}$$
$$\overrightarrow{\mathrm{AP}} = t\,\vec{d}$$

となり，点 P は 2 つのベクトル $\overrightarrow{\mathrm{AP}}$, $\vec{d}$ が平行となるような位置にあることがわかる．つまり上のベクトル方程式は，点 A を通りベクトル $\vec{d}$ に平行な直線を表すベクトル方程式である．ここで d を直線の**方向ベクトル**という．

なお，この等式を成分で表すと

$$\begin{pmatrix} x \\ y \\ z \end{pmatrix} = \begin{pmatrix} x_0 \\ y_0 \\ z_0 \end{pmatrix} + t\begin{pmatrix} a \\ b \\ c \end{pmatrix} = \begin{pmatrix} x_0 + at \\ y_0 + bt \\ z_0 + ct \end{pmatrix}$$

より

$$\begin{cases} x = x_0 + at \\ y = y_0 + bt \\ z = z_0 + ct \end{cases}$$

となる．これを直線の**媒介変数表示**といい，t を**媒介変数**（**パラメータ**）という．さらに $a \neq 0, b \neq 0, c \neq 0$ のとき，3 つの等式から t を消去すると

$$\frac{x - x_0}{a} = \frac{y - y_0}{b} = \frac{z - z_0}{c}$$

となる．これを，**点 A を通り，ベクトル $\vec{d}$ を方向ベクトルとする直線の方程式**という♣1．

では，空間内に点 $\mathrm{A}(x_0, y_0, z_0)$ とベクトル $\vec{n} = \begin{pmatrix} a \\ b \\ c \end{pmatrix}$ が与えられたとき，ベクトル方程式

$$(\vec{p} - \vec{a}) \cdot \vec{n} = 0 \quad \cdots (*)$$

を満たす点 $\mathrm{P}(x, y, z)$ 全体の集合はどうなるだろうか．方程式 $(*)$ より

$$\overrightarrow{\mathrm{AP}} \cdot \vec{n} = 0$$

であるから，点 P は 2 つのベクトル $\overrightarrow{\mathrm{AP}}$, $\vec{n}$ が直交するような位置にある．

♣1 a, b, c の中に 0 が c 含まれる場合，たとえば $c = 0$ のときは，$\dfrac{x - x_0}{a} = \dfrac{y - y_0}{b}$, $z = z_0$ のように表す．

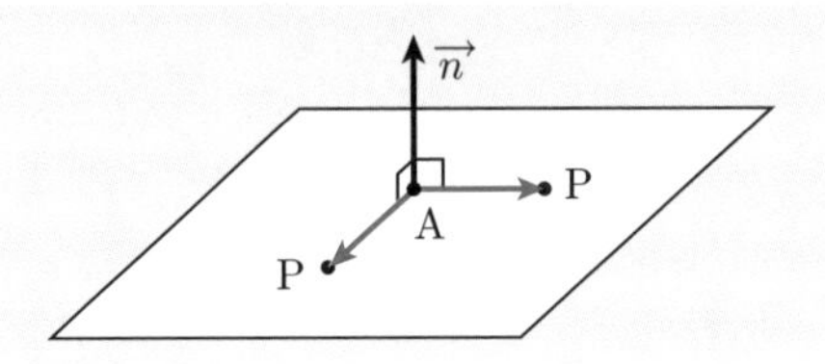

つまり上の等式を満たす点Pがなす集合は，点Aを通りベクトル $\overrightarrow{n}$ に垂直な平面であることがわかる．なおこのとき，$\overrightarrow{n}$ をこの平面の**法線ベクトル**という．

また，この等式を成分で表すと

$$\begin{pmatrix} x - x_0 \\ y - y_0 \\ z - z_0 \end{pmatrix} \cdot \begin{pmatrix} a \\ b \\ c \end{pmatrix} = 0$$

$$a(x - x_0) + b(y - y_0) + c(z - z_0) = 0$$

となる．これを**点Aを通り $\overrightarrow{n}$ を法線ベクトルとする平面の方程式**という．

確認 例題 3.20

次のそれぞれの図形の方程式を求めよ．

(1) 空間内の2点 $A(1,1,1)$, $B(3,0,-1)$ を通る直線 ℓ の方程式を求めよ．

(2) 点 $C(-2,3,1)$ を通り直線 ℓ に垂直な平面 π の方程式を求めよ．

【解答】 (1) ℓ は，点Aを通り，$\overrightarrow{AB} = \begin{pmatrix} 2 \\ -1 \\ -2 \end{pmatrix}$ を方向ベクトルとする直線であるから，方程式は

$$\frac{x-1}{2} = \frac{y-1}{-1} = \frac{z-1}{-2}$$

となる．

(2) π は点Cを通り，$\overrightarrow{AB}$ を法線ベクトルとする平面であるから，方程式は

$$2(x+2) - (y-3) - 2(z-1) = 0$$

$$2x - y - 2z + 9 = 0$$

となる． ■

平面上の直線と点の距離（第2章）と同様に，空間内の平面 $ax+by+cz+m=0$ と点 $\mathrm{P}(x_0, y_0, z_0)$ の**距離**（点Pから平面に下ろした垂線の長さ）d は

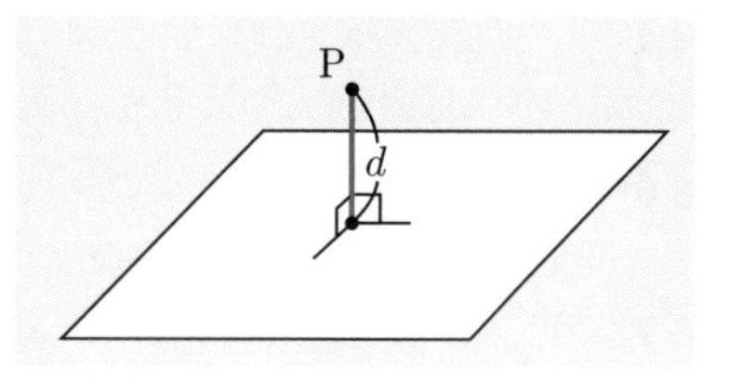

$$d = \frac{|ax_0+by_0+cz_0+m|}{\sqrt{a^2+b^2+c^2}}$$

で与えられることがわかる．

問3.11　空間内に4点 $\mathrm{A}(1,0,1)$, $\mathrm{B}(0,2,1)$, $\mathrm{C}(3,1,0)$, $\mathrm{D}(2,1,-2)$ が与えられたとき，次の問に答えよ．

(1)　2点A, Bを通る直線の方程式を求めよ．

(2)　点Aを通りベクトル $\overrightarrow{\mathrm{BC}}$ に垂直な平面 π の方程式を求めよ．

(3)　平面 π と点Dの距離 d を求めよ．

第3章　演習問題

3.1　ベクトル $\vec{a}$, $\vec{b}$, $\vec{c}$ が下図のように与えられているとき，次の各ベクトルを図示し，それぞれの大きさを求めよ．ただし，各格子は長さ1の正方形とする．

(1)　$\vec{a}+2\vec{b}$　　(2)　$\vec{b}-\vec{c}$　　(3)　$2\vec{a}+\frac{2}{3}\vec{b}-\vec{c}$

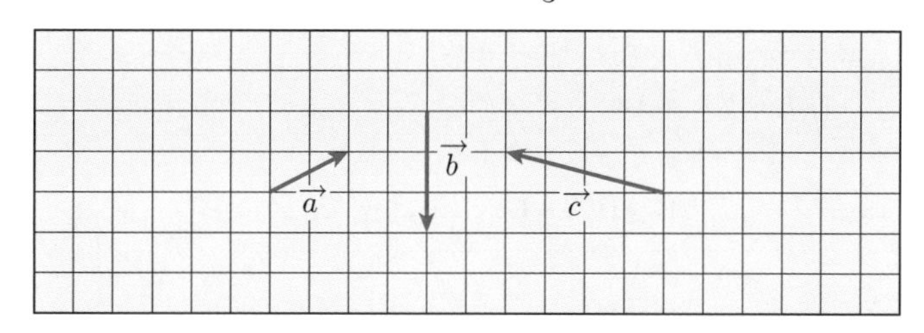

3.2　与えられた2つの単位ベクトル $\vec{a}$, $\vec{b}$ が 45° の角をなしているとする．このとき，ベクトル $\vec{c}$ に対して $\vec{c}=k\vec{a}+\ell\vec{b}$ が成り立つような定数 k, ℓ を $\vec{a}$, $\vec{b}$, $\vec{c}$ を用いて表せ．

3.3　座標平面上に3点 $\mathrm{A}(2,-1)$, $\mathrm{B}(1,3)$, $\mathrm{C}(4,2)$ がある．このとき次の問に答えよ．

(1)　ベクトル $\overrightarrow{\mathrm{AB}}$, $\overrightarrow{\mathrm{AC}}$ の成分表示とその大きさをそれぞれ求めよ．

(2)　四角形ABCDが平行四辺形となるような点Dの座標を求めよ．

3.4　$|\vec{a}|=1$, $|\vec{b}|=4$, $\vec{a}\cdot\vec{b}=3$ であるとき，次の問に答えよ．

(1)　$|\vec{a}+2\vec{b}|$ を求めよ．

(2)　$\vec{a}+\vec{b}$ と $\vec{a}-s\vec{b}$ が直交するように実数 s の値を定めよ．

3.5　正三角形 ABC において，辺 BC を $2:1$ の比に内分する点を D，辺 AC を $4:1$ の比に内分する点を E とするとき，線分 AD と線分 BE は直交することを示せ．

3.6　平面上の三角形 ABC と点 P に対して $3\overrightarrow{\mathrm{AP}}+2\overrightarrow{\mathrm{BP}}+\overrightarrow{\mathrm{CP}}=\overrightarrow{0}$ が成り立っているとき，点 P はどのような位置にあるか．

3.7　平行四辺形 ABCD において，辺 BC を $5:3$ の比に内分する点を E とし，線分 BD と線分 AE の交点を F とする．このとき，$\mathrm{BF}:\mathrm{FD}$ の比を求めよ．

3.8　$\mathrm{AC}=2\mathrm{AB}$ である三角形 ABC において，頂点 A から辺 BC に下ろした垂線の足を D とする．$\mathrm{BD}:\mathrm{DC}=2:5$ が成り立つとき，$\angle\mathrm{BAC}$ を求めよ．

3.9　座標平面上の 2 点 $\mathrm{A}(a_1,a_2)$, $\mathrm{B}(b_1,b_2)$ に対して $\overrightarrow{\mathrm{OA}}=\overrightarrow{a}$, $\overrightarrow{\mathrm{OB}}=\overrightarrow{b}$ とし，三角形 OAB の面積を S とするとき，次の等式をそれぞれ示せ．

(1)　$S=\dfrac{1}{2}\sqrt{|\overrightarrow{a}|^2|\overrightarrow{b}|^2-(\overrightarrow{a}\cdot\overrightarrow{b})^2}$　　(2)　$S=\dfrac{1}{2}|a_1b_2-a_2b_1|$

3.10　座標平面上の点 $\mathrm{A}(1,5)$ を通りベクトル $\overrightarrow{d}=\begin{pmatrix}1\\2\end{pmatrix}$ に平行な直線 ℓ_1，および点 A を通りベクトル $\overrightarrow{n}=\begin{pmatrix}3\\1\end{pmatrix}$ に垂直な直線 ℓ_2 の方程式をそれぞれ求めよ．また 2 つの直線 ℓ_1, ℓ_2 がなす角を求めよ．

3.11　正四面体 ABCD において，辺 BC の中点を M とし，三角形 BCD の重心を G とするとき，次のことを示せ．

(1)　ベクトル $\overrightarrow{\mathrm{AM}}$ とベクトル $\overrightarrow{\mathrm{BC}}$ は直交する．

(2)　ベクトル $\overrightarrow{\mathrm{AD}}$ とベクトル $\overrightarrow{\mathrm{BC}}$ は直交する．

(3)　ベクトル $\overrightarrow{\mathrm{AG}}$ とベクトル $\overrightarrow{\mathrm{CD}}$ は直交する．

3.12　一辺の長さが 1 の立方体 ABCD–EFGH について，次の値を求めよ．

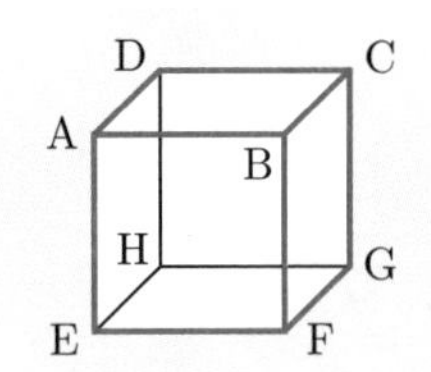

(1)　$\overrightarrow{\mathrm{AB}}\cdot\overrightarrow{\mathrm{AF}}$　　(2)　$\overrightarrow{\mathrm{AF}}\cdot\overrightarrow{\mathrm{AH}}$

(3)　$\overrightarrow{\mathrm{AG}}\cdot\overrightarrow{\mathrm{AH}}$　　(4)　$\overrightarrow{\mathrm{AF}}$ と $\overrightarrow{\mathrm{AH}}$ がなす角

3.13　座標空間に 3 点 $\mathrm{A}(3,2,-1)$, $\mathrm{B}(0,1,2)$, $\mathrm{C}(3,3,2)$ が与えられたとき，次の問に答えよ．

(1)　2 点 A, B を通る直線 ℓ の方程式を求めよ．

(2)　直線 ℓ を媒介変数表示せよ．

(3)　直線 ℓ と点 C の距離（点 P が直線 ℓ 上を動くときの CP の最小値）を求めよ．

(4)　3 点 A, B, C を通る平面 π の方程式を求め，π と原点 O の距離を求めよ．

第4章 集合と命題

「集合」と「命題」では扱う対象は異なるが，論理体系が非常に似ているので併せて学ぶのが効果的である．そしてどちらの分野も，大学では文系・理系を問わず幅広く必要とされる分野であるから，基本事項をしっかりと理解して欲しい．

4.1 集 合

まずは次の例題を考えてみよう．

導入 例題 4.1

次の条件のうち，その条件を満たすもの（人）と，そうでないもの（人）に明確に分類できるものを選べ．

(1)「3で割り切れて7では割り切れない自然数である」
(2)「血液型がA型かB型の人である」
(3)「英語を話すことができる人である」
(4)「観光地として有名な都市である」

【解答】 (1)と(2)のみが明確に分類できる条件であり，それ以外は人によって意見が分かれるような曖昧な条件である． ■

導入例題4.1 (1), (2)のような「分類可能な条件」が与えられたとき，その条件を満たすものの集まりを**集合**とよぶ．つまり，血液型がA型かB型である人の集まりは集合だが，英語が話せる人の集まりは集合とはいえないのである．集合に属しているもの一つひとつをその集合の**要素**という．aが集合Aの要素であるとき

$$a \in A \text{ または } A \ni a$$

と表し，aがAの要素でないときは

$$a \notin A \text{ または } A \not\ni a$$

と表す．

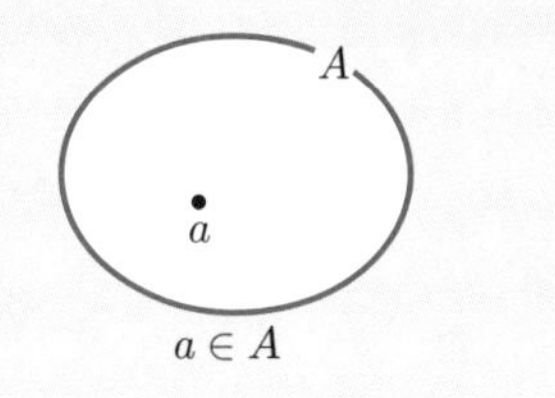

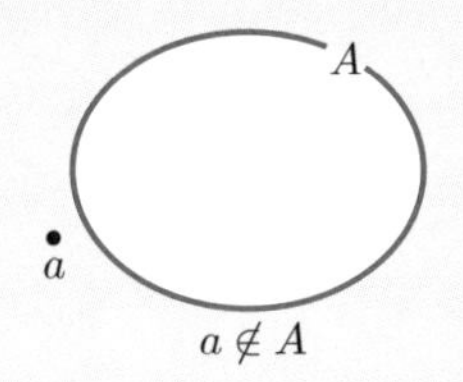

集合の表し方には2通りの方法がある．

[1]　{　} の中に要素をすべて書き出す方法
[2]　$\{a \mid (a$ が満たす条件$)\}$ のように，集合を定める条件を明記する方法

たとえば，「10以下の正の奇数」の集合 A は [1] の方法では

$$A = \{1, 3, 5, 7, 9\}$$

と表されるが，[2] の方法では

$$A = \{n \mid n \text{ は 10 以下の正の奇数}\}$$

となる．要素が多い集合を表すときは [2] の方が有効である♣1.

確認　例題 4.2

次の [1] の方法で表された集合を [2] の方法で表せ．

(1)　$X = \{1, 2, 3, 4, 6, 8, 12, 24\}$

(2)　$Y = \{2, 6, 10, 14, 18\}$

(3)　$Z = \{1, 10, 100, 1000, 10000, 100000, \ldots\}$

【解答】　解答は一例である．

(1)　$X = \{n \mid n$ は 24 の正の約数$\}$

(2)　$Y = \{4m - 2 \mid m$ は 1, 2, 3, 4, 5 のいずれか$\}$

(3)　$Z = \{10^n \mid n$ は 0 以上の整数$\}$ ■

以下，集合にまつわる用語を定義していく．

【部分集合】　2つの集合 A, B について，A の要素がすべて B の要素でもあるとき，つまり「$x \in A$ ならば $x \in B$」が成り立つとき，A は B の**部分集合であると**

♣1　[2] の表し方は1通りではない．たとえば $A = \{2m - 1 \mid m$ は 1, 2, 3, 4, 5 のいずれか$\}$ と表すこともできる．

いい[♣1]，$A \subset B$ または $B \supset A$ と表す．

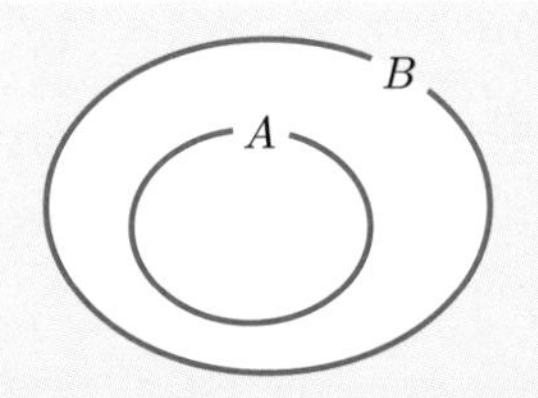

$A \subset B$ かつ $B \subset A$ が成り立つとき，集合 A, B は**等しい**といい $A = B$ と表す．

また，3つの集合 A, B, C について，$A \subset B$ かつ $B \subset C$ ならば，$A \subset C$ が成り立つ．

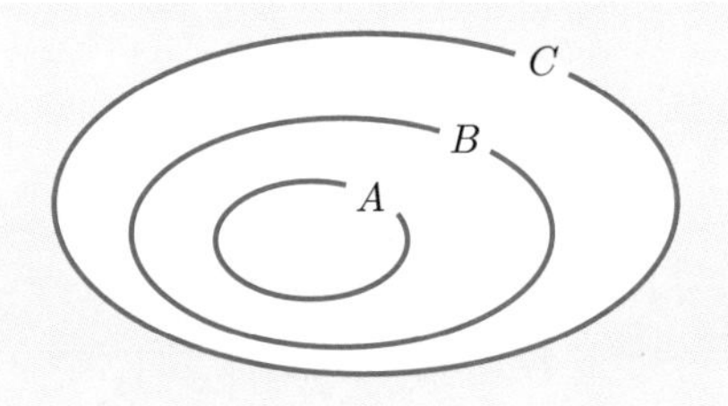

【共通部分・和集合】 2つの集合 A, B に対して

$$A \cap B = \{x \mid x \in A \text{ かつ } x \in B\}$$

を A と B の**共通部分**といい[♣2]，

$$A \cup B = \{x \mid x \in A \text{ または } x \in B\}$$

を A と B の**和集合**という[♣3]．

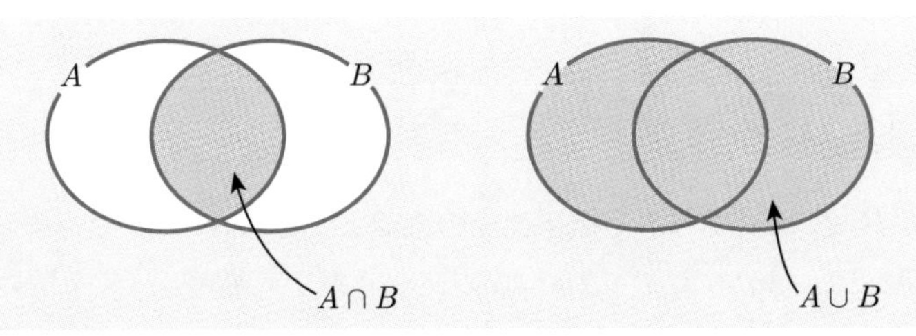

♣1 B は A を**含む**，A は B に**含まれる**ともいう．

♣2 この「かつ」はコンマ (,) で置き換え $A \cap B = \{x \mid x \in A,\ x \in B\}$ とすることが多い．本書でも以後このように表すことにする．

♣3 3つの集合の共通部分・和集合も同様に定義でき，それぞれ $A \cap B \cap C$, $A \cup B \cup C$ と表す．

たとえば $A=\{1,2,4,6\}$, $B=\{2,4,5\}$, $C=\{3,5\}$ であるならば,

$$A\cup B=\{1,2,4,5,6\},\qquad A\cup C=\{1,2,3,4,5,6\}$$
$$B\cup C=\{2,3,4,5\},\qquad A\cap B=\{2,4\},\qquad B\cap C=\{5\}$$

などがわかる.

では，この例において $A\cap C$ はどのような集合になるだろうか．集合 A と集合 C のどちらにも属する要素は1つもない．このように，要素を1つも持たない集合を**空**(くう)**集合**といい $\emptyset$ と表す．上の例では $A\cap C=\emptyset$ である.

任意の集合 A に対して，$A\cap\emptyset=\emptyset$, $A\cup\emptyset=A$ および $\emptyset\subset A$ が成り立つ.

よく用いられる数の集合として，

$$\mathbb{R}=\{x\mid x \text{は実数}\}$$
$$\mathbb{Q}=\{x\mid x \text{は有理数}\}$$
$$\mathbb{I}=\{x\mid x \text{は無理数}\}$$
$$\mathbb{Z}=\{x\mid x \text{は整数}\}$$
$$\mathbb{N}=\{x\mid x \text{は自然数}\}$$

を挙げておく．定義より明らかに $\mathbb{N}\subset\mathbb{Z}\subset\mathbb{Q}\subset\mathbb{R}$ であり，$\mathbb{Q}\cap\mathbb{I}=\emptyset$ かつ $\mathbb{Q}\cup\mathbb{I}=\mathbb{R}$ が成り立つ.

確認 例題 4.3

次の座標平面上の集合に対して，$A\cap B$, $A\cap C$ を求めよ.

$$A=\{(x,y)\mid 2x-3y=3\}$$
$$B=\{(x,y)\mid x+2y=5\}$$
$$C=\{(x,y)\mid 2x-3y=7\}$$

【解答】 A, B, C はいずれも座標平面上の直線となる．A と B のいずれにも属する点は2直線 $2x-3y=3$, $x+2y=5$ の交点であり，連立方程式を解いて $x=3$, $y=1$ となるので，$A\cap B=\{(3,1)\}$ がわかる．一方，A と C は平行な2直線であり交点がないので $A\cap C=\emptyset$ となる. ■

問 4.1　日本の都道府県のうち，海に面していないものの集合を A，名前に「山」が付くものの集合を B とするとき，$A\cup B$ および $A\cap B$ を求めよ.

【補集合】 集合 A が与えられたとき，「A に属さないもの全体の集合」を考えたい．そのためにはまず，A を含む大枠の集合 U を用意し，U の中で A に属さないものの全体の集合を考える．この U を**全体集合**という．全体集合 U の部分集合 A が与えられたとき，U の中で A に属さないもの全体の集合を（**全体集合 U に対する**）A **の補集合**といい，$\overline{A}$ と表す♣1．

$$\overline{A} = \{x \mid x \in U,\ x \notin A\}$$

右図より明らかに

$$A \cap \overline{A} = \emptyset, \quad A \cup \overline{A} = U, \quad \overline{(\overline{A})} = A$$

が成り立つ．また特に

$$\overline{U} = \emptyset, \quad \overline{\emptyset} = U$$

である．

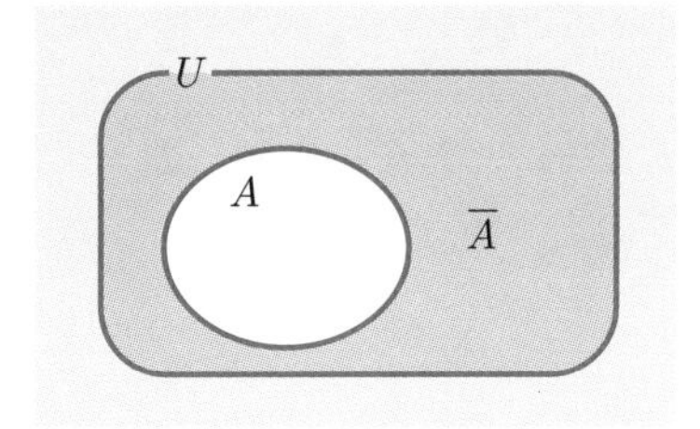

補集合に関する重要な定理を 2 つ挙げる．いずれも図より明らかである．

定理 4.1 集合 A, B に対して，$A \subset B$ ならば $\overline{B} \subset \overline{A}$ が成り立つ．

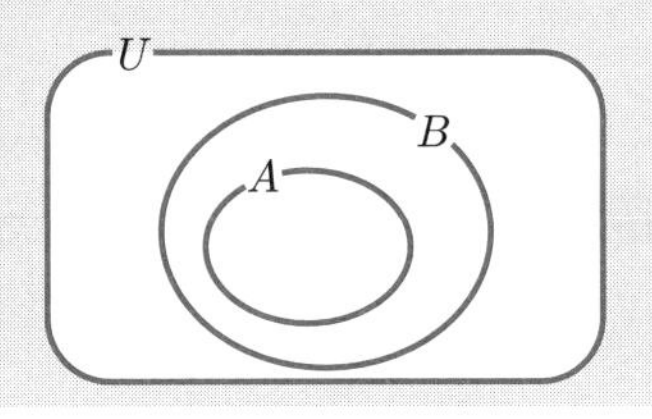

定理 4.2 （ド・モルガンの定理） 集合 A, B に対して，次が成り立つ．

$$\overline{A \cup B} = \overline{A} \cap \overline{B}, \qquad \overline{A \cap B} = \overline{A} \cup \overline{B}$$

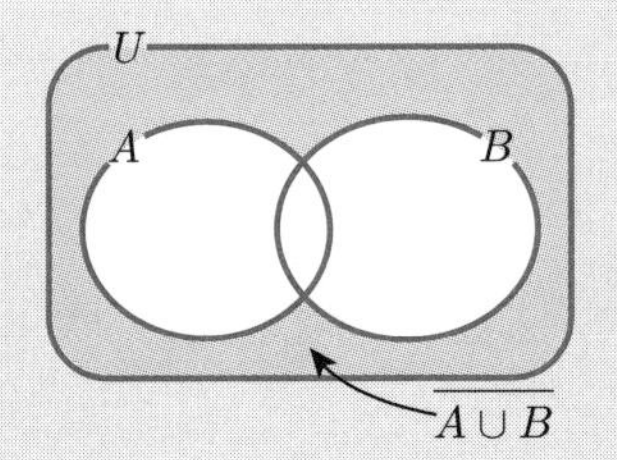

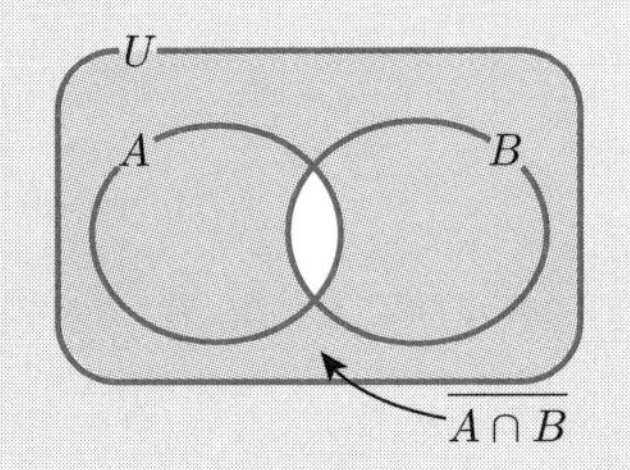

♣1 補集合を A^c と表すこともある．c は compliment の略である．

確認 例題 4.4

集合 A, B ($\subset U$) に対して，次が成り立つことを示せ．

(1) $\overline{A} \cap \overline{B} = \emptyset$ ならば $A \cup B = U$

(2) $\overline{A} \cup \overline{B} = U$ ならば $A \cap B = \emptyset$

【解答】 (1) $\overline{A} \cap \overline{B} = \emptyset$ ならば定理 4.2 より

$$\overline{A \cup B} = \overline{A} \cap \overline{B} = \emptyset$$

となる．したがって $A \cup B = U$ となる．

(2) 同じく $\overline{A} \cup \overline{B} = U$ ならば定理 4.2 より

$$\overline{A \cap B} = \overline{A} \cup \overline{B} = U$$

となる．したがって $A \cap B = \emptyset$ となる． ■

問 4.2 集合 A, B, C, D に対して，$A \subset B$ かつ $C \subset D$ ならば

$$\overline{B} \cap \overline{D} \subset \overline{A} \cap \overline{C}$$

が成り立つことを示せ．

4.2 集合の要素の個数

集合の要素が有限であるならば，その個数を数えることができる．この節では集合の要素の個数を求める法則を学ぶ．

導入 例題 4.5

100 以下の自然数のうち 3 の倍数かまたは 8 の倍数である数はいくつあるか．

【解答】 すべて数え上げると，

$$3, 6, 8, 9, 12, 15, 16, 18, 21, 24, 27, 30, 32, 33, 36, 39, 40, 42, 45, 48, 51,$$
$$54, 56, 57, 60, 63, 64, 66, 69, 72, 75, 78, 80, 81, 84, 87, 88, 90, 93, 96, 99$$

の 41 個であることがわかる． ■

すべてを数え上げる方法は確実ではあるが，個数が大きくなったとき大変である．もう少し効率よく求める方法を考えてみよう．

まずは記号を用意しておく．集合 A に対して，A に属する要素の個数を $n(A)$ と表すことにする．常に $n(A) \geqq 0$ であり，$n(A) = 0$ となるのは $A = \emptyset$ のときに限る．

次の定理は図より明らかだが，要素の個数を求めるには有効な定理である．

定理 4.3　全体集合 U とその部分集合 A, B に対して，次が成り立つ．

(1)　$n(\overline{A}) = n(U) - n(A)$

(2)　$n(A \cup B) = n(A) + n(B) - n(A \cap B)$

特に，$A \cap B = \emptyset$ ならば

$$n(A \cup B) = n(A) + n(B)$$

となる．

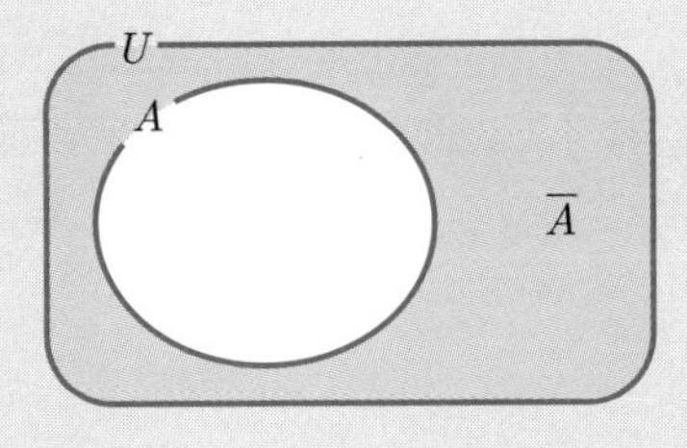

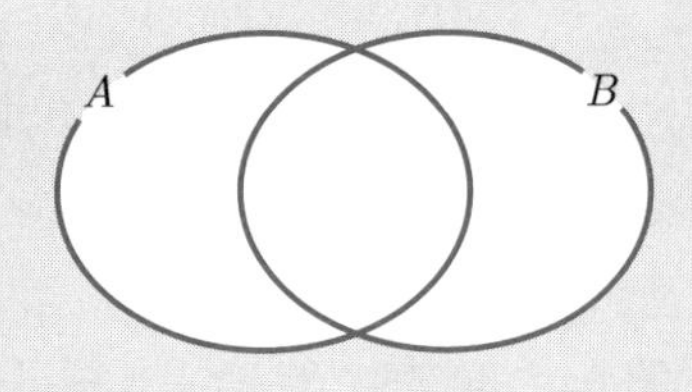

確認　例題 4.6

導入例題 4.5 を，定理 4.3 を用いて解け．

【解答】　100 以下の 3 の倍数の集合を A，100 以下の 8 の倍数の集合を B とすると，$A \cap B$ は 100 以下の 24 の倍数の集合となり，求めたいのは $n(A \cup B)$ である．

$$100 \div 3 = 33 \text{ あまり } 1 \quad \text{より} \quad n(A) = 33$$

$$100 \div 8 = 12 \text{ あまり } 4 \quad \text{より} \quad n(B) = 12$$

$$100 \div 24 = 4 \text{ あまり } 4 \quad \text{より} \quad n(A \cap B) = 4$$

であるから定理 4.3 (2) より

$$n(A \cup B) = n(A) + n(B) - n(A \cap B) = 33 + 12 - 4 = 41$$

となる．■

基本 例題 4.7

男女合わせて 40 人のクラスで，メガネを掛けている男子は 13 人，メガネを掛けていない女子は 10 人である．このクラスの男子の人数が 21 人であるとき，メガネを掛けている人の総数を求めよ．

【解答】 このクラスの生徒がなす集合を全体集合 U とし，男子の集合を A，メガネを掛けている人全体の集合を B とする．このとき，

$$n(A)=21,\quad n(A\cap B)=13,\quad n(\overline{A}\cap\overline{B})=10$$

であり，求めたいのは $n(B)$ である．定理 4.2 および定理 4.3 (1) より

$$\begin{aligned} n(A\cup B)&=n(U)-n(\overline{A\cup B})\\ &=40-n(\overline{A}\cap\overline{B})\\ &=40-10=30 \end{aligned}$$

となり，よって定理 4.3 (2) より

$$\begin{aligned} n(A\cup B)&=n(A)+n(B)-n(A\cap B)\\ 30&=21+n(B)-13\\ n(B)&=22 \end{aligned}$$

となる． ■

問 4.3 次の問に答えよ．

(1) 1000 以下の自然数のうち，6 の倍数かまたは 8 の倍数である数はいくつあるか．

(2) あるクラスにおいて，科学部に属している人は 7 人，その中でさらにサッカー部にも属しているのは 3 人である．また，サッカー部に属している人は 15 人であり，科学部にもサッカー部にも属していない人が 25 人いる．このとき，このクラスの人数を求めよ．

4.3 命 題

ある主張を含む文章が与えられたとき，その主張の正誤を考えるより先に，まずはその主張の正誤が判定できるものであるかどうかを考えなければならない．正しいか正しくないかが明確に判定できる文章を**命題**とよぶ．命題が正しいとき，その命題は**真である**といい，正しくないとき，その命題は**偽である**という．まずは次の例題を考えてみよう．

導入 例題 4.8

次の文章は,「真の命題」,「偽の命題」,「命題ではない」のどれであるか, それぞれ判定せよ.

X_1 :「0 は 3 の倍数である」

X_2 :「素数は奇数である」

X_3 :「10000000000000000000 は大きな数である」

【解答】 X_1 の文章は正しいことが明確に判定できるので真の命題である.

X_2 の文章は正しくないことが明確に判定できるので偽の命題である. 2 は素数だが奇数ではないからである.

X_3 の文章は,「大きな数」の定義が明確ではないので正しいとも正しくないとも判定ができない. よって命題ではない. ■

問 4.4 次の文章は,「真の命題」,「偽の命題」,「命題ではない」のどれであるか, それぞれ判定せよ.

(1) 「すべての実数 x に対して, $x^2+x+1>0$ が成り立つ」

(2) 「人の不運を笑うと, 自分も痛い目に遭う」

(3) 「グレゴリオ暦において, うるう年は 4 年に一度訪れるとは限らない」

(4) 「$x>y$ ならば必ず $x^2>y^2$ が成り立つ」

(5) 「13 日の金曜日がない年もある」

集合を定めるときに用いた「条件」を使って, 命題を典型的な 4 つのタイプに分類することができる.

【1】 $a \in P$ 型

条件 p と特定の変数 a について,「a は条件 p を満たす」という形の命題. たとえば「-4 は偶数である」や「$\sqrt{2}$ は有理数である」など. 前者は真の命題であり, 後者は偽の命題である. 導入例題 4.8 の X_1 もこの形である. このタイプの命題は, 条件 p が定める集合を P とするとき,「$a \in P$」と表すことができる.

【2】 $P \subset Q$ 型

2 つの条件 p, q について,「x が条件 p を満たすならば, x は条件 q も満たす」という形の命題. これを記号では「$p \Rightarrow q$」と表す. たとえば導入例題 4.8 の X_2 や問 4.4 (4) がこのタイプの命題 (どちらも偽) である. このタイプの命題は, 条件 p, q が定める集合をそれぞれ P, Q とするとき,「$P \subset Q$」と表すことができる.

命題 $p \Rightarrow q$ が真であるとき，p は q の**十分条件**であるといい，q は p の**必要条件**であるという．また，命題 $p \Rightarrow q$ と $q \Rightarrow p$ がともに真であるとき，p と q は互いに**必要十分条件**であるといい ♣1，$p \Leftrightarrow q$ と表す．集合の関係で表せば「$P = Q$」となる．

【3】 $P = U$ 型

条件 p について，「任意の変数 x が条件 p を満たす」という形の命題．問 4.4 (1) がこの形の命題である．このタイプの命題は，変数が取りうる値の集合（全体集合）を U とし，条件 p が定める集合を P とするとき，「$P = U$」と表すことができる．

【4】 $P \neq \emptyset$ 型

条件 p について，「条件 p を満たすような変数 x が存在する」という形の命題．問 4.4 (5) がこの形の命題である．このタイプの命題は，条件 p が定める集合を P とするとき，「$P \neq \emptyset$」と表すことができる．

多くの命題は上記の **【1】**～**【4】** のいずれかに分類できる．一見当てはまるものがなくても，意味が変わらないように言い換えることで当てはまることもある．たとえば問 4.4 (3) は「グレゴリオ暦において，前回のうるう年との間隔が 4 年ではないうるう年が存在する」と言い換えれば $P \neq \emptyset$ 型とわかる．

確認 例題 4.9

次の命題の型と真偽を判定せよ．

(1) 「$a < b$ かつ $c < d$ であるとき，$a + c < b + d$ が成り立つ」

(2) 「1001 は素数ではない」

(3) 「$2m + 6n = 5$ を満たす整数の組 (m, n) が存在する」

(4) 「任意の正の数 x に対して，$\sqrt{x}$ は無理数である」

【解答】 (1) $P \subset Q$ 型，真．

(2) $a \in P$ 型，真（$1001 = 7 \times 11 \times 13$ より素数ではない）．

(3) $P \neq \emptyset$ 型，偽（$2m + 6n$ は偶数なので 5 にはなり得ない）．

(4) $P = U$ 型，偽（たとえば $\sqrt{4} = 2$ は無理数ではない）． ■

問 4.5　次の命題の型と真偽を判定せよ．

(1) 「$a \geqq b \geqq 0$ であるとき，$a^2 + ab - 2b^2 \geqq 0$ が成り立つ」

(2) 「連続する 6 つの整数の和が 6 の倍数になることがある」

(3) 「四角形 ABCD の面積は三角形 ABC と三角形 ACD の面積の和に等しい」

♣1 p と q は**同値**であるともいう．

4.4 否定命題

本節では「否定命題」について述べるが，その前にまず「条件の否定」を理解しよう．条件 p が与えられたとき，「p ではない」もまた1つの条件となる．これを p の**否定**といい，

$$\overline{p}$$

と表す．条件 p が定める集合を P とするとき，否定 $\overline{p}$ が定める集合は P の補集合 $\overline{P}$ となる．

導入 例題 4.10

次の条件の否定を述べよ．

(1) 「実数 x は $x \leqq 3$ を満たす」

(2) 「自然数 n は偶数である」

【解答】 条件の否定は，単に否定文にするのではなく同じ意味になるように言い換えることが重要である．

(1) 「実数 x は $x > 3$ を満たす」となる．

(2) 「自然数 n は奇数である」となる． ■

2つの条件 p, q が与えられたとき，

「p であるかまたは q である」

および

「p でありかつ q である」

もまた条件となる．これらをそれぞれ

$$p \vee q \text{ および } p \wedge q$$

と表し「p または q」および「p かつ q」とよぶ．

条件 p, q が定める集合をそれぞれ P, Q とするとき，$p \vee q, p \wedge q$ が定める集合はそれぞれ $P \cup Q, P \cap Q$ となる．したがって，定理 4.2 より

$$\overline{p \vee q} = \overline{p} \wedge \overline{q}, \qquad \overline{p \wedge q} = \overline{p} \vee \overline{q}$$

が成り立つことがわかる♣1．つまり「p または q」の否定は「p ではなくかつ q でもない」であり，「p かつ q」の否定は「p ではないかまたは q ではない」となる．

♣1 これを「条件のド・モルガンの定理」とよぶ．

確認 例題 4.11

次の条件の否定を述べよ．

(1) 「実数 x は $-1 \leqq x < 4$ を満たす」

(2) 「整数 n は自然数であるかまたは負の数である」

(3) 「U大学の学生 x はメガネを掛けた男子である」

【解答】 (1) 「実数 x は $x < -1$ かまたは $x \geqq 4$ を満たす」となる．

(2) 「整数 n は自然数でも負の数でもない」つまり「整数 n は 0 である」となる．

(3) 「U大学の学生 x は，メガネを掛けていない男子であるかまたは女子である」となる． ■

さて，いよいよこの節の本題に入ろう．命題 X が与えられたとき，「X が成り立たない」もまた命題となる．この命題を X の**否定命題**とよぶ．条件の否定と混同しないように，X の否定命題は

$$\neg X$$

と表す．X と $\neg X$ の真偽は必ず逆になる．先に述べたように，多くの命題は**【1】**～**【4】**のいずれかに分類される．これらのタイプごとに，否定命題がどうなるかを考えてみよう．

【1】$a \in P$ 型の否定命題

「a は p を満たす」の否定命題は，そのまま「a は p を満たさない」とすればよいが，条件の否定を用いて「a は $\overline{p}$ を満たす」ともいえる．集合で表すと $a \in \overline{P}$ となる．

【2】$P \subset Q$ 型の否定命題

命題「$p \Rightarrow q$」を集合で表すと $P \subset Q$ であるから，この否定命題を集合で表すと $P \not\subset Q$ となる．つまり「$p \wedge \overline{q}$ を満たす x が存在する」となる．集合で表すと $P \cap \overline{Q} \neq \emptyset$.

【3】$P = U$ 型の否定命題

「任意の x が p を満たす」の否定命題は「$\overline{p}$ を満たす x が存在する」となる．集合で表すと $\overline{P} \neq \emptyset$ となる．

【4】$P \neq \emptyset$ 型の否定命題

命題「p を満たす x が存在する」の否定命題は「p を満たす x は存在しない」となり，言い換えると「任意の x が $\overline{p}$ を満たす」となる．集合で表すと $\overline{P} = U$ となる．

以上をまとめると

【1】 ¬「a は p を満たす」=「a は $\overline{p}$ を満たす」

【2】 ¬「$p \Rightarrow q$」=「$p \wedge \overline{q}$ を満たす x が存在する」

【3】 ¬「任意の x が p を満たす」=「$\overline{p}$ を満たす x が存在する」

【4】 ¬「p を満たす x が存在する」=「任意の x が $\overline{p}$ を満たす」

となる.

基本 例題 4.12

次の命題の否定命題を述べよ.

(1) X_1 :「今回の期末試験では, 数学と英語の両方とも 90 点以上をとった人がいる」

(2) X_2 :「このクラスの生徒は, みな運動部に属しているか生徒会の役員をしている」

(3) X_3 :「この学校で, 電車で通学している人は遅刻も早退もしたことがない」

【解答】 (1) $\neg X_1$ は「今回の期末試験では, みな数学か英語のどちらかは 90 点未満だった」となる.

(2) $\neg X_2$ は「このクラスには, 運動部にも属せず, 生徒会の役員もやっていない生徒がいる」となる.

(3) $\neg X_3$ は「この学校には, 電車で通学している人の中に遅刻か早退をしたことのある人がいる」となる. ■

以上の解答が感覚的に理解できる人は, 以下の補足は読み飛ばして構わない.

(1) 「数学で 90 点以上をとった」を p,「英語で 90 点以上をとった」を q とすると, X_1 は「$p \wedge q$ を満たす人がいる」となる. よって **【3】** 型の否定命題とド・モルガンの定理より $\neg X_1$ は「すべての人は $\overline{p} \vee \overline{q}$ を満たす」となる.

(2) 「運動部に属している」を p,「生徒会の役員をしている」を q とすると, X_2 は「すべての人は $p \vee q$ を満たす」となる. よって **【4】** 型の否定命題とド・モルガンの定理より $\neg X_2$ は「$\overline{p} \wedge \overline{q}$ を満たす人がいる」となる.

(3) 「電車で通学をする」を p,「遅刻をしたことがない」を q,「早退をしたことがない」を r とすると, X_3 は「$p \Rightarrow (q \wedge r)$」となる. よって **【2】** 型の否定命題とド・モルガンの定理より $\neg X_3$ は「$p \wedge (\overline{q} \vee \overline{r})$ を満たす人がいる」となる.

問 4.6　次の命題の否定命題を述べよ．

(1)　X_1：「国民体育大会を主催した都道府県は，すべてその大会において総合優勝している」

(2)　X_2：「この試験室の受験生の中には，鉛筆も消しゴムももってこなかった人がいる」

(3)　X_3：「整数 n について，$n^2+n-2>0$ ならば $n \geqq 2$ であるかまたは $n \leqq -3$ である」

4.5　命題の証明法

これまでは命題や否定命題の作り方に観点を置き，その真偽についてはあまり論じてこなかった．この節では，命題が真である（または偽である）ことを示す方法（証明法）について解説する．

[1]　直接的証明法

命題 X が真であることを直に示す方法である．直接的証明法では「命題の中の条件」，「既知の定理」と次の事実を用いて真であること示す．

「$p \Rightarrow q$ と $q \Rightarrow r$ がともに真ならば $p \Rightarrow r$ も真である」

これを**三段論法**という．これは集合の性質

$$P \subset Q \text{ かつ } Q \subset R \text{ ならば } P \subset R$$

に対応している．

確認 例題 4.13

実数 a, b について，$a>b>0$ ならば

$$a-\frac{1}{a}>b-\frac{1}{b}$$

が成り立つことを示せ．

【解答】　$a>b>0$ ならば $\frac{1}{b}>\frac{1}{a}$ が成り立つ．したがって

$$a+\frac{1}{b}>b+\frac{1}{b}>b+\frac{1}{a} \quad \text{つまり} \quad a+\frac{1}{b}>b+\frac{1}{a}$$

となり，これより $a-\frac{1}{a}>b-\frac{1}{b}$ が成り立つことがわかる．■

[2]　間接的証明法

直接的証明法でないものはすべて間接的証明法に分類されるが，その中でも重要な 2 つの方法を紹介する．証明の第一歩が似ているので混同しがちだが，2 つは異なる証明法である．

(1)　対偶法

定理 4.1 より，集合について $P \subset Q$ ならば $\overline{Q} \subset \overline{P}$ が成り立つ．同様に，$\overline{Q} \subset \overline{P}$ ならば $P \subset Q$ が成り立つ．これを命題で表すと，$p \Rightarrow q$ が真ならば $\overline{q} \Rightarrow \overline{p}$ も真であり，また逆も成り立つ．つまり $p \Rightarrow q$ と $\overline{q} \Rightarrow \overline{p}$ の真偽は一致することがわかる．この

$$\overline{q} \Rightarrow \overline{p}$$

を $p \Rightarrow q$ の**対偶**とよび♣[1]，$p \Rightarrow q$ が真であることを示すために，対偶 $\overline{q} \Rightarrow \overline{p}$ が真であることを示す方法を**対偶法**とよぶ．対偶法が使えるのは，命題が $p \Rightarrow q$ の形の場合のみである．

確認　例題 4.14

整数 n について，n^2 が偶数ならば n は偶数であることを示せ．

【解答】　与えられた命題の対偶は

「n が奇数ならば n^2 は奇数である」

となる．これが真であることを示せばよい．n が奇数ならば $n = 2k + 1$ となる整数 k が存在する．このとき

$$n^2 = 4k^2 + 4k + 1 = 2(2k^2 + 2k) + 1$$

となり $2k^2 + 2k$ は整数であるから n^2 は奇数であることがわかる．■

(2)　背理法

与えられた命題が偽である（つまり否定命題が真である）と仮定して矛盾が生じれば，「命題が偽である」という仮定が誤りだったことになる．このように，命題が偽であるという仮定の下で矛盾を導く方法を**背理法**という．

♣[1]　$p \Rightarrow q$ は $\overline{q} \Rightarrow \overline{p}$ の対偶である．

基本 例題 4.15

次の命題が真であることを示せ．

(1) 「$\sqrt{2}$ は無理数である」

(2) 「有理数 a, b に対して，$a+b\sqrt{2}=0$ が成り立つならば $a=b=0$ である」

【解答】 いずれも背理法で示す．

(1) $\sqrt{2}$ が有理数だと仮定すると，

$$\sqrt{2}=\frac{m}{n}$$

となる，互いに素な整数 m, n が存在する．ここで，m と n が互いに素であるとは，m と n の最大公約数が1であることをいう♣1．このとき，$m^2=2n^2$ となり，n^2 は整数であるから m^2 は偶数となる．よって確認例題4.14より m も偶数となるので $n=2k$ となる整数 k が存在する．これを上の式に代入すると $4k^2=2n^2$ つまり $n^2=2k^2$ となるので，同様に n も偶数となるが，これは m と n が互いに素であることに矛盾する．したがって $\sqrt{2}$ は無理数となる．

(2) 与えられた命題の否定命題は「$a+b\sqrt{2}=0$ であり，かつ a と b のうち少なくとも一方は0ではないような有理数 a, b が存在する」となるので，これを仮定する．このとき，もし $b=0$ ならば $a=0$ となるので a, b の選び方に矛盾する．一方，もし $b\neq 0$ ならば

$$\sqrt{2}=-\frac{a}{b}$$

となり，a, b が有理数であることから $-\frac{a}{b}$ も有理数となるが，これは(1)の結論と矛盾する．よって $a=b=0$ となる． ■

上の証明の中で，$b=0$ の場合と $b\neq 0$ の場合をそれぞれ考えた．このように，起こりうるすべての場合について論証することを**場合分け**という．

問 4.7 次の命題が真であることを示せ．

(1) 「実数 x について，$|x+1|<3$ ならば $|x|<4$ が成り立つ」

(2) 「2つの実数 x, y について，$x+y$ が無理数ならば x と y のうち少なくとも一方は無理数である」

(3) 「$\tan 10^\circ$ は無理数である」（$\sqrt{3}$ が無理数であることは用いてよい）

(4) 「任意の整数 m, n に対して，$m^2-2n^2=3$ は成り立たない」

♣1 最大公約数の定義については11章を参照．

第 4 章　演習問題

4.1　$U = \{1, 2, 3, 4, 5, 6, 7, 8, 9\}$ を全体集合とし，

$$A = \{1, 2, 5, 9\}, \quad B = \{2, 4, 6, 8\}, \quad C = \{3, 5, 7\}$$

とするとき，次の集合をそれぞれ求めよ．

(1)　$A \cup B$　　(2)　$A \cup B \cup C$　　(3)　$A \cap C$　　(4)　$B \cap C$

(5)　$\overline{A} \cup \overline{B}$　　(6)　$\overline{B} \cap \overline{C}$　　(7)　$\overline{A} \cap B$　　(8)　$\overline{A} \cap \overline{B} \cap C$

4.2　全体集合 U とその部分集合 A, B が下図のような関係にあるとする．このとき，次の各図の水色の部分の集合を，集合の記号を用いて表せ．

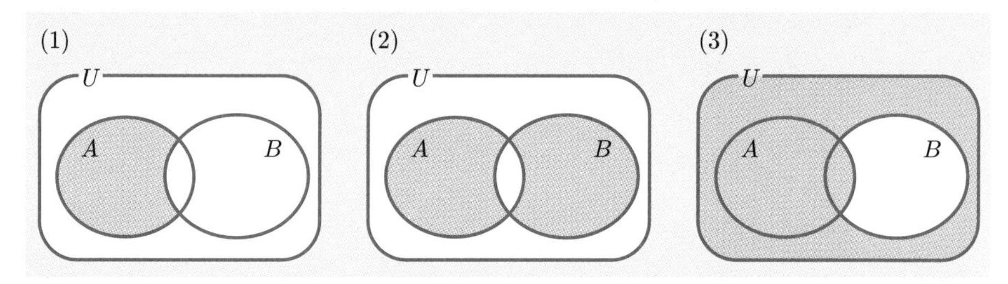

4.3　集合 A, B, C に対して，次の等式が成り立つことを図で確認せよ．

(1)　$A \cap (B \cup C) = (A \cap B) \cup (A \cap C)$

(2)　$A \cup (B \cap C) = (A \cup B) \cap (A \cup C)$

4.4　次の問に答えよ．

(1)　1000 以下の自然数のうち，5 でも 6 でも割り切れない数の個数を求めよ．

(2)　ある高校では 2 年生から理系コースと文系コースに分かれる．今年の 2 年生のうち理系コースに進んだ生徒は 126 人である．一方，学年全体で物理を選択した生徒は 130 人であり，理系コースで物理を選択した生徒は 121 人である．さらに，文系コースで物理を選択しなかった生徒は 175 人であるという．このとき，今年の 2 年生の総数を求めよ．

(3)　5 つの要素からなる集合 $X = \{a, b, c, d, e\}$ に対して，X の部分集合の個数を求めよ．ただし，空集合 $\emptyset$ および X 自身も X の部分集合であるとする．また，この結果から，$n(X) = N$ である集合 X の部分集合の個数はいくつになるか，類推せよ．

4.5　次の命題の否定命題を述べよ．また，$p \Rightarrow q$ 型の命題についてはその対偶も述べよ．

(1)　「P 県の小学校の中には，修学旅行の行き先が京都でも東京でもない小学校がある」

(2)　「Q 高校の生徒について，バレー部に所属している男子生徒は，身長が 180 cm 以上である」

(3)　「この会合に参加している人は，全員日本人かイタリア人かブラジル人である」

(4)　「R 町の住民について，50 歳以上の男性はみな，結婚をしたことがある」

(5)　「S 市の芸術展において，金賞か銀賞を受賞した作品は，すべて油絵か彫刻作品のみであった」

4.6　次の命題が真であることを証明せよ．

(1)「2つの整数 m, n について，$m^2 + n^2$ が4の倍数でなければ，m と n のうち少なくとも一方は奇数である」

(2)「三角形の内角のうち，少なくとも1つは 60° 以上である」

(3)「実数 x について，任意の正の数 y に対して $|x| < y$ が成り立つならば $x = 0$ である」

(4)「3つの自然数 a, b, c について，$a^2 + b^2 = c^2$ が成り立つならば，a と b のうち少なくとも一方は偶数である」

(5)「3つの正の数 a, b, c について，$a^3 + b^3 + c^3 = 3abc$ が成り立つならば，$a = b = c$ である」

4.7　次の命題が偽であることを，反例を挙げて示せ．

(1)「任意の自然数 n に対して，$2n^2 - 7n + 5 \geqq 0$ が成り立つ」

(2)「実数 x について，$\frac{3}{x} \leqq 1$ ならば $3 \leqq x$ が成り立つ」

(3)「実数 x, y について，$x + y$ および xy が有理数ならば，x と y のうち少なくとも一方は有理数である」

(4)「$0^\circ < \theta < 90^\circ$ である任意の θ に対して，$\sin\theta, \cos\theta, \tan\theta$ のうち少なくとも1つは無理数である」

(5)「三角形 ABC と三角形 A′B′C′ について，$\mathrm{AB} = \mathrm{A'B'}$, $\mathrm{AC} = \mathrm{A'C'}$, $\sin\angle\mathrm{A} = \sin\angle\mathrm{A'}$ が成り立つならば，2つの三角形は合同である」

第5章 場合の数と確率

「確率」は，大学で統計学や情報数学を学ぶ際には不可欠な分野であるが，確率の基本事項について正しく理解している学生は多くないように思える．ここではまず「順列」・「組合せ」を用いて場合の数を数える方法を学び，それを踏まえて確率の定義を理解し，最低限の基本的な性質を学ぶ．

5.1 順　列

まずは次の例題を考えてみよう．

導入 例題 5.1

1, 2, 3, 4, 5 の 5 つの数字の中から 3 つを選び，横一列に並べて 3 桁の数を作る．このとき 3 桁の数は何通り作れるか．同じく，1 から 9 までの 9 つの自然数の中から 4 つを選んで 4 桁の数を作るときはどうか．

【解答】 右図の A, B, C の順に入る数を決めるとすると，まず A に入る数は 5 通りであり，そのそれぞれに対して B に入る数は A に入った数を除いた 4 通り．さらに，C に入る数は A, B に入った数を除いた 3 通りであるから，3 桁の数の総数は

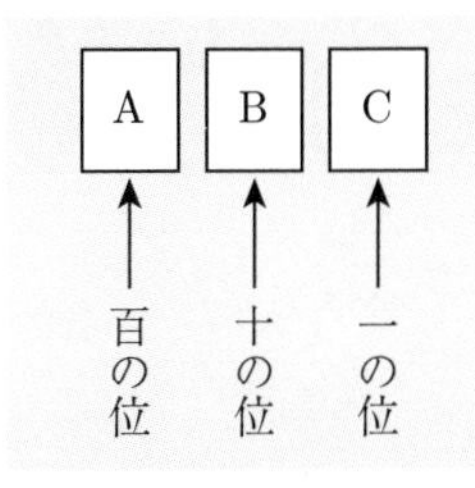

$$5 \times 4 \times 3 = 60$$

より 60 通りとなる．

9 つの数字で 4 桁の数を作る場合も同様に考えれば

$$9 \times 8 \times 7 \times 6 = 3024$$

より 3024 通りとなる．■

一般に，n 個の相異なるものの中から r（$\leqq n$）個だけを選んで先頭から順に並べるとき，その並べ方は，$n \times (n-1) \times (n-2) \times \cdots \times (n-r+1)$ 通りある．これは**階乗**の記号 $n! = 1 \times 2 \times 3 \times \cdots \times n$ を用いると $\dfrac{n!}{(n-r)!}$ と表すことができる．

この数を，n **個から** r **個を並べる順列**といい ${}_n\mathrm{P}_r$ と表す♣1．つまり

$${}_n\mathrm{P}_r = \frac{n!}{(n-r)!} \qquad (r = 0, 1, 2, \ldots, n)$$

となる．特に，$r = n$ の場合は ${}_n\mathrm{P}_n = n!$ となる♣2．これを単に n **個の順列**という．

確認 例題 5.2

0, 1, 2, 3, 4, 5 の 6 つの数字の中から 4 つを選んで並べて 4 桁の数を作る．このとき，次の問に答えよ．

(1) 4 桁の数はいくつ作れるか．

(2) 4 桁の数のうち，5 の倍数はいくつあるか．

(3) 4 桁の数のうち，400 以下のものはいくつあるか．

【解答】 (1) 4 桁を構成する数のうち，千の位に入れることができるのは 1, 2, 3, 4, 5 の 5 つであり，それより下の位は残った 5 個から 3 個を並べる順列となるので

$$5 \times {}_5\mathrm{P}_3 = 5 \times 5 \times 4 \times 3 = 300$$

より 300 通りである．

(2) 数が 5 の倍数になるのは一の位が 0 か 5 の場合に限る．一の位が 5 であるような 4 桁の数は (1) と同じ考え方で

$$4 \times {}_4\mathrm{P}_2 = 4 \times 4 \times 3 = 48$$

より 48 通り．一方，一の位が 0 の場合は残りの位は 5 個から 3 個を並べる順列となるので

$${}_5\mathrm{P}_3 = 5 \times 4 \times 3 = 60$$

より 60 通りとなる．したがって 5 の倍数はこれらを合計して $48 + 60 = 108$ 通りとなる．

(3) 400 以下にならない数を数えた方が早い．400 より大きくなるのは千の位に 4 か 5 が入る場合なので

$$2 \times {}_5\mathrm{P}_3 = 2 \times 5 \times 4 \times 3 = 120$$

より 120 通り．したがって全体からこの数を引いて $300 - 120 = 180$ 通りとなる．

■

♣1 P は permutation の略である．

♣2 階乗の約束ごとから $0! = 1$ であることに注意．

確認例題 5.2 (3) のように，該当しない場合の数を求めて全体から引く方が求めやすいこともある．

基本 例題 5.3

A, A, B, C, D という文字が書かれた 5 枚のカードの中から 3 枚を選んで文字列を作る．このとき，次の問に答えよ．

(1) 文字列は全部でいくつあるか．

(2) A を少なくとも 1 つ使う文字列はいくつあるか．

(3) 両端の少なくとも一方に A が入る文字列はいくつあるか．

【解答】 (1) 3 つの文字がすべて異なる場合は 4 個の中から 3 個を並べる順列となるので

$$ {}_4P_3 = 4 \times 3 \times 2 = 24 $$

より 24 通り．一方，A を 2 つ使う場合は AA○, A○A, ○AA のそれぞれで○に B, C, D のいずれかが入るので $3 \times 3 = 9$ 通りとなる．したがって，文字列は全部で $24 + 9 = 33$ 通りとなる．

(2) A を使わないのは B, C, D の 3 個の順列だけなので

$$ {}_3P_3 = 3 \times 2 \times 1 = 6 $$

より 6 通りである．したがって A を少なくとも 1 つ使う文字列は $33 - 6 = 27$ 通りとなる．

(3) 「両端の少なくとも一方に A が入る」の否定は「両端には B, C, D のみが入る」である．両端に B, C, D が入るとき，真ん中には残った 2 つのどちらかが入るので，

$$ {}_3P_2 \times 2 = 3 \times 2 \times 2 = 12 $$

より 12 通りとなる．したがって両端の少なくとも一方に A が入るのは $33 - 12 = 21$ 通りとなる． ■

問 5.1 男子 3 人，女子 4 人を 1 列に並べるとき，次の条件を満たす並べ方は何通りか．

(1) 両端がいずれも女子である

(2) 男子 3 人が連なって並んでいる

(3) 女子が 3 人以上連なって並ばない

5.2 組合せ

順列の考え方を踏まえて，組合せの概念を学ぶ．

導入 例題 5.4

A, B, C, D, E の 5 人の中から 3 人を選ぶとき，その選び方は何通りあるか．

【解答】 実際に数えてみれば

$$(\mathrm{A, B, C}), (\mathrm{A, B, D}), (\mathrm{A, B, E}), (\mathrm{A, C, D}), (\mathrm{A, C, E})$$
$$(\mathrm{A, D, E}), (\mathrm{B, C, D}), (\mathrm{B, C, E}), (\mathrm{B, D, E}), (\mathrm{C, D, E})$$

の 10 通りであることがわかる． ■

導入例題 5.4 を，順列の考え方を用いて考えてみよう．5 人の中から 3 人を選び，順に並べる並べ方は ${}_5\mathrm{P}_3 = 5 \times 4 \times 3 = 60$ 通りであるが，この場合は「並び方」は問わないので重複して数えていることになる．選ばれた 3 人に対して，その 3 人の順列である ${}_3\mathrm{P}_3 = 3 \times 2 \times 1 = 6$ 通りの重複があるので，この数で割ればよい．すなわち

$$\frac{{}_5\mathrm{P}_3}{{}_3\mathrm{P}_3} = \frac{5!}{2! \times 3!} = \frac{60}{6} = 10$$

と求められる．

一般に n 個の相異なるものの中から r $(\leqq n)$ 個を選ぶとき，その選び方は

$$\frac{{}_n\mathrm{P}_r}{{}_r\mathrm{P}_r} = \frac{n!}{(n-r)! \times r!}$$

通りである．これを **n 個の中から r 個を選ぶ組合せ**といい ${}_n\mathrm{C}_r$ と表す♣1．つまり，

$${}_n\mathrm{C}_r = \frac{{}_n\mathrm{P}_r}{{}_r\mathrm{P}_r} = \frac{n!}{(n-r)! \times r!} \qquad (r = 0, 1, 2, \ldots, n)$$

である．定義より

$${}_n\mathrm{C}_r = {}_n\mathrm{C}_{n-r} \qquad \text{(対称性)}$$

が成り立つことがわかるが，これは n 個の中から r 個を選ぶことは，残りの $(n-r)$ 個の方を選んだとも考えられることからも明らかである．

♣1 C は combination の略である．

確認 例題 5.5

右図のような縦線 5 本，横線 4 本の，それぞれ平行な線分からなる図形がある．この図形の中に長方形はいくつあるか．

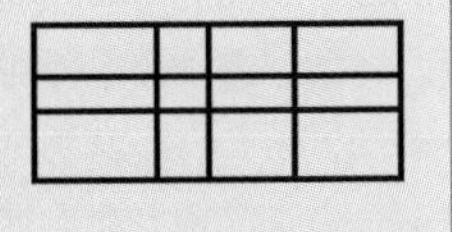

【解答】 1 つの長方形は縦・横それぞれ 2 本の線分で決まる．縦は 5 本の中から 2 本，横は 4 本の中から 2 本選ぶので

$$ {}_5\mathrm{C}_2 \times {}_4\mathrm{C}_2 = \frac{5!}{3! \times 2!} \times \frac{4!}{2! \times 2!} = 60 $$

より長方形は 60 個ある． ■

基本 例題 5.6

男子 6 人，女子 4 人からなる 10 人のグループを，5 人ずつの 2 グループに分ける．このとき，次の問に答えよ．

(1) 分け方は全部で何通りか．

(2) 両方のグループに男女とも含まれる分け方は何通りか．

【解答】 (1) ${}_{10}\mathrm{C}_5$ は，10 人の中からある 5 人を選んだ場合と，その 5 人を選ばなかった場合が含まれるが，分け方としてはその 2 つは同じなので 2 重に重複して数えていることになる．したがって

$$ \frac{{}_{10}\mathrm{C}_5}{2} = \frac{10!}{5! \times 5! \times 2} = 126 $$

より分け方は 126 通りである．

あるいは，1 人に着目して，その 1 人と同じグループになる 4 人を 9 人の中から選ぶと考えれば

$$ {}_9\mathrm{C}_4 = \frac{9!}{5! \times 4!} = 126 $$

としても求められる．

(2) 一方のグループが男女混合にならないのは，男子 5 人のグループができる場合である．つまり男子が 5 人と 1 人に分かれるときなので

$$ {}_6\mathrm{C}_5 = \frac{6!}{5! \times 1!} = 6 $$

より 6 通りである．したがって両グループに男女が含まれるのは $126 - 6 = 120$ 通りである． ■

問 5.2 男子6人，女子7人からなる13人の中から4人を選ぶ．このとき，次の問に答えよ．

(1) 選び方は全部で何通りか．

(2) 男子2人，女子2人となる選び方は何通りか．

(3) 男女混合となる選び方は何通りか．

組合せの応用として，非常に重要な次の定理を紹介する．

定理 5.1 （二項定理） 任意の自然数 n に対して

$$(a+b)^n = {}_n\mathrm{C}_n\, a^n + {}_n\mathrm{C}_{n-1}\, a^{n-1}b + {}_n\mathrm{C}_{n-2}\, a^{n-2}b^2 + \cdots + {}_n\mathrm{C}_r\, a^r b^{n-r} + \cdots + {}_n\mathrm{C}_2\, a^2 b^{n-2} + {}_n\mathrm{C}_1\, ab^{n-1} + {}_n\mathrm{C}_0\, b^n$$

が成り立つ．

【証明】 $(a+b)^n$ を展開したとき，$a^r b^{n-r}$ という項が現れるのは，n 個の $(a+b)$ の中から r 個の a を選んで掛けたときであるから，そのような項が出現する回数は ${}_n\mathrm{C}_r$ 回である．したがってこれが $a^r b^{n-r}$ の係数となる． ■

この定理を**二項定理**とよぶ．またこの定理から ${}_n\mathrm{C}_r$ を**二項係数**ともよぶ．${}_n\mathrm{C}_r$ の対称性より

$$(a+b)^n = {}_n\mathrm{C}_0\, a^n + {}_n\mathrm{C}_1\, a^{n-1}b + {}_n\mathrm{C}_2\, a^{n-2}b^2 + \cdots + {}_n\mathrm{C}_{n-r}\, a^r b^{n-r} + \cdots + {}_n\mathrm{C}_{n-2}\, a^2 b^{n-2} + {}_n\mathrm{C}_{n-1}\, ab^{n-1} + {}_n\mathrm{C}_n\, b^n$$

とも表すことができる．

確認 例題 5.7

$(2x-3y)^7$ を展開したときの x^2y^5 の係数を求めよ．

【解答】 定理 5.1（二項定理）より x^2y^5 を含む項は

$$\begin{aligned} {}_7\mathrm{C}_2\,(2x)^2(-3y)^5 &= \frac{7!}{5! \times 2!} \times 2^2 \times (-3)^5 x^2 y^5 \\ &= -20412x^2y^5 \end{aligned}$$

となり，係数は -20412 となる． ■

問 5.3 $(x^2+2x)^{10}$ を展開したときの x^{16} の係数を求めよ．

5.3 確　率

いよいよ確率について学ぶ．まずは次の例題で感覚的に確率をとらえてみよう．

導入 例題 5.8

AとBの2つのクジがある．Aのクジは100本のうちアタリが21本入っており，Bのクジは43本のうちアタリが9本入っている．AとBのクジではどちらの方がアタリを引きやすいといえるか．

【解答】 クジの総数が異なるので「全体に対してアタリが占める割合」で比較してみよう．

$$\text{Aのクジの場合：}\quad \frac{21}{100} = 0.21$$

$$\text{Bのクジの場合：}\quad \frac{9}{43} = 0.2093\cdots$$

であるから，Aのクジの方が当たりやすいといえる．■

上で求めた値が，それぞれのクジでアタリを引く「確率」であることを感覚的に理解している人は多いと思う．しかし，確率の正確な定義を知らないままに問題を扱うことは危険であり，いずれ壁に当たることになる．まず，確率を定義するために必要ないくつかの用語を導入し，具体例を用いながら説明する．

- 同じ状況の下で，何度でも繰り返すことのできる実験や観測を**試行**という．

「あるサイコロを1度振る」という行為は，試行である．

- 試行の結果として定まる値やものの名前 $a_1, a_2, \ldots, a_n$ を，その試行の**標本点**といい，標本点のなす集合

$$U = \{a_1, a_2, \ldots, a_n\}$$

を**標本空間**という．

U: a_1, a_2, a_n

サイコロを振る試行においては1, 2, 3, 4, 5, 6が標本点であるから，標本空間は $U = \{1, 2, 3, 4, 5, 6\}$ と表される．

- 試行によって起こる現象を**事象**という．事象は標本空間の部分集合 $A\ (\subset U)$ として表すことができる．特に，標本点1つからなる事象 $\{a_1\}, \{a_2\}, \ldots, \{a_n\}$ を**根元**（こんげん）**事象**といい，標本点全体からなる事象 U を**全事象**という．また，便宜上「起こりえない事象」として空集合に対応する**空**（くう）**事象** $\emptyset$ も考える．

サイコロを振る試行において，「偶数の目が出る」という事象 A は $A = \{2, 4, 6\}$ と表され，「5以上の目が出る」という事象 B は $B = \{5, 6\}$ と表される．また，根元事象は $\{1\}, \{2\}, \{3\}, \{4\}, \{5\}, \{6\}$ である．

- 根元事象がすべて同じ程度に起こると期待される試行を**同様に確からしい試行**という．

サイコロを振る試行は同様に確からしいといえる．その他，クジを引く試行，コインを投げる試行，ジャンケンをする試行なども同様に確からしいといえる．

確認　例題 5.9

10円と100円を同時に投げて表裏を確認する試行において，標本空間と根元事象を求めよ．また，「少なくとも一方は表が出る」という事象を，標本空間の部分集合として表せ．

【解答】　標本点を (10円の表裏, 100円の表裏) と表すことにすると，標本空間は

$$U = \big\{(表, 表),\ (表, 裏),\ (裏, 表),\ (裏, 裏)\big\}$$

となり，根元事象は $\{(表, 表)\}, \{(表, 裏)\}, \{(裏, 表)\}, \{(裏, 裏)\}$ である．また，「少なくとも一方は表が出る」という事象は

$$\big\{(表, 表),\ (表, 裏),\ (裏, 表)\big\}$$

と表される．■

問 5.4　赤，白，黄，青の4つの玉が入った袋の中から，2つの玉を同時に取り出す試行において，取り出した玉の組合せを (赤, 白) のように表すとき，標本空間 U を求めよ．また「白が選ばれる」事象 A および「青が選ばれない」事象 B をそれぞれ標本空間の部分集合として表せ．

以上で，確率を定義する準備が整った．いよいよ確率を定義しよう．

ある試行の標本空間 $U = \{a_1, a_2, \ldots, a_n\}$ が与えられており，根元事象 $\{a_1\}$,

$\{a_2\}, \ldots, \{a_n\}$ は同様に確からしいとする．このとき，ある事象 A（$\subset U$）に対して

$$P(A) = \frac{n(A)}{n(U)}$$

を，**事象 A が起こる確率**という．ここで $n(A)$ は集合 A の要素の個数を表す．言い換えると，

$$P(A) = \frac{\text{事象 } A \text{ が起こる場合の数}}{\text{全事象 } U \text{ が起こる場合の数}}$$

ともいえる．

定義より明らかに $0 \leqq P(A) \leqq 1$ が成り立つ．また，$P(A) = 0$ となるのは $A = \emptyset$（空事象）のときに限り，$P(A) = 1$ となるのは $A = U$（全事象）のときに限る．

確認 例題 5.10

10 円と 100 円を同時に投げたとき，少なくとも一方が表である確率を求めよ．

【解答】 確認例題 5.9 より，$U = \{$(表, 表), (表, 裏), (裏, 表), (裏, 裏)$\}$ であり，少なくとも一方が表である事象は $A = \{$(表, 表), (表, 裏), (裏, 表)$\}$ である．よって

$$P(A) = \frac{n(A)}{n(U)} = \frac{3}{4}$$

となる．■

問 5.5　2 つのサイコロを同時に振る試行について，次の問に答えよ．

(1)　2 つの目が同じである確率を求めよ．

(2)　2 つの目の和が 4 以下である確率を求めよ．

以後，扱う試行が同様に確からしいことはいちいち断らないこととする．

基本 例題 5.11

赤い玉が 3 つと白い玉が 5 つ入った袋の中から，中を見ずに 2 つの玉を同時に取り出す試行について，次の問に答えよ．

(1)　2 つとも白い玉である確率を求めよ．

(2)　1 つが赤い玉で 1 つが白い玉である確率を求めよ．

【解答】 そろそろ標本空間を持ち出さずに確率を求めてみよう．

(1)　8 つの玉の中から 2 つを選ぶ場合の数は ${}_8\mathrm{C}_2 = 28$ 通りであり，5 つの白い

玉の中から2つを選ぶ場合の数は ${}_5C_2 = 10$ 通りであるから，求める確率は

$$\frac{{}_5C_2}{{}_8C_2} = \frac{10}{28} = \frac{5}{14}$$

となる．

(2)　赤い玉を1つ，白い玉を1つ選ぶ場合の数は ${}_3C_1 \times {}_5C_1 = 15$ 通りであるから，求める確率は

$$\frac{{}_3C_1 \times {}_5C_1}{{}_8C_2} = \frac{15}{28}$$

となる．■

問 5.6　1, 2, 4, 8, 9 と書かれたカードを，おもて面を伏せた状態で3枚を選び，選んだ順に並べて3桁の数を作る試行について，次の問に答えよ．

(1)　3桁の数が3の倍数になる確率を求めよ．

(2)　3桁の数が奇数になる確率を求めよ．

(3)　3桁の数が300以上になる確率を求めよ．

5.4　和事象・積事象・余事象の確率

U を標本空間とするある試行において，2つの事象 A と B が与えられているとき，$A \cup B$ $(\subset U)$ が表す事象は，「A と B の少なくとも一方が起こる」という事象となる．これを **A と B の和事象**という．また，$A \cap B$ $(\subset U)$ が表す事象は「A も B も起こる」という事象となる．これを **A と B の積事象**という．

確認　例題 5.12

サイコロを1つ振る試行において

A ：　6の約数の目が出る事象

B ：　偶数の目が出る事象

とするとき，$P(A \cup B)$, $P(A \cap B)$ をそれぞれ求めよ．

【解答】　$U = \{1,2,3,4,5,6\}$, $A = \{1,2,3,6\}$, $B = \{2,4,6\}$ より

$$A \cup B = \{1,2,3,4,6\}, \qquad A \cap B = \{2,6\}$$

がわかる．したがって

$$P(A \cup B) = \frac{n(A \cup B)}{n(U)} = \frac{5}{6}, \qquad P(A \cap B) = \frac{n(A \cap B)}{n(U)} = \frac{2}{6} = \frac{1}{3}$$

となる．■

定理 4.3 (2) の両辺を $n(U)$ で割ることにより

$$P(A \cup B) = P(A) + P(B) - P(A \cap B)$$

が成り立つ．実際，確認例題 5.12 でも $P(A) = \frac{2}{3}$, $P(B) = \frac{1}{2}$ であるから

$$P(A \cup B) = \frac{2}{3} + \frac{1}{2} - \frac{1}{3} = \frac{5}{6}$$

となり一致することがわかる．

2 つの事象 A, B に対して

$$A \cap B = \emptyset$$

が成り立つとき，事象 A と事象 B は**互いに排反である**という♣1．上の等式と $P(\emptyset) = 0$ より，事象 A と事象 B が互いに排反ならば

$$P(A \cup B) = P(A) + P(B)$$

が成り立つ．

基本 例題 5.13

ジョーカーを含まない一組のトランプの中から無作為に 1 枚を引く，という試行について，次の問に答えよ．

(1)　スペードの絵札を引く確率を求めよ．

(2)　赤の数札（2〜10）を引く確率を求めよ．

(3)　スペードの絵札か赤の数札を引く確率を求めよ．

【解答】　(1)　スペードの絵札を引く事象を A とすると，スペードの絵札は 3 枚なので $P(A) = \frac{3}{52}$ となる．

(2)　赤の数札を引く事象を B とすると，赤の数札は 18 枚なので $P(B) = \frac{18}{52} = \frac{9}{26}$ となる．

(3)　A と B は互いに排反であるから $P(A \cup B) = \frac{3}{52} + \frac{9}{26} = \frac{21}{52}$ となる．■

問 5.7　赤い玉が 4 つ，白い玉が 6 つ入った袋の中から，3 つの玉を同時に取り出すという試行について，次の問に答えよ．

(1)　3 つすべて赤い玉である確率を求めよ．

(2)　3 つすべて同じ色である確率を求めよ．

(3)　1 つが赤い玉で 2 つが白い玉である確率を求めよ．

♣1　3 つの事象 A, B, C に対して，任意の 2 つの事象が互いに排反であるとき，A, B, C は互いに排反であるという．

事象 A に対して,「A が起こらない」という事象を A の**余事象**という.集合としては $\overline{A}$ が A の余事象を表している.

$A \cup \overline{A} = U$ かつ $A \cap \overline{A} = \emptyset$ であることから

$$P(A) + P(\overline{A}) = P(U) = 1$$

すなわち

$$P(\overline{A}) = 1 - P(A)$$

が成り立つ.

基本 例題 5.14

サイコロを2つ同時に振る試行において,少なくとも1つは偶数の目が出る確率を求めよ.

【解答】 まず $n(U) = 36$ である.少なくとも1つは偶数の目が出る事象を A とすると余事象は「2つとも奇数の目が出る」という事象となり,こちらの確率の方が求めやすい.

$$n(\overline{A}) = 3 \times 3 = 9$$

であるから

$$P(\overline{A}) = \frac{9}{36} = \frac{1}{4}$$

となる.したがって

$$P(A) = 1 - P(\overline{A}) = 1 - \frac{1}{4} = \frac{3}{4}$$

となる. ■

問5.8 ジョーカーを含まない一組のトランプの中から,同時に3枚のカードを引く試行について,次の問に答えよ.

(1) 3枚のうち少なくとも1枚はスペードである確率を求めよ.

(2) 3枚のうち少なくとも1枚は絵札である確率を求めよ.

5.5 独立試行

これまでは単独の試行について考えてきたが，ここでは複数の試行を行ったり，1つの試行を繰り返し行った場合の確率を考えてみよう．

同様に確からしい2つの試行 α, β があり，それぞれの試行の結果が，互いの試行の結果に影響を及ぼさないとき，2つの試行は**独立である**という♣[1]．「互いの結果に影響を及ぼさない」の意味が若干あいまいだが，試行 α, β の標本空間をそれぞれ $U_\alpha = \{a_1, a_2, \ldots, a_m\}$, $U_\beta = \{b_1, b_2, \ldots, b_n\}$ とするとき，2つを合わせた試行の標本空間

$$U = \left\{(a_i, b_j) \;\middle|\; i = 1, 2, \ldots, m, \quad j = 1, 2, \ldots, n\right\}$$

が同様に確からしいならば α と β は独立な試行である，と考えればよい．

たとえば，サイコロを振る試行とコインを投げる試行を合わせた場合，標本空間

$$\begin{aligned} U = \{&(1, 表),\ (2, 表),\ (3, 表),\ (4, 表),\ (5, 表),\ (6, 表), \\ &(1, 裏),\ (2, 裏),\ (3, 裏),\ (4, 裏),\ (5, 裏),\ (6, 裏)\} \end{aligned}$$

は同様に確からしいので，サイコロを振る試行とコインを投げる試行は独立である．

独立な試行については，次の定理が重要である．

定理 5.2 2つの試行 α, β が独立であるとする．試行 α で事象 A が起こり，かつ試行 β で事象 B が起こる事象を C とするとき

$$P(C) = P(A) \times P(B)$$

が成り立つ♣[2]．

【証明】 試行 α の標本空間を U_α，試行 β の標本空間を U_β とするとき，これら2つを合わせた試行の標本点の個数は $n(U_\alpha) \times n(U_\beta)$ であり，事象 C の要素の個数は $n(A) \times n(B)$ である．したがって

$$P(C) = \frac{n(A) \times n(B)}{n(U_\alpha) \times n(U_\beta)} = \frac{n(A)}{n(U_\alpha)} \times \frac{n(B)}{n(U_\beta)} = P(A) \times P(B)$$

が成り立つ． ■

♣[1] 3つ以上の試行について，その中の任意の2つの試行が独立であるとき，それらの試行は独立であるという．

♣[2] 3つ以上の独立な試行の各事象についても，同様の定理が成り立つ．

確認 例題 5.15

X の袋には赤い玉が 3 つ，白い玉が 2 つ入っており，Y の袋には赤い玉が 4 つ，白い玉が 5 つ入っている．それぞれの袋から 1 つずつ玉を取り出す試行について，次の問に答えよ．

(1) 取り出した玉が 2 つとも白い玉である確率を求めよ．

(2) 取り出した玉が同じ色である確率を求めよ．

【解答】 X の袋から玉を 1 つ取り出す試行を α，Y の袋の中から玉を 1 つ取り出す試行を β とすると，α と β は独立な試行である．

(1) 試行 α において「赤い玉を取り出す」事象を R_1，試行 β において「赤い玉を取り出す」事象を R_2 とするとき，

$$P(R_1) = \frac{3}{5}, \quad P(R_2) = \frac{4}{9}$$

であるから，R_1 と R_2 がともに起こる事象を R とすると

$$P(R) = P(R_1) \times P(R_2) = \frac{3}{5} \times \frac{4}{9} = \frac{4}{15}$$

となる．

(2) (1) と同様に各試行で「白玉を取り出す」事象をそれぞれ W_1, W_2 とすると，

$$P(W_1) = \frac{2}{5}, \quad P(W_2) = \frac{5}{9}$$

であるから，W_1 と W_2 がともに起こる事象を W とすると

$$P(W) = P(W_1) \times P(W_2) = \frac{2}{5} \times \frac{5}{9} = \frac{2}{9}$$

となる．α と β を合わせた試行において R と W は互いに排反な事象であるから

$$P(R \cup W) = \frac{4}{15} + \frac{2}{9} = \frac{22}{45}$$

となる． ■

問 5.9 X の袋には赤い玉が 4 つ，白い玉が 2 つ，黄色い玉が 3 つ入っており，Y の袋には赤い玉が 3 つ，白い玉が 5 つ入っている．両方の袋から 1 つずつ玉を取り出す試行において，次の問に答えよ．

(1) 取り出した 2 つの玉が同じ色である確率を求めよ．

(2) 取り出した玉のうち少なくとも 1 つは白い玉である確率を求めよ．

試行 α が与えられたとき，「試行 α を n 回繰り返す」という試行を考えることができる．このような試行を α の**反復試行**という．試行を繰り返すとき，前の結果は次の結果に影響しないので，反復試行は独立な試行から成っている．したがって定理 5.2 を使うことができる．

確認 例題 5.16

サイコロを 3 回続けて振る試行において，1 回目が 1 の目であり 2 回目と 3 回目が 1 以外の目である確率を求めよ．

【解答】 サイコロを振ったとき，1 の目が出る確率は $\frac{1}{6}$，1 の目以外が出る確率は $\frac{5}{6}$ であるから，1 回目に 1 の目が出て，2 回目と 3 回目には 1 以外の目が出る事象 A が起こる確率は

$$P(A) = \frac{1}{6} \times \left(\frac{5}{6}\right)^2 = \frac{25}{216}$$

となる． ■

では，確認例題 5.16 と同じ試行において，「3 回のうち一度だけ 1 の目が出る」事象の確率を求めるにはどう考えたらよいか．

事象	1 回目	2 回目	3 回目
A	1 の目	1 以外の目	1 以外の目
B	1 以外の目	1 の目	1 以外の目
C	1 以外の目	1 以外の目	1 の目

一度だけ 1 の目が出るのは上の表の事象 A, B, C しかなく，いずれも起こる確率は

$$\frac{1}{6} \times \left(\frac{5}{6}\right)^2 = \frac{25}{216}$$

である．この 3 つの事象は互いに排反であるから，求める確率は

$$P = 3 \times \frac{1}{6} \times \left(\frac{5}{6}\right)^2 = \frac{25}{72}$$

となる．この事象の個数は，3 個の中から 1 個を選ぶ組合せとして定まるので，

$${}_3\mathrm{C}_1 = 3$$

と考えられる．一般化すると，次の定理がえられる．

定理 5.3 （反復試行の定理）　ある試行 α において，$P(A) = p$ であるような事象 A があるとする．このとき，α を n 回繰り返す反復試行において，事象 A がちょうど r 回起こる確率は

$$P = {}_n\mathrm{C}_r\, p^r (1-p)^{n-r} \qquad (r = 0, 1, 2, \ldots, n)$$

となる．

基本 例題 5.17

サイコロを5回振る試行において，次の問に答えよ．

(1)　2以下の目がちょうど2回出る確率を求めよ．

(2)　6の目が一度も出ない確率を求めよ．

【解答】　(1)　サイコロを一度振るとき，2以下の目が出る確率は $\frac{1}{3}$ であるから，定理5.3より求める確率は

$$P = {}_5\mathrm{C}_2 \times \left(\frac{1}{3}\right)^2 \left(\frac{2}{3}\right)^3 = \frac{80}{243}$$

となる．

(2)　サイコロを一度振るとき6の目が出る確率は $\frac{1}{6}$ であるから，定理5.3より求める確率は

$$P = {}_5\mathrm{C}_0 \times \left(\frac{1}{6}\right)^0 \left(\frac{5}{6}\right)^5 = \frac{3125}{7776}$$

となる．■

複数のサイコロを同時に投げる試行など，厳密には試行が反復されていない状況でも反復試行の定理は使うことができる．

問 5.10　サイコロを6個同時に投げる試行について，次の問に答えよ．

(1)　1の目がちょうど3個出る確率を求めよ．

(2)　1の目が3個以上出る確率を求めよ．

第5章　演習問題

5.1 A, B, C, D, E の5人を一列に並べる．このとき，次の問に答えよ．

(1) A と B が両端になる並び方は何通りか．

(2) A と B が隣り合う並び方は何通りか．

(3) A が真ん中にならない並び方は何通りか．

5.2 次の問に答えよ．

(1) 8チームで野球の総当たり戦を行う．試合数は全部で何試合になるか．

(2) 男子5人，女子6人のグループから3人を選ぶ．ただし，必ず男子も女子も含まれなければならない．このような選び方は何通りあるか．

(3) 9人を3人ずつのグループに分ける分け方は何通りあるか．

5.3 下図において，点 A から実線上を通って点 B まで至る最短の経路について考える．このとき，次の問に答えよ．

(1) A から B に至る最短の経路は何通りあるか．

(2) 特に XY 間を通らない経路は何通りあるか．

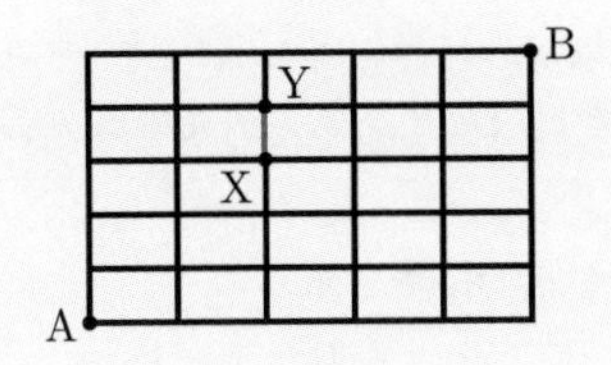

5.4 定理 5.1（二項定理）を用いて次の問に答えよ．

(1) $(4x-3y)^5$ を展開したときの，x^2y^3 の係数を求めよ．

(2) 999^4 を計算せよ．

(3) ${}_6\mathrm{C}_0+{}_6\mathrm{C}_1+{}_6\mathrm{C}_2+{}_6\mathrm{C}_3+{}_6\mathrm{C}_4+{}_6\mathrm{C}_5+{}_6\mathrm{C}_6=2^6$ が成り立つことを示せ．

5.5 2つのサイコロを振る試行について，次の問に答えよ．

(1) 2つの目の和が7以上となる確率を求めよ．

(2) 少なくとも1つは4以上の目が出る確率を求めよ．

5.6 0, 1, 2, 3, 4, 5, 6 と書かれた7枚のカードの中から無作為に3枚を選び，数の大きな順に左から並べ3桁の数を作る試行について，次の問に答えよ．

(1) 作ることができる3桁の数は全部で何個か．

(2) 作られた数が 425 より大きくなる確率を求めよ．

(3) 作られた数が偶数である確率を求めよ．

(4) 作られた数が4の倍数ではない確率を求めよ．

5.7 白い玉が1つ，赤い玉が2つ，青い玉が1つ，黄色い玉が2つ入った袋と，白い玉が1つ，赤い玉が1つ，青い玉が2つ，黄色い玉が1つ入った袋がある．それぞれの袋から，玉を1つずつ取り出す試行について，次の問に答えよ．

(1)　2つの玉が同じ色である確率を求めよ．

(2)　青い玉が1つも選ばれない確率を求めよ．

(3)　赤い玉か黄色い玉が少なくとも1つ選ばれる確率を求めよ．

5.8　5人でじゃんけんを一度だけする．このとき次の問に答えよ．ただし，5人ともグー・チョキ・パーを出す確率はそれぞれ $\frac{1}{3}$ とする．

(1)　ちょうど2人が勝つ確率を求めよ．

(2)　あいこになる確率を求めよ．

5.9　正四面体の各面に1から4までの数が刻まれた四面体サイコロを5回振る試行について，次の問に答えよ．

(1)　3の目がちょうど2回出る確率を求めよ．

(2)　3以上の目がちょうど3回出る確率を求めよ．

(3)　1の目が2回かつ3の目が3回出る確率を求めよ．

5.10　袋の中にいくつかの玉が入っており，そのうち5つだけが金色である．この袋の中から2つの玉を同時に取り出す試行において，少なくとも1つは金色の玉である確率が $\frac{1}{10}$ 未満であるためには，金色以外の玉は何個以上入っていればよいか．

5.11　親がサイコロを振り，2以下の目が出たらAに1点，3以上の目が出たらBに1点入るというゲームを繰り返し，先に3点をとった方が勝ちというルールでAとBが対戦する．このとき，次の問に答えよ．

(1)　ちょうど4ゲーム目でBが勝つ確率を求めよ．

(2)　4ゲーム目までにBが勝つ確率を求めよ．

(3)　Aが勝つ確率を求めよ．

(4)　ちょうど5回目で勝負がつく確率を求めよ．

第6章 数列と極限

高校では「数列」は数学Bで，「数列の極限」は数学Ⅲで学ぶが，本書ではこれらを一括して学ぶことにする．極限操作は微分積分学につながる重要な単元である．

6.1 等差数列・等比数列

まずはクイズを解くつもりで，次の問題を考えてみよう．

導入 例題 6.1

下の (1)〜(3) は，いずれも左から順に，ある規則にしたがって数が並んでいる．□に入る数をそれぞれ求めよ．

(1) $-4,\ -1,\ 2,\ 5,\ 8,\ \square,\ 14,\ 17,\ldots$

(2) $1,\ 1,\ 2,\ 3,\ 5,\ 8,\ \square,\ 21,\ 34,\ldots$

(3) $2,\ 3,\ 5,\ 7,\ 11,\ 13,\ 17,\ 19,\ \square,\ 29,\ 31,\ldots$

【解答】 (1) 3ずつ増えているので□には11が入る．

(2) 隣り合う2つの数の和が次（右隣）の数となっているので，□には13が入る．

(3) 素数が小さい方から順に並んでいるので□には23が入る． ■

導入例題6.1のように，数を（左から）順に並べたものを**数列**といい，その一つひとつの数を**項**という．数列の各項を

$$a_1, a_2, a_3, \ldots, a_n, \ldots$$

と表すとき，数列を $\{a_n\}$ と表し，a_n を**第 n 項**という♣1．また a_n を n の式で表したものを数列 $\{a_n\}$ の**一般項**という．たとえば上の例題において，(1) の数列の一般項は $a_n = 3n - 7$ と表される（確認してみよう）．(2) の数列は**フィボナッチ数列**とよばれる数列であり，一見簡単な数列に見えるが一般項は複雑な式になる．自然界と密接に関わる不思議な数列でもあるので，是非インターネットなどで調べてみて欲しい．(3) の数列の一般項を見つけた人は，歴史に名を残すことになる．

♣1 第1項は特に**初項**ともいう．

以下では，典型的な数列について考察しよう．

確認 例題 6.2

次の数列の一般項を求めよ．

(1) 2, 9, 16, 23, 30, 37, ...

(2) 3, 6, 12, 24, 48, 96, ...

【解答】 (1) 各項は順に7ずつ大きくなっている．つまり，各番号 n に対して

$$a_{n+1} - a_n = 7$$

が成り立っている．一般に，ある定数 d があり，各番号 n に対して

$$a_{n+1} - a_n = d$$

が成り立つとき，この数列を**等差数列**といい，d をその**公差**という．$\{a_n\}$ が公差 d の等差数列であるとき，その一般項は

$$\begin{aligned}
a_1 &= a_1 \\
a_2 &= a_1 + d \\
a_3 &= a_2 + d = a_1 + 2d \\
a_4 &= a_3 + d = a_1 + 3d \\
&\vdots \\
a_n &= a_1 + d(n-1)
\end{aligned}$$

となる．今，初項は $a_1 = 2$ であり公差は $d = 7$ であるから，求める数列の一般項は

$$a_n = 2 + 7(n-1) = 7n - 5$$

となる．

(2) この数列の各項は，前の項の2倍になっている．つまり各番号 n に対して

$$\frac{a_{n+1}}{a_n} = 2$$

が成り立っている．一般に，ある定数 r があり，各番号 n に対して

$$\frac{a_{n+1}}{a_n} = r$$

が成り立つとき，この数列を**等比数列**といい，r をその**公比**という．$\{a_n\}$ が公比 r の等比数列であるとき，その一般項は

$$a_1 = a_1$$
$$a_2 = a_1 r$$
$$a_3 = a_2 r = a_1 r^2$$
$$a_4 = a_3 r = a_1 r^3$$
$$\vdots$$
$$a_n = a_1 r^{n-1}$$

となる．今，初項は $a_1 = 3$ であり公比は $r = 2$ であるから，求める数列の一般項は

$$a_n = 3 \cdot 2^{n-1}$$

となる． ■

基本 例題 6.3

次の問に答えよ．

(1)　第 3 項が 2，第 4 項が 4 であるような等比数列の一般項 a_n を求めよ．

(2)　(1) で求めた数列について，初めて値が 100 より大きくなるのは第何項か．

【解答】　(1)　求める等比数列の公比を r とすると

$$a_3 = a_1 r^2 = 2, \quad a_4 = a_1 r^3 = 4$$

であるから $r = 2$ および $a_1 = \frac{1}{2}$ がわかる．したがって

$$a_n = \frac{1}{2} \cdot 2^{n-1} = 2^{n-2}$$

となる．

(2)　$2^6 = 64,\ 2^7 = 128$ であるから，$n - 2 = 7$ のとき，つまり $n = 9$ のとき，初めて $a_n > 100$ となる． ■

問 6.1　次の問に答えよ．

(1)　第 2 項が 3，第 5 項が 8 であるような等差数列の一般項 a_n を求めよ．

(2)　(1) で求めた数列について，初めて値が 100 より大きくなるのは第何項か．

6.2 数列の和とシグマ記号

数学者ガウスが少年だった頃，あっという間に解いて教師を驚かせたという逸話が残る次の例題を考えてみよう．

導入 例題 6.4

次の問に答えよ．

(1) 1 から 100 までの自然数の和はいくつか．

(2) n を自然数とするとき，1 から n までの自然数の和を n の式で表せ．

【解答】 (1) 求める和を S とするとき，

$$S = 1 + 2 + 3 + \cdots + 98 + 99 + 100$$

であるが，これを順序を入れ替えて

$$S = 100 + 99 + 98 + \cdots + 3 + 2 + 1$$

と表し，2 つの式の辺々を足す（右辺は並んでる順に足す）と

$$2S = 101 + 101 + 101 + \cdots + 101 + 101 + 101 = 100 \cdot 101$$

より

$$S = \frac{10100}{2} = 5050$$

となる．

(2) (1) と同様に考えれば

$$S = \frac{n(n+1)}{2}$$

となることがわかる．■

この導入例題 6.4 の結果は重要なので，改めて述べておく．

定理 6.1 任意の自然数 n に対して

$$1 + 2 + 3 + \cdots + (n-1) + n = \frac{n(n+1)}{2}$$

が成り立つ．

ところで，定理 6.1 の等式の左辺は，n が 1 や 2 である可能性もあることを考慮すれば正しい表記とは言いがたい．そこで，和を表現する記号を導入する．

数列 $\{a_n\}$ について，その第 m 項から第 n 項までの和（$m \leqq n$）を

$$a_m + a_{m+1} + \cdots + a_n = \sum_{i=m}^{n} a_i$$

と表すことにする．$\sum$ はギリシャ文字のシグマの大文字であるから，この記号を**シグマ記号**とよぶ．なお，添え字の i は別の文字を用いてもよい．つまり

$$\sum_{i=1}^{n} a_i = \sum_{j=1}^{n} a_j = \sum_{k=1}^{n} a_k = \sum_{\ell=1}^{n} a_\ell = \sum_{q=1}^{n} a_q = \cdots$$

である♣1．この記号を用いれば，定理 6.1 は

$$\sum_{i=1}^{n} i = \frac{n(n+1)}{2}$$

と表すことができる．また，すべての i で $a_i = c$ の場合は

$$\sum_{i=1}^{n} c = c + c + c + \cdots + c = nc$$

となる．

確認　例題 6.5

次の和を，シグマ記号を用いずに表せ．

(1) $\displaystyle\sum_{k=1}^{n+2} k$　(2) $\displaystyle\sum_{\ell=2}^{m} \ell$　(3) $\displaystyle\sum_{p=1}^{2N} p$　(4) $\displaystyle\sum_{i=3}^{n} 2$

【解答】 (1) $\displaystyle\sum_{k=1}^{n+2} k = \frac{(n+2)\{(n+2)+1\}}{2} = \frac{(n+2)(n+3)}{2}$

(2) $\displaystyle\sum_{\ell=2}^{m} \ell = \sum_{\ell=1}^{m} \ell - 1 = \frac{m(m+1)}{2} - 1 = \frac{m^2+m-2}{2}$

(3) $\displaystyle\sum_{p=1}^{2N} p = \frac{2N(2N+1)}{2} = N(2N+1)$

(4) $\displaystyle\sum_{i=3}^{n} 2 = 2(n-2) = 2n-4$ ■

♣1 ただしこれを $\displaystyle\sum_{n=1}^{n} a_n$ と表してはいけない．添え字には，その前後の文脈の中で特定の意味で用いられていない文字を使うこと．

シグマ記号には次の性質がある．ほぼ明らかなので証明は省略する．

定理 6.2 2つの数列 $\{a_n\}$, $\{b_n\}$ および2つの定数 C, D に対して

$$\sum_{i=1}^{n}(Ca_i + Db_i) = C\sum_{i=1}^{n} a_i + D\sum_{i=1}^{n} b_i$$

が成り立つ．

基本 例題 6.6

次の等差数列の和を求めよ．

(1) $\displaystyle\sum_{j=1}^{100}(4j-7)$ (2) $1+3+5+7+\cdots+(2n-1)$

【解答】 (1) $\displaystyle\sum_{j=1}^{100}(4j-7) = 4\sum_{j=1}^{100} j - \sum_{j=1}^{100} 7 = 4\cdot\frac{100\cdot 101}{2} - 700 = 19500$

(2) $\displaystyle 1+3+5+7+\cdots+(2n-1) = \sum_{i=1}^{n}(2i-1) = 2\sum_{i=1}^{n} i - \sum_{i=1}^{n} 1$

$$= n(n+1) - n = n^2$$

■

次に，等比数列の和を求めてみよう．$r \neq 1$ であるような r に対して，$a_n = a_1 r^{n-1}$ であるとき，その初項から第 n 項までの和 S_n は

$$S_n = \sum_{i=1}^{n} a_i = \sum_{i=1}^{n} a_1 r^{i-1} = a_1\sum_{i=1}^{n} r^{i-1} = a_1(1+r+r^2+\cdots+r^{n-1})$$

であり，恒等式 $(1-r)(1+r+r^2+\cdots+r^{n-1}) = 1-r^n$ より

$$S_n = \frac{a_1(1-r^n)}{1-r}$$

となることがわかる．

確認 例題 6.7

次の和を求めよ．

(1) $\displaystyle\sum_{k=1}^{n} 3^k$ (2) $\displaystyle\sum_{j=1}^{10}\left(\frac{1}{2}\right)^{j-1}$ (3) $\displaystyle\sum_{\ell=1}^{n}(3\cdot 4^{\ell-1} - 5\cdot 6^{\ell})$

【解答】 (1) $\displaystyle\sum_{k=1}^{n} 3^k = 3\sum_{k=1}^{n} 3^{k-1} = \frac{3(1-3^n)}{1-3} = \frac{3^{n+1}-3}{2}$

(2) $\displaystyle\sum_{j=1}^{10} \left(\frac{1}{2}\right)^{j-1} = \frac{1-(\frac{1}{2})^{10}}{1-\frac{1}{2}} = 2-\left(\frac{1}{2}\right)^9 = \frac{1023}{512}$

(3) $\displaystyle\sum_{\ell=1}^{n} (3\cdot 4^{\ell-1} - 5\cdot 6^{\ell}) = 3\sum_{\ell=1}^{n} 4^{\ell-1} - 30\sum_{\ell=1}^{n} 6^{\ell-1}$

$\displaystyle = \frac{3(1-4^n)}{1-4} - \frac{30(1-6^n)}{1-6} = 4^n - 1 + 6(1-6^n) = 4^n - 6^{n+1} + 5$ ■

答えが n の式であるときは，$n=1$ など簡単な値を代入して検算するクセをつけよう．

問 6.2 次の和を求めよ．

(1) $\displaystyle\sum_{k=1}^{n-1} (6k+2)$ (2) $\displaystyle\sum_{j=3}^{n} (-2j+2)$ (3) $\displaystyle\sum_{i=1}^{n} (-3)^i$

(4) $\displaystyle\sum_{k=1}^{n} \left\{3\left(\frac{1}{2}\right)^{k-1} - 2\left(\frac{1}{3}\right)^{k-1}\right\}$

6.3 階差数列

ふたたび，数列の法則を見抜く問題を考えてみよう．

導入 例題 6.8

次の□に入る数を求めよ．

(1) 2, 4, 7, 11, 16, □, 29, ...

(2) 1, 2, 5, 14, 41, □, 365, ...

【解答】 (1) 隣り合う項の差を考えると

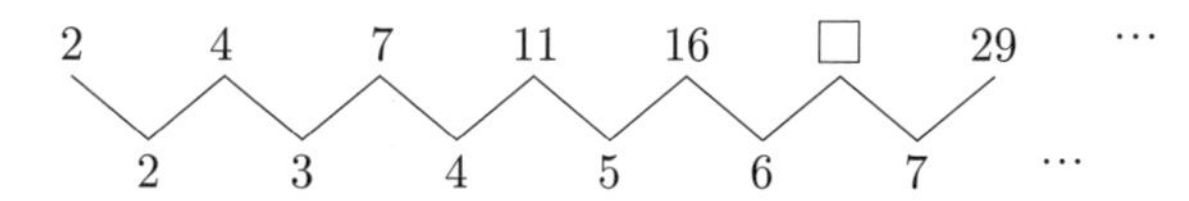

順に 2, 3, 4, 5, ... と等差数列になっているので，□に入る数は $16+6=22$ となる．次の 29 との差もちょうど 7 になっている．

(2) 同じく，隣り合う項の差を考えると

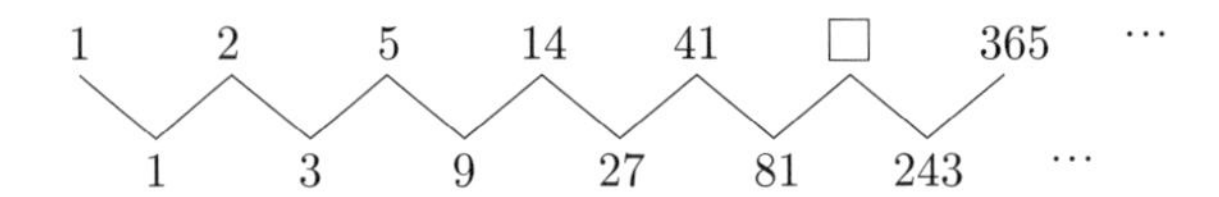

1, 3, 9, 27, ... と等比数列になっているので，□に入る数は $41 + 81 = 122$ となる．次の 365 との差もちょうど 243 になっている． ■

数列 $\{a_n\}$ に対して，その各項の差 $b_n = a_{n+1} - a_n$ がなす数列 $\{b_n\}$ を $\{a_n\}$ の**階差数列**という．導入例題 6.8 では (1) の階差数列は $b_n = n + 1$ であり，(2) の階差数列は $b_n = 3^{n-1}$ である．

では一歩進んで，階差数列を利用して一般項 a_n を求めてみよう．b_n の定義より

$$b_1 = a_2 - a_1$$
$$b_2 = a_3 - a_2$$
$$b_3 = a_4 - a_3$$
$$\vdots$$
$$b_{n-1} = a_n - a_{n-1}$$

であるから，この辺々を足し合わせると

$$a_n = a_1 + \sum_{i=1}^{n-1} b_i \qquad (n \geqq 2)$$

となることがわかる♣1.

確認 例題 6.9

導入例題 6.8 の数列の一般項をそれぞれ求めよ．

【解答】 (1) $b_n = n + 1$ であるから

$$a_n = 2 + \sum_{i=1}^{n-1}(i+1) = 2 + \sum_{i=1}^{n-1} i + n - 1$$
$$= n + 1 + \frac{n(n-1)}{2} = \frac{n^2+n+2}{2} \qquad (n \geqq 2)$$

となる．また，$n = 1$ のときこの式の右辺は 2 となり初項 a_1 に一致する．したがって，すべての自然数 n に対して

♣1 この等式が成り立つのは $n \geqq 2$ の場合であることに注意.

$$a_n = \frac{n^2+n+2}{2}$$

となる．

(2) $b_n = 3^{n-1}$ であるから

$$a_n = 1 + \sum_{i=1}^{n-1} 3^{i-1} = 1 + \frac{3^{n-1}-1}{3-1} = \frac{3^{n-1}+1}{2} \qquad (n \geqq 2)$$

となる．また，$n=1$ のときこの式の右辺は 1 となり初項 a_1 に一致する．したがって，すべての自然数 n に対して

$$a_n = \frac{3^{n-1}+1}{2}$$

となる． ■

問 6.3　次の数列の一般項を求めよ．

(1) 2, 5, 10, 17, 26, 37, …　(2) 4, 5, 3, 7, −1, 15, −17, …

6.4 漸 化 式

数列 $\{a_n\}$ について，

(1) 初項 a_1

(2) a_n から a_{n+1} を定める式 $a_{n+1} = f(a_n)$

の 2 つが与えられれば，すべての項の値がドミノ倒し的に定まる．この (2) を，数列 $\{a_n\}$ の**漸化式**という．たとえば 2 つの定数 d, r が与えられたとき，

$$a_{n+1} = ra_n + d$$

は漸化式といえる．特に $r=1$ ならば等差数列の漸化式であり，$d=0$ ならば等比数列の漸化式である．では $r \neq 1, d \neq 0$ の場合はどのようにして一般項 a_n を求めればよいか．もし

$$b_{n+1} = rb_n$$

$$b_n = a_n - c$$

となる定数 c が見つかれば，$\{b_n\}$ は等比数列となるので一般項を求めることができる．このような c は，漸化式において $a_{n+1} = a_n = c$ として定まる c の一次方程式

$$c = rc + d$$

を解くことで求められる．次の例題で確認してみよう．

確認 例題 6.10

次の初項と漸化式で定まる数列の一般項を求めよ．

$$\begin{cases} a_1 = 4 \\ a_{n+1} = -2a_n + 3 \end{cases}$$

【解答】 上で考察したように，漸化式から定まる一次方程式 $c = -2c + 3$ の解は $c = 1$ となるので，$b_n = a_n - 1$ とおくと b_n は

$$\begin{cases} b_1 = 3 \\ b_{n+1} = -2b_n \end{cases}$$

を満たすことがわかる（確認してみよう）．つまり $\{b_n\}$ は初項 3，公比 -2 の等比数列であるから

$$b_n = 3(-2)^{n-1} = a_n - 1$$

となり

$$a_n = 3(-2)^{n-1} + 1$$

がわかる． ■

問 6.4　次の初項と漸化式から定まる数列の一般項を求めよ．

(1) $\begin{cases} a_1 = 1 \\ a_{n+1} = 2a_n + 1 \end{cases}$　　(2) $\begin{cases} a_1 = 2 \\ a_{n+1} = -a_n + 5 \end{cases}$

6.5 数学的帰納法

数列とは直接関係はないが，「初項と漸化式が数列全体を定める」という事実と似た構造を持つ証明法を紹介する．

自然数 n を含む条件 $p(n)$ が与えられたとき，

$$P\ :「任意の自然数\ n\ に対して\ p(n)\ が成り立つ」$$

という命題 P が考えられる．このような命題が真であることを証明するには，次の 2 つの命題がそれぞれ真であることを示せばよい．

(Step1) 「$p(1)$ が成り立つ」
(Step2) 「自然数 k に対して，$p(k)$ が成り立つならば $p(k+1)$ も成り立つ」

この証明法を**数学的帰納法**という．すべての自然数 n に対して $p(n)$ が成り立つことをドミノ倒し的に示すという点で，漸化式と似ていることがわかるだろう．この証明法の優れているのは，難しい問題を 2 つの問題に上手く切り分けている点である．(Step1) は文字を含まない具体的な命題の証明であるし，(Step2) の証明には「$p(k)$ が成り立つこと」を仮定として使うことができる．

確認　例題 6.11

次の命題が真であることを示せ．

(1)「任意の自然数 n に対して，6^n の一の位の数は 6 である」

(2)「任意の自然数 n に対して $\displaystyle\sum_{i=1}^{n} i^2 = \frac{n(n+1)(2n+1)}{6}$ が成り立つ」

【解答】 (1)「6^n の一の位の数は 6 である」という条件を $p(n)$ とする．$n=1$ のとき，$6^1=6$ であるから一の位の数は 6 であり，$p(1)$ は成り立つことがわかる．次に，$p(k)$ が成り立つと仮定すると，ある 0 以上の整数 N が存在して

$$6^k = 10N + 6$$

と表すことができ，この両辺に 6 を掛けると

$$6^{k+1} = 6(10N+6) = 10(6N+3) + 6$$

となる．$6N+3$ は自然数であるから 6^{k+1} の一の位の数は 6 となり，よって $p(k+1)$ が成り立つ．以上のことから，数学的帰納法により任意の自然数 n に対して $p(n)$ が成り立つ．

(2) 示すべき等式を $p(n)$ とする．まず $n=1$ の場合，左辺と右辺をそれぞれ計算するといずれも 1 になるので $p(1)$ が成り立つ．

次に，$p(k)$ が成り立つと仮定すると，

$$\sum_{i=1}^{k} i^2 = \frac{k(k+1)(2k+1)}{6}$$

が成り立つ．この両辺にそれぞれ $(k+1)^2$ を足すと

$$\sum_{i=1}^{k} i^2 + (k+1)^2 = \frac{k(k+1)(2k+1)}{6} + (k+1)^2$$

$$\sum_{i=1}^{k+1} i^2 = \frac{(k+1)(2k^2+7k+6)}{6} = \frac{(k+1)(k+2)(2k+3)}{6}$$

となり，これは $p(k+1)$ が成り立っていることを示している．以上のことから，数学的帰納法により任意の自然数 n に対して $p(n)$ は成り立つ． ■

なお，証明したい命題が

「N 以上の任意の自然数 n に対して条件 $p(n)$ が成り立つ」

であるときは，(Step1) を「$p(N)$ が成り立つ」に修正すればよい．

問 6.5 次の命題が真であることを示せ．

(1) 「任意の自然数 n に対して $\displaystyle\sum_{i=1}^{n} i^3 = \left\{\frac{n(n+1)}{2}\right\}^2$ が成り立つ」

(2) 「4 以上の任意の自然数 n に対して $n! > 2^n$ が成り立つ」

6.6 数列の極限と級数

与えられた数列 $\{a_n\}$ に対して，n がどんどん大きくなるとき，a_n がどんな値に近づいていくのか（あるいは近づかないのか）を考えてみよう．

導入 例題 6.12

次の各数列において，n を大きくしていくと，各項の値はどうなるか考えよ．

(1) $\dfrac{1}{n}$ (2) $\left(\dfrac{1}{3}\right)^n$ (3) $\left(-\dfrac{3}{4}\right)^n$ (4) 2^n (5) $\left(-\dfrac{3}{2}\right)^n$

【解答】 各数列の挙動を観察するために，$n=2, n=5, n=10, n=25$ のときの値を表にまとめてみた．

問題	$n=2$	$n=5$	$n=10$	$n=25$
(1)	0.5	0.2	0.1	0.04
(2)	$0.1111111\cdots$	$0.0041152\cdots$	$0.0000169\cdots$	$0.000000000001\cdots$
(3)	0.5625	$-0.237304\cdots$	$0.0563135\cdots$	$-0.0000752543\cdots$
(4)	4	32	1024	33554423
(5)	2.25	-7.593675	$57.665039\cdots$	$-25251.168294\cdots$

表を見てまず気づくのは，(1)～(3) の数列はいずれも n が大きくなるにつれて 0 に近づいていること．(3) の数列は n の偶奇によって符号が変化しているが，いずれにしても (1)～(3) の数列は限りなく 0 に近づくと考えられる．

また (4) の数列は n が大きくなるにつれて値が限りなく大きくなると考えられる．

一方 (5) の数列は，絶対値は限りなく大きくなりながら正の値と負の値を交互にとるので挙動が定まらない．■

数列 $\{a_n\}$ に対して，n が限りなく大きくなるにつれて a_n がある値 A に限りなく近づくとき，数列 $\{a_n\}$ は A に**収束する**といい

$$\lim_{n\to\infty} a_n = A \qquad \text{または} \qquad a_n \to A \quad (n \to \infty)$$

と表す．またこのとき，A を**極限値**という．

一方，n が限りなく大きくなるにつれて，a_n も限りなく大きくなるとき，$\{a_n\}$ は**正の無限大に発散する**といい，

$$\lim_{n\to\infty} a_n = \infty \qquad \text{または} \qquad a_n \to \infty \quad (n \to \infty)$$

と表す．同様に，n が限りなく大きくなるにつれて，$-a_n$ も限りなく大きくなるとき，$\{a_n\}$ は**負の無限大に発散する**といい，

$$\lim_{n\to\infty} a_n = -\infty \qquad \text{または} \qquad a_n \to -\infty \quad (n \to \infty)$$

と表す．

これらの記号を用いれば，導入例題 6.12 の結果はそれぞれ

$$\lim_{n\to\infty} \frac{1}{n} = 0, \qquad \lim_{n\to\infty} \left(\frac{1}{3}\right)^n = 0,$$
$$\lim_{n\to\infty} \left(-\frac{3}{4}\right)^n = 0, \quad \lim_{n\to\infty} 2^n = \infty$$

と表される．また $\displaystyle\lim_{n\to\infty} \left(-\frac{3}{2}\right)^n$ は**存在しない**，という．

より一般に，次のことがわかる．

定理 6.3 次が成り立つ．

(1) $\lim_{n\to\infty} |a_n| = \infty$ ならば $\lim_{n\to\infty} \frac{1}{a_n} = 0$

(2) $$\lim_{n\to\infty} r^n = \begin{cases} 0 & (-1 < r < 1) \\ 1 & (r = 1) \\ \infty & (1 < r) \\ \text{存在しない} & (r \leqq -1) \end{cases}$$

また極限値については，次の定理が成り立つことが知られている．証明は省略する．

定理 6.4 $\lim_{n\to\infty} a_n = \alpha$, $\lim_{n\to\infty} b_n = \beta$ であるとき，次が成り立つ．

(1) $\lim_{n\to\infty} (ka_n + \ell b_n) = k\alpha + \ell\beta$

(2) $\lim_{n\to\infty} (a_n b_n) = \alpha\beta$

(3) $\beta \neq 0$ ならば $\lim_{n\to\infty} \frac{a_n}{b_n} = \frac{\alpha}{\beta}$

(4) 各 n に対して $a_n \leqq c_n \leqq b_n$ が成り立ち，かつ $\alpha = \beta$ ならば $\lim_{n\to\infty} c_n = \alpha$

上の (4) は**はさみうちの原理**とよばれる．上の 2 つの定理から，次の例題のような計算ができる．

確認 例題 6.13

次の極限を求めよ．

(1) $\lim_{n\to\infty} \frac{2n^2 - 5}{n^2 + n + 2}$　　(2) $\lim_{n\to\infty} \frac{-n^2 + n}{n + 3}$

(3) $\lim_{n\to\infty} \frac{1 + 3^{n+2}}{3^n + 2^{n+1}}$　　(4) $\lim_{n\to\infty} \frac{5^{n-1} + 4^n}{4^{n+1} - 3^n}$

【解答】 いずれも分数で表された極限であるが，分子・分母を適切な量で割るとよい．

(1) $\lim_{n\to\infty} \frac{2n^2 - 5}{n^2 + n + 2} = \lim_{n\to\infty} \frac{2 - \frac{5}{n^2}}{1 + \frac{1}{n} + \frac{2}{n^2}} = 2$

(2) $\lim_{n\to\infty} \frac{-n^2 + n}{n + 3} = \lim_{n\to\infty} \frac{-n + 1}{1 + \frac{3}{n}} = -\infty$

(3)　$\displaystyle\lim_{n\to\infty}\frac{1+3^{n+2}}{3^n+2^{n+1}}=\lim_{n\to\infty}\frac{(\frac{1}{3})^n+9}{1+2(\frac{2}{3})^n}=9$

(4)　$\displaystyle\lim_{n\to\infty}\frac{5^{n-1}+4^n}{4^{n+1}-3^n}=\lim_{n\to\infty}\frac{(\frac{5}{4})^{n-1}+4}{16-3(\frac{3}{4})^{n-1}}=\infty$ ■

問 6.6　次の極限を求めよ．

(1)　$\displaystyle\lim_{n\to\infty}\frac{1-4n^2+6n^3}{n^3+2n^2+5n}$　　(2)　$\displaystyle\lim_{n\to\infty}\frac{-3n^2+n+6}{(n+2)(n+5)}$

(3)　$\displaystyle\lim_{n\to\infty}\frac{4^n-2(-5)^n}{1+(-5)^{n+1}}$　　(4)　$\displaystyle\lim_{n\to\infty}\frac{6^{n+1}-5^n}{(2^{n+1}+1)(3^n-2)}$

次に，与えられた数列の各項を足し続けたらどうなるかを考えてみよう．

数列 $\{a_n\}$ に対して，その初項から第 n 項までの和

$$S_n=\sum_{i=1}^{n}a_i$$

が数列としてある値 S に収束するとき，級数は**収束する**といい

$$S=\sum_{n=1}^{\infty}a_n$$

と表す．また S を級数の**和**という．$\{S_n\}$ がある値に収束しないときは，級数は**発散する**という．

定理 6.2 および定理 6.4 より，次の定理が導かれる．

定理 6.5　級数 $\sum_{n=1}^{\infty}a_n$, $\sum_{n=1}^{\infty}b_n$ が収束するならば，定数 C, D に対して

$$\sum_{n=1}^{\infty}(Ca_n+Db_n)=C\sum_{n=1}^{\infty}a_n+D\sum_{n=1}^{\infty}b_n$$

が成り立つ．

数列 $\{a_n\}$ が特に等比数列であるとき，$\displaystyle\sum_{n=1}^{\infty}a_n$ を**等比級数**という．等比級数は公比によって収束・発散が分かれる．

定理 6.6　r を公比とする等比級数について，次が成り立つ．

$$1 + r + r^2 + r^3 + \cdots = \sum_{n=1}^{\infty} r^{n-1} = \begin{cases} \dfrac{1}{1-r} & (|r| < 1) \\ \text{発散} & (|r| \geqq 1) \end{cases}$$

【証明】　まず，$r = 1$ のとき級数が発散するのは明らかである．$r \neq 1$ のとき

$$S_n = \sum_{i=1}^{n} r^{i-1} = \frac{1-r^n}{1-r}$$

であるから，定理 6.3 (2) より，$|r| < 1$ ならば

$$S_n \to \frac{1}{1-r} \quad (n \to \infty)$$

となり，$|r| > 1$ ならば S_n は収束しないことがわかる． ■

確認 例題 6.14

次の級数の和を求めよ．

(1) $\displaystyle\sum_{n=1}^{\infty} \left(\frac{1}{4}\right)^n$　　(2) $\displaystyle\sum_{n=1}^{\infty} \frac{6-2^{n+1}}{3^n}$

【解答】　(1)　定理 6.6 より

$$\sum_{n=1}^{\infty} \left(\frac{1}{4}\right)^n = \frac{1}{4}\sum_{n=1}^{\infty} \left(\frac{1}{4}\right)^{n-1} = \frac{1}{4}\,\frac{1}{1-\frac{1}{4}} = \frac{1}{3}$$

となる．

(2)　定理 6.5，定理 6.6 より

$$\begin{aligned} \sum_{n=1}^{\infty} \frac{6-2^{n+1}}{3^n} &= 2\sum_{n=1}^{\infty} \left(\frac{1}{3}\right)^{n-1} - \frac{4}{3}\sum_{n=1}^{\infty} \left(\frac{2}{3}\right)^{n-1} \\ &= 2 \cdot \frac{1}{1-\frac{1}{3}} - \frac{4}{3}\,\frac{1}{1-\frac{2}{3}} \\ &= 3 - 4 = -1 \end{aligned}$$

となる． ■

問 6.7　次の級数の和を求めよ．

(1) $\displaystyle\sum_{n=1}^{\infty} \left(-\frac{1}{2}\right)^{n+1}$　　(2) $\displaystyle\sum_{n=1}^{\infty} \frac{3^{n-1}+(-1)^n}{5^n}$　　(3) $\displaystyle\sum_{n=1}^{\infty} \frac{3(-2)^n+1}{4^{n-1}}$

等比級数を用いて，無限循環小数を分数で表すことができる．

基本 例題 6.15

無限循環小数 $a = 0.5454545454\cdots$ を分数で表せ．

【解答】 定理 6.6 より

$$
\begin{aligned}
a &= 0.54 + 0.0054 + 0.000054 + 0.00000054 + \cdots \\
&= \frac{54}{100}\left\{1 + \frac{1}{100} + \left(\frac{1}{100}\right)^2 + \left(\frac{1}{100}\right)^3 + \cdots\right\} \\
&= \frac{54}{100}\,\frac{1}{1 - \frac{1}{100}} = \frac{54}{99} = \frac{6}{11}
\end{aligned}
$$

となる． ■

問 6.8　次の無限循環小数を分数で表せ．

(1)　$a = 1.23123123123123\cdots$

(2)　$b = 0.23434343434\cdots$

第6章　演習問題

6.1　次の数列の一般項を求めよ．

(1)　$-9,\ -4,\ 1,\ 6,\ 11,\ 16,\ \ldots$　　(2)　$\frac{8}{9},\ \frac{2}{3},\ \frac{1}{2},\ \frac{3}{8},\ \frac{9}{32},\ \frac{27}{128}, \cdots$

(3)　$16,\ 8,\ 4,\ 4,\ 8,\ 16,\ 28,\ 44, \ldots$　　(4)　$0,\ 1,\ 0,\ 1,\ 0,\ 1,\ 0, \ldots$

(5)　第 2 項が 7，第 10 項が -9 である等差数列

(6)　第 5 項が -144，　第 8 項が 1152 である等比数列

6.2　次の初項と漸化式から定まる数列の一般項 a_n を求めよ．

(1)　$\begin{cases} a_1 = 5 \\ a_{n+1} = -\dfrac{1}{2}a_n + 1 \end{cases}$　　(2)　$\begin{cases} a_1 = 0 \\ a_{n+1} = -2a_n + 4 \end{cases}$

6.3　次の命題が真であることを数学的帰納法を用いて証明せよ．

(1)　「すべての自然数 n に対して $n^3 + 5n$ は 6 の倍数である」

(2)　「すべての自然数 n に対して

$$\sum_{i=1}^{n} i(i+1)(i+2) = \frac{n(n+1)(n+2)(n+3)}{4}$$

が成り立つ」

(3)　「4 以上のすべての自然数 n に対して $n^3 + n^2 < 3^n$ が成り立つ」

6.4　次の初項と漸化式で定まる数列 $\{a_n\}$ について，次の問に答えよ．

$$\begin{cases} a_1 = 2 \\ a_{n+1} = 2 - \dfrac{1}{a_n} \end{cases}$$

(1)　a_2, a_3, a_4, a_5 を求め，一般項 a_n を推測せよ．

(2)　(1) の推測が正しいことを，数学的帰納法を用いて証明せよ．

6.5　フィボナッチ数列 1, 1, 2, 3, 5, 8, 13, 21, 34, . . . の一般項を F_n とするとき，次の問に答えよ．

(1)　F_{n+2} を F_{n+1} と F_n を用いて表せ♣1．

(2)　$S_n = F_1 + F_2 + F_3 + \cdots + F_n = \displaystyle\sum_{i=1}^{n} F_i$ とするとき，任意の自然数 n に対して

$$S_n = F_{n+2} - 1$$

が成り立つことを数学的帰納法を用いて証明せよ．

6.6　数学的帰納法が証明法として正しいことを，背理法で示せ．

6.7　次の極限を求めよ．

(1)　$\displaystyle\lim_{n\to\infty} \frac{(2n+5)(2-n^2)}{n^3-n^2+2}$　　(2)　$\displaystyle\lim_{n\to\infty} \frac{3^{n+2}-5^n}{5^{n+1}+4^n}$

(3)　$\displaystyle\lim_{n\to\infty} \frac{3^{n-2}+1}{3^n+3^{n-1}}$　　(4)　$\displaystyle\lim_{n\to\infty} \frac{2+4+6+8+\cdots+2n}{n^2}$

(5)　$\displaystyle\lim_{n\to\infty} \frac{1+4+9+16+\cdots+n^2}{n^3}$

6.8　$|r| \neq 1$ である実数 r に対して，$\displaystyle\lim_{n\to\infty} \frac{r^n}{1-r^n}$ の収束・発散を調べよ．

6.9　次の級数の和を求めよ．

(1)　$\displaystyle\sum_{n=1}^{\infty} \frac{(-5)^{n+1}}{6^{n-1}}$　　(2)　$\displaystyle\sum_{n=1}^{\infty} \left\{ \left(\frac{1}{4}\right)^n - \left(\frac{1}{2}\right)^{n-1} \right\}$

(3)　$\displaystyle\sum_{n=1}^{\infty} \frac{4^n+3(-1)^n}{7^n}$

6.10　数直線上の 0 の位置にある点 P は，1 回目の移動で正の方向に 2 進み，2 回目の移動で負の方向に 1 進む．また 3 回目の移動で正の方向に $\frac{1}{2}$ 進み，4 回目の移動で負の方向に $\frac{1}{4}$ 進む．以下同様に，移動距離を半分にしながら数直線上を行ったり来たりする点 P について，次の問に答えよ．

(1)　n 回目の移動後の点 P の通算の移動距離を A_n とし，0 から点 P までの距離を B_n とするとき，A_n, B_n をそれぞれ求めよ．

(2)　$\displaystyle\lim_{n\to\infty} A_n$, $\displaystyle\lim_{n\to\infty} B_n$ をそれぞれ求めよ．

♣1　この関係式を**三項間漸化式**という．

第7章 さまざまな関数

第7章から第9章までで微分積分学の基礎を論じる．多くの人は大学初年度で「微分積分学」という科目を学ぶことになるが，高校で数学 III を履修していることを前提に授業が進められることが多い．数学 III を未履修の人や履修したが自信のない人は，この3つの章の内容をしっかり理解して欲しい．

7.1 関数とは

文字を含む式において，文字はさまざまな値に変化するので**変数**ともいい，変数に具体的な数値を当てはめることを**代入する**という．

導入 例題 7.1

変数 x を含む次の式において，x に代入できる実数の集合 D をそれぞれ求めよ．

(1) x^3+4x^2-2　　(2) $\dfrac{x+3}{x-1}$　　(3) $\sqrt{x}$

【解答】 (1) すべての実数 x が代入できるので $D=\mathbb{R}$（実数全体）となる．

(2) $x=1$ のとき分母が0になるので代入できない．それ以外の実数は代入できるので $D=\{x \mid x \neq 1\}$ となる．

(3) $x<0$ のとき $\sqrt{x}$ は定義できない．それ以外の実数は代入できるので $D=\{x \mid x \geqq 0\}$ となる． ■

この導入例題 7.1 のように，実数の集合 D が与えられたとき，各 $x \in D$ に対して値 y がただ1つ対応しているとき，この対応を定める規則を **（D 上で定義された）関数**といい $y=f(x)$ などと表す．またこのとき，D を関数 $f(x)$ の**定義域**といい，$f(x)$ の値の集合

$$f(D)=\bigl\{f(x) \bigm| x \in D\bigr\}$$

を関数 $f(x)$ の**値域**という．

上の例題で求めた D は，それぞれの式によって定められる関数の定義域である．

なお，(1) の関数は**多項式**とよばれる関数であり，(2) のように分子・分母に多項式があるような分数式を**有理関数**という．また，(3) のように多項式や有理関数の n 乗根として表される関数を**無理関数**という．

関数 $f(x)$ に対して，xy 平面上の点 $(x, f(x))$ 全体の集合

$$\{(x, f(x)) \mid x \in D\}$$

を，$y = f(x)$ の**グラフ**という．

確認 例題 7.2

次のそれぞれのグラフを図示せよ．

(1)　$y = 3x - 2$　　(2)　$y = \dfrac{1}{2}x^2$　　(3)　$y = \dfrac{4}{x}$

【解答】　いずれも中学までに習うグラフなので図だけ示すことにする．

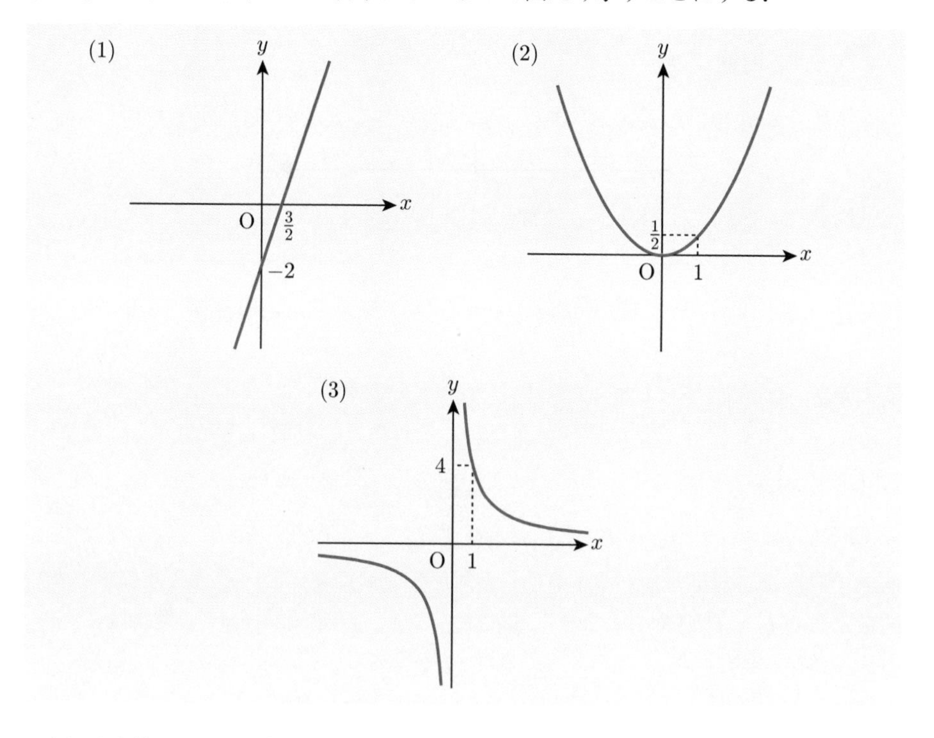

(1) は**直線**，(2) は**放物線**，(3) は小学校では反比例と習うが**双曲線**とよばれる曲線である． ■

$y = f(x)$ のグラフについて，次のことがいえる．

(1)　$y = f(x-a)+b$ のグラフは，$y = f(x)$ のグラフを x 軸方向に a だけ，y 軸方向に b だけ平行移動した図になる．

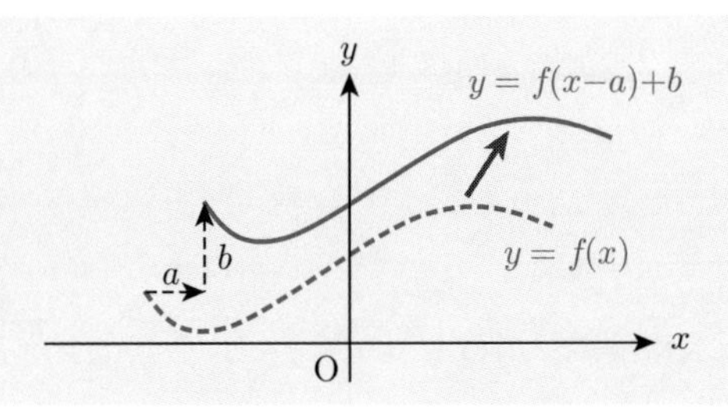

(2)　$y = f(-x)$ のグラフは，$y = f(x)$ のグラフを y 軸に関して対称移動した図になる．

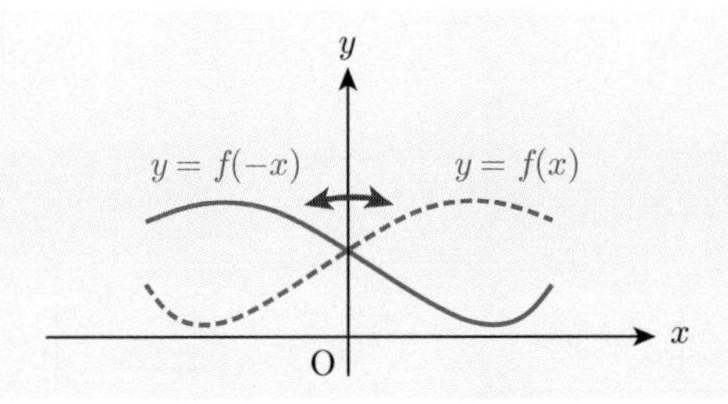

(3)　$y = -f(x)$ のグラフは，$y = f(x)$ のグラフを x 軸に関して対称移動した図になる．

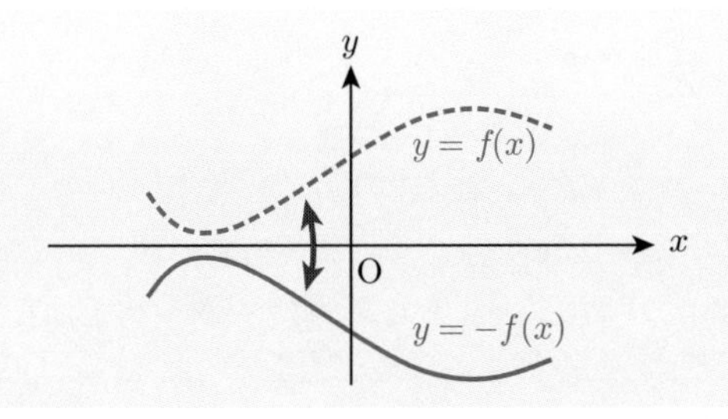

確認 例題 7.3

次のそれぞれのグラフを図示せよ．

(1)　$y = -x^2 + 4x - 3$　　(2)　$y = \dfrac{x+2}{x-1}$

【解答】 (1)

$$y = -(x-2)^2 + 1$$

と変形できるので，求めるグラフは $y = -x^2$ のグラフを x 軸方向に 2，y 軸方向に 1 平行移動した図になる．

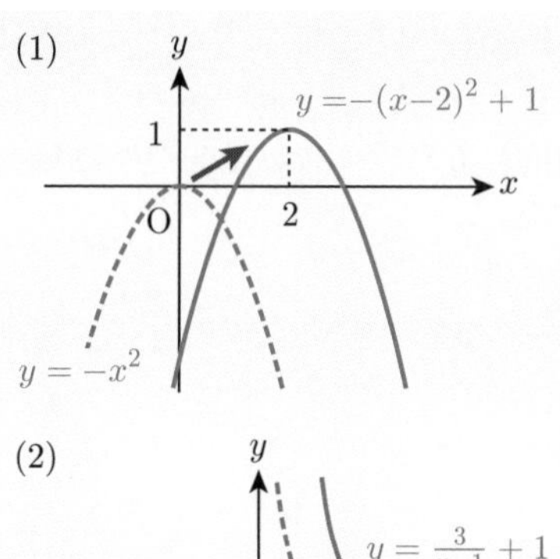

(2)

$$y = \frac{3}{x-1} + 1$$

と変形できるので，求めるグラフは $y = \frac{3}{x}$ のグラフを x 軸方向に 1，y 軸方向に 1 平行移動した図になる． ■

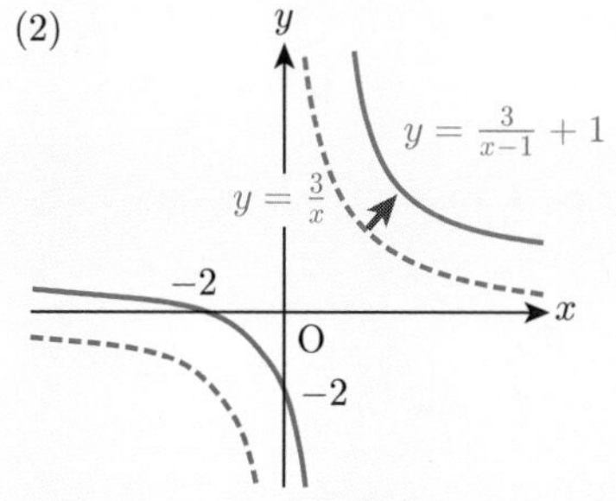

問 7.1 次のそれぞれのグラフを図示せよ．

(1) $y = 2x^2 - 5x$ (2) $y = -\dfrac{2x}{x+3}$

7.2 逆 関 数

通常，関数の定義域とはその関数に代入できる実数全体の集合を意味するが，意図的に定義域よりも狭い集合上で関数を考えることがある．

導入 例題 7.4

関数 $f(x) = x^2 + 2x$ に対して，次の問に答えよ．

(1) $f(x) = 3$ となる実数 x を求めよ．

(2) $x \geqq -1$ の範囲で $f(x) = 3$ となる実数 x を求めよ．

【解答】 (1) $f(x) = x^2 + 2x = 3$ は

$$x^2 + 2x - 3 = (x+3)(x-1) = 0$$

と同値であるから，$x = -3,\ 1$ である．

(2) (1) の計算より，$x \geqq -1$ のときは $x = 1$ のみとなる．

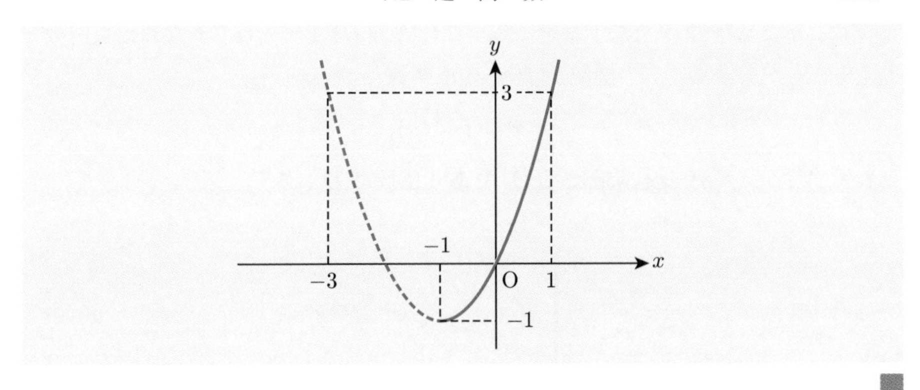

■

関数 $f(x)$ について，集合 D 内の任意の実数 x_1, x_2 に対して

$$x_1 < x_2 \quad \text{ならば} \quad f(x_1) < f(x_2)$$

が成り立つとき，$f(x)$ は D において**単調増加である**という．逆に，集合 D 内の任意の実数 x_1, x_2 に対して

$$x_1 < x_2 \quad \text{ならば} \quad f(x_1) > f(x_2)$$

が成り立つとき，$f(x)$ は D において**単調減少である**という♣1．$y = f(x)$ のグラフは $f(x)$ が単調増加であるとき右肩上がりとなり，単調減少のとき右肩下がりとなる．

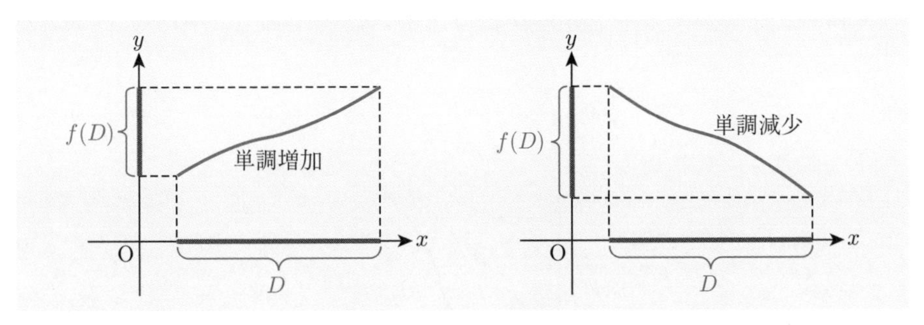

導入例題 7.4 の $f(x) = x^2 + 2x$ は，集合 $D = \{x \mid x \geqq -1\}$ において単調増加である．

関数 $f(x)$ が集合 D において単調であるとき，任意の $y \in f(D)$ に対して，

$$y = f(x)$$

♣1 単調増加・単調減少をまとめて**単調である**という．

となるような $x \in D$ がただ1つ定まる．これは $f(D)$ 上で定義された新たな関数と考えることができる．この関数を $f(x)$ の**逆関数**といい，

$$x = f^{-1}(y)$$

と表す♣1．$f^{-1}(y)$ の定義域は $f(D)$ であり値域は D になる．

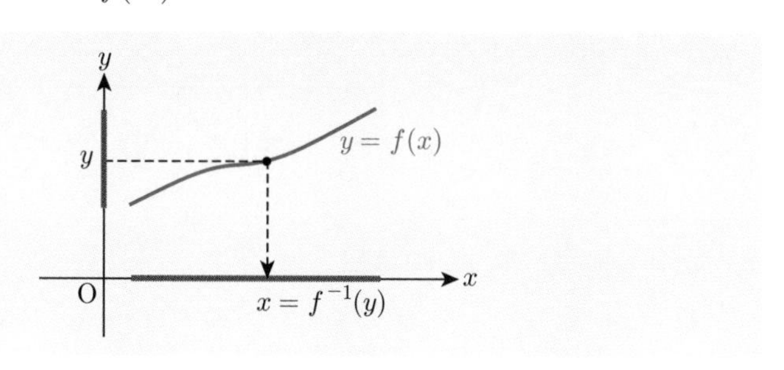

$y = f(x)$ と $x = f^{-1}(y)$ は同じことを意味している．つまり

$$y = f(x) \quad x \in D \qquad \Longleftrightarrow \qquad x = f^{-1}(y) \quad y \in f(D)$$

が成り立つ．

なお，通常関数の中の変数を x とすることが多いので，x と y を入れ替えて

$$y = f^{-1}(x)$$

と表すこともある．このとき，x と y の役割も入れ替わるので，$y = f(x)$ と $y = f^{-1}(x)$ のグラフを同じ xy 平面上に図示すると，互いに直線 $y = x$ に関して対称な図になる．

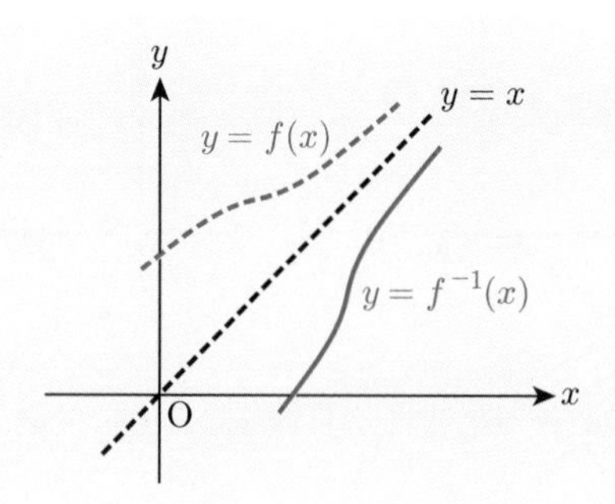

♣1 f^{-1} をエフ・インバースとよぶ．

確認 例題 7.5

関数 $f(x) = x^2$ $(x \geqq 0)$ の逆関数 $f^{-1}(x)$ を求め，$y = f^{-1}(x)$ のグラフを図示せよ．

【解答】 $y = x^2$ とおくと $x \geqq 0$ のとき $x = \sqrt{y}$ であるから

$$f^{-1}(y) = \sqrt{y}$$

すなわち

$$f^{-1}(x) = \sqrt{x}$$

となる．

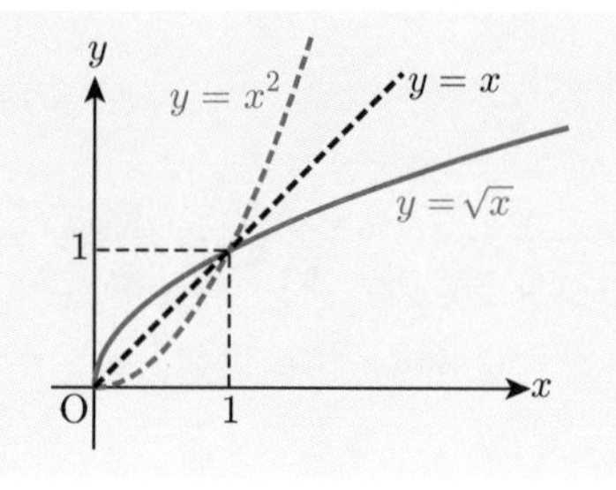

$y = \sqrt{x}$ のグラフは，$y = x^2$ $(x \geqq 0)$ のグラフを直線 $y = x$ に関して対称に移動したものであるから右図のようになる．

$y = \sqrt{x}$ のグラフは重要なので覚えておこう． ■

基本 例題 7.6

関数 $f(x) = x^2 + 2x$ $(x \geqq -1)$ の逆関数 $f^{-1}(x)$ を求め，$y = f^{-1}(x)$ のグラフを図示せよ．

【解答】 $y = x^2 + 2x$ とおくと $y + 1 = (x + 1)^2$ であるから，$x \geqq -1$ のとき $x = \sqrt{y+1} - 1$ となる．したがって

$$f^{-1}(y) = \sqrt{y+1} - 1$$

すなわち

$$f^{-1}(x) = \sqrt{x+1} - 1$$

となる．

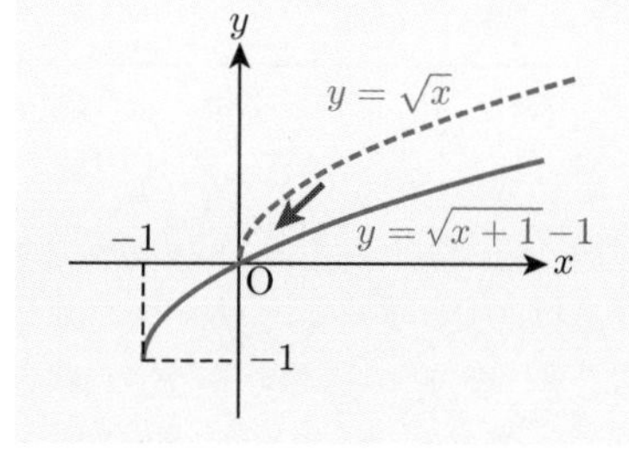

$y = \sqrt{x+1} - 1$ のグラフは，$y = \sqrt{x}$ のグラフを x 軸方向に -1，y 軸方向に -1 平行移動したものであるから右図のようになる． ■

問 7.2 次の関数 $f(x)$ の逆関数 $f^{-1}(x)$ を求め $y = f^{-1}(x)$ のグラフを図示せよ．

(1) $f(x) = \dfrac{2}{x} + 1$ $(x \neq 0)$　　(2) $f(x) = \sqrt{x+3} - 2$ $(x \geqq -3)$

7.3 三角関数

第1章1.2節で三角比を $0^\circ \leqq \theta \leqq 180^\circ$ の範囲にまで拡張したが，ここではさらに広い範囲の角に対して三角比を定義しよう．その前にまず，新たな角の表示法を導入する．

半径が r である円に対して，弧の長さが ℓ である扇形の中心角 θ を，

$$\theta = \frac{\ell}{r}$$

と定義する．この角の表記法を**弧度法**といい，単位は**ラジアン**という♣1．特に $r = 1$ とすると $\theta = \ell$ となる．つまり単位円の扇形に対しては，その弧の長さが中心角 θ であるといえる．

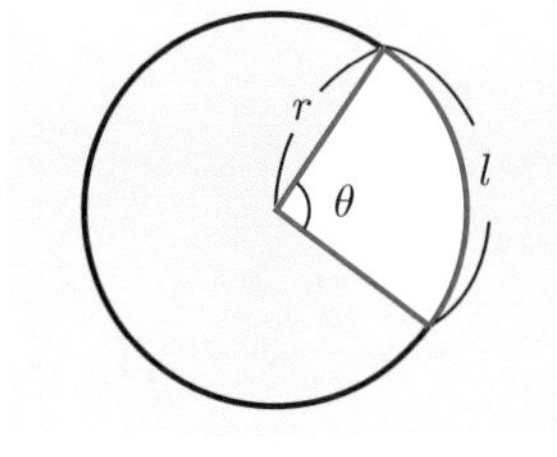

単位円の周の長さは 2π であるから

$$2\pi = 360^\circ$$

となり，これより

$$\pi = 180^\circ, \quad \frac{\pi}{2} = 90^\circ, \quad \frac{\pi}{3} = 60^\circ, \quad \frac{\pi}{4} = 45^\circ, \quad \frac{\pi}{6} = 30^\circ$$

などがわかる．

問 7.3 次の角の対応表を完成させせよ．

度数法	120°	135°	150°	210°	225°	240°	270°	300°	315°	330°
弧度法	$\frac{2}{3}\pi$									

さらに，「弧の長さ」を「円周上を動く点の道のり」と考えることで角の範囲を $0 \leqq \theta \leqq 2\pi$ 以外に拡張しよう．xy 平面上に，原点Oを中心とする単位円と，点 $\mathrm{A}(1, 0)$ を考える．点Pが，点Aを始点として単位円周上を反時計回りに移動するとき，点Pの道のりを $\angle\mathrm{AOP}$ と定義する．たとえば $\angle\mathrm{AOP} = 3\pi$ とは，点Pが単位円周上を反時計回りに1周半移動したことを意味する．

また点Pが，点Aを始点として単位円周上を時計回りに移動するときは，道のりにマイナスの符号をつけた値を $\angle\mathrm{AOP}$ と定義する．たとえば $\frac{3}{4}\pi$ と $-\frac{5}{4}\pi$ に対する点Pは同じ位置になる．

♣1 半径と弧長は比例しているので θ の値は一定である．なお，弧度法に対して直角を 90° と表す角の表し方を**度数法**という．

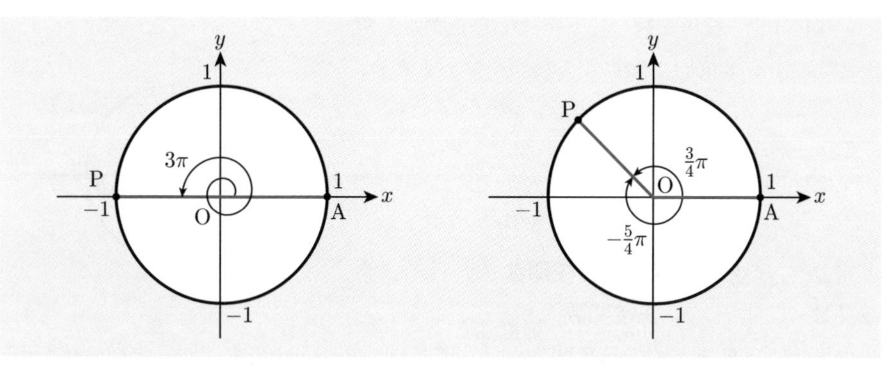

以上の定義により，任意の実数 θ に対して，$\angle \mathrm{AOP} = \theta$ となる単位円周上の動点 P の位置が定まる．このように定める角を**一般角**という．

確認　例題 7.7

次の角に対応する動点 P の位置を単位円周上に図示せよ．

(1) $\dfrac{7}{3}\pi$　　(2) $-\dfrac{\pi}{2}$　　(3) $-\dfrac{9}{4}\pi$

【解答】　それぞれ下図のようになる．

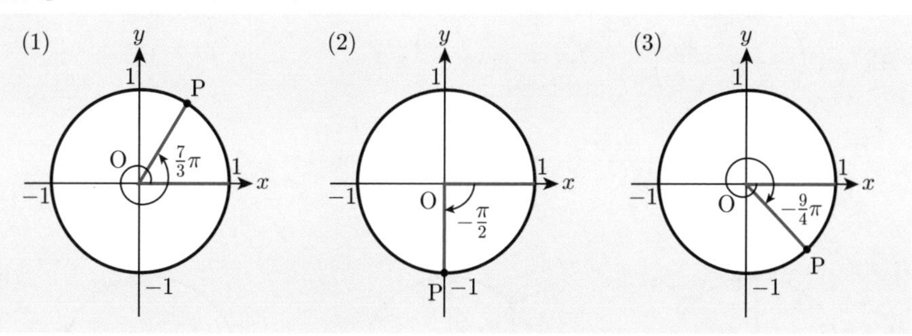

■

問 7.4　次の角に対応する点 P の位置を単位円周上に図示せよ．

(1) $\dfrac{7}{4}\pi$　　(2) $-\dfrac{5}{6}\pi$　　(3) $\dfrac{8}{3}\pi$　　(4) -7π

いよいよ，一般角に対して三角比を定義する．角 θ に対応する単位円上の点が $\mathrm{P}(x, y)$ であるとき，

$$\sin\theta = y$$

$$\cos\theta = x$$

$$\tan\theta = \frac{y}{x} \qquad (x \neq 0)$$

と定義し，それぞれ角 θ の**正弦関数**（サイン），**余弦関数**（コサイン），**正接関数**（タンジェント）といい，これらをまとめて**三角関数**という[♣1]．$\sin\theta$, $\cos\theta$ の定義域は実数全体だが，$\tan\theta$ の定義域は $\theta = \dfrac{\pi}{2} + n\pi$（$n$ は整数）を除く実数全体となる．

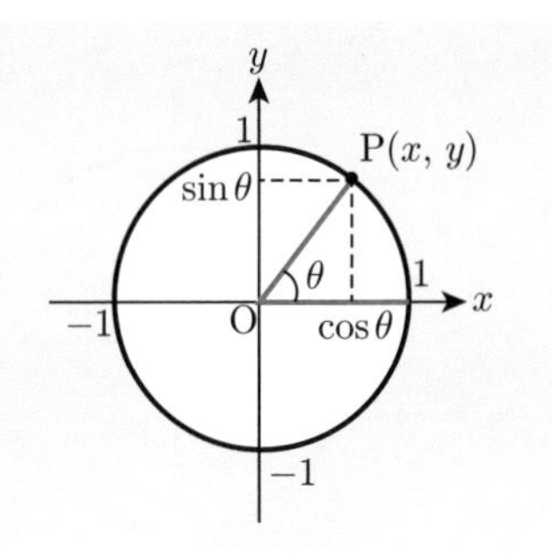

確認 例題 7.8

次の値を求めよ．

(1)　$\sin\dfrac{4}{3}\pi$　　(2)　$\cos\left(-\dfrac{5}{4}\pi\right)$　　(3)　$\tan\dfrac{11}{6}\pi$

【解答】　(1)　$\mathrm{P}\left(-\dfrac{1}{2}, -\dfrac{\sqrt{3}}{2}\right)$ であるから $\sin\dfrac{4}{3}\pi = -\dfrac{\sqrt{3}}{2}$

(2)　$\mathrm{P}\left(-\dfrac{1}{\sqrt{2}}, \dfrac{1}{\sqrt{2}}\right)$ であるから $\cos\left(-\dfrac{5}{4}\pi\right) = -\dfrac{1}{\sqrt{2}}$

(3)　$\mathrm{P}\left(\dfrac{\sqrt{3}}{2}, -\dfrac{1}{2}\right)$ であるから $\tan\dfrac{11}{6}\pi = -\dfrac{1}{\sqrt{3}}$

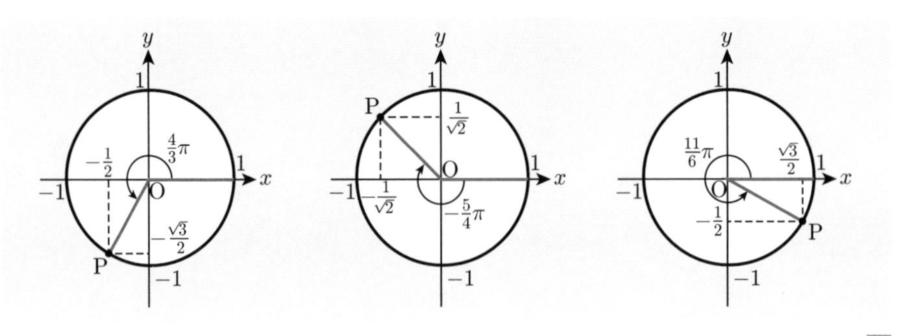

■

♣1　$0 \leqq \theta \leqq \pi$ のときは第1章で定義した三角比と一致する．

問 7.5 次の値を求めよ.

(1) $\sin\frac{3}{2}\pi$ (2) $\cos\frac{5}{3}\pi$ (3) $\cos\left(-\frac{7}{4}\pi\right)$ (4) $\tan(-\pi)$

三角関数は，次の重要な性質を持つ.

定理 7.1 (三角関数の性質) 任意の実数 θ (ただし，tan の場合は $\theta = \frac{\pi}{2} + n\pi$ (n は整数) を除く) に対して，次が成り立つ.

(1) $\cos^2\theta + \sin^2\theta = 1$, 特に $\cos\theta \neq 0$ ならば $1 + \tan^2\theta = \dfrac{1}{\cos^2\theta}$

(2) $\sin(\theta + 2\pi) = \sin\theta$, $\cos(\theta + 2\pi) = \cos\theta$

(3) $\sin(\theta + \pi) = -\sin\theta$, $\cos(\theta + \pi) = -\cos\theta$, $\tan(\theta + \pi) = \tan\theta$

(4) $\sin(-\theta) = -\sin\theta$, $\cos(-\theta) = \cos\theta$, $\tan(-\theta) = -\tan\theta$

(1) は定義から，(2)〜(4) はそれぞれの角に対する点の座標を比べれば容易に導くことができる.

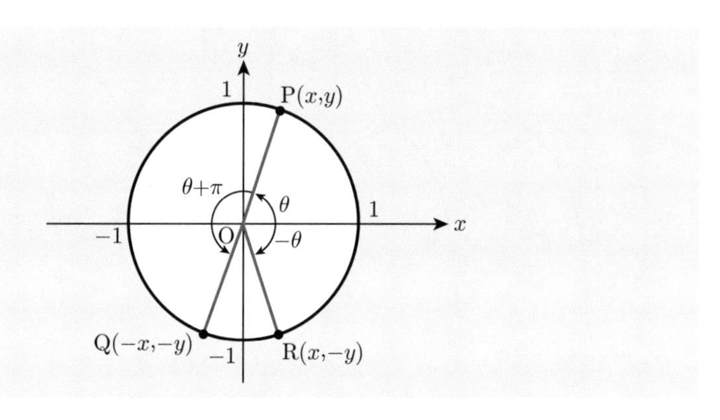

ある正の定数 p が存在し，関数 $f(x)$ の定義域内の任意の実数 x に対して

$$f(x + p) = f(x)$$

が成り立つとき，$f(x)$ を p **を周期とする周期関数**という. 定理 7.1 (2), (3) の性質から，$\sin\theta, \cos\theta$ は周期 2π の，$\tan\theta$ は周期 π の周期関数であることがわかる. 周期関数のグラフは 1 周期分のグラフを繰り返すが，実際三角関数のグラフは次図のように同じ形を繰り返していることがわかる.

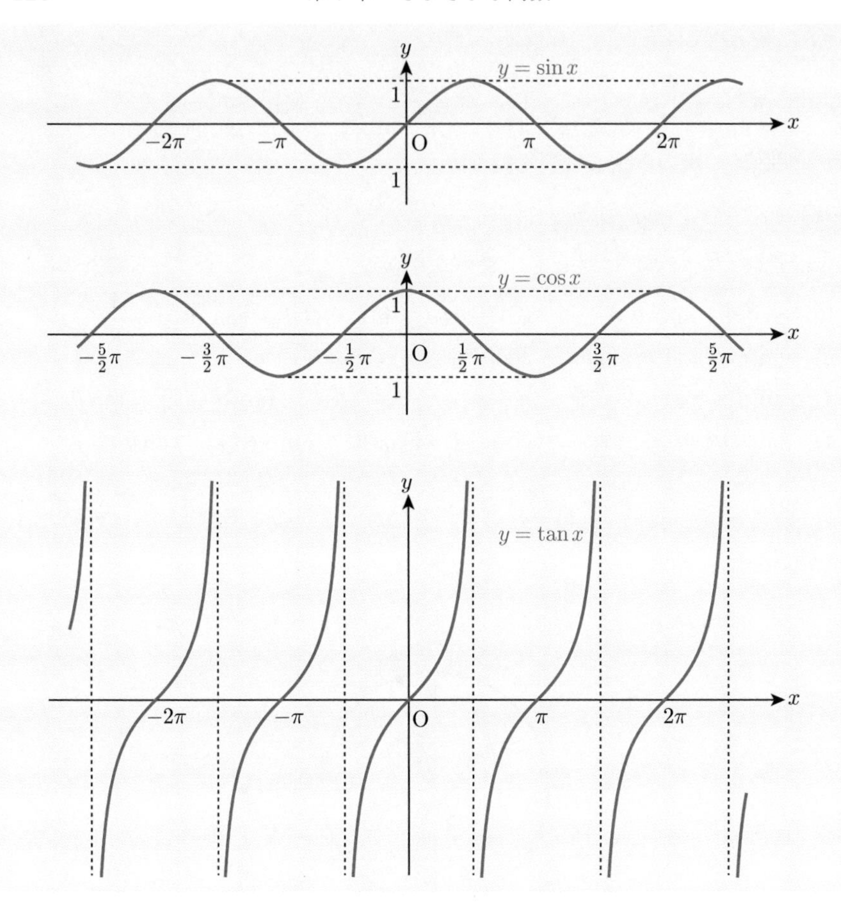

また，関数 $f(x)$ について，定義域内の任意の実数 x に対して $f(-x) = f(x)$ が成り立つとき $f(x)$ を**偶関数**といい，$f(-x) = -f(x)$ が成り立つとき，$f(x)$ を**奇関数**という．定理 7.1 (4) より，$\cos\theta$ は偶関数であり，$\sin\theta, \tan\theta$ は奇関数であることがわかる．上のグラフを見てもわかるように，偶関数のグラフは y 軸に関して対称，奇関数のグラフは原点に関して対称である．

確認 例題 7.9

次の問に答えよ．

(1) $\cos^2\theta - 2\cos\theta - 3 = 0$ を満たす実数 θ をすべて求めよ．

(2) $0 \leqq \theta \leqq 2\pi$ のとき，$\sin\theta \leqq -\dfrac{1}{2}$ を満たす実数 θ の範囲を求めよ．

【解答】 (1) 条件の式は

$$(\cos\theta - 3)(\cos\theta + 1) = 0$$

となり，$\cos\theta \neq 3$ であるから $\cos\theta = -1$ となる．これを満たす θ は $\theta = \pi + 2n\pi$（n は整数）である．

(2) 図より $0 \leqq \theta \leqq 2\pi$ において

$$\sin\theta \leqq -\frac{1}{2}$$

を満たす θ の範囲は

$$\frac{7}{6}\pi \leqq \theta \leqq \frac{11}{6}\pi$$

である． ■

問 7.6 次の問に答えよ．

(1) $\cos^2\theta - \sin\theta - \dfrac{5}{4} = 0$ を満たす実数 θ をすべて求めよ．

(2) $\pi \leqq \theta \leqq 2\pi$ のとき，$2\cos^2\theta - \cos\theta \leqq 0$ を満たす実数 θ の範囲を求めよ．

ここから，三角関数について最も重要な公式といえる**加法定理**と，そこから派生する重要公式について解説する．

定理 7.2 （加法定理） 任意の実数 α, β に対して，次が成り立つ．

(1) $\sin(\alpha + \beta) = \sin\alpha\cos\beta + \cos\alpha\sin\beta$

(2) $\sin(\alpha - \beta) = \sin\alpha\cos\beta - \cos\alpha\sin\beta$

(3) $\cos(\alpha + \beta) = \cos\alpha\cos\beta - \sin\alpha\sin\beta$

(4) $\cos(\alpha - \beta) = \cos\alpha\cos\beta + \sin\alpha\sin\beta$

(5) $\tan(\alpha + \beta) = \dfrac{\tan\alpha + \tan\beta}{1 - \tan\alpha\tan\beta}$

(6) $\tan(\alpha - \beta) = \dfrac{\tan\alpha - \tan\beta}{1 + \tan\alpha\tan\beta}$

【解説】 (5) と (6) は (1)〜(4) から導かれる．また，$\sin\theta$ が奇関数であり $\cos\theta$ が偶関数であることを用いれば (2) は (1) から，(4) は (3) から，それぞれ導かれる．したがって (1) と (3) を示せばよい．覚えるのもこの 2 式だけでよい．一般の場合の証明は省略するが，α, β がともに正の鋭角である場合の (1) の証明を以下に示す．

次ページの図 $\triangle$ABC を考えると，$\mathrm{AB} = \dfrac{1}{\cos\alpha}$, $\mathrm{AC} = \dfrac{1}{\cos\beta}$ となる．よって

△ABC の面積を S，△ABD の面積を S_1，△ACD の面積を S_2 とすると，

$$S = \frac{1}{2}\mathrm{AB}\cdot\mathrm{AC}\sin(\alpha+\beta) = \frac{\sin(\alpha+\beta)}{2\cos\alpha\cos\beta}$$

$$S_1 = \frac{1}{2}\mathrm{AB}\cdot\mathrm{AD}\sin\alpha = \frac{\sin\alpha}{2\cos\alpha}$$

$$S_2 = \frac{1}{2}\mathrm{AC}\cdot\mathrm{AD}\sin\beta = \frac{\sin\beta}{2\cos\beta}$$

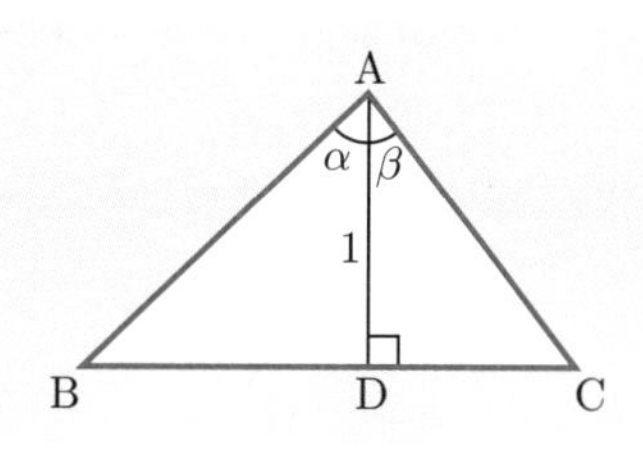

であり，$S = S_1 + S_2$ より

$$\frac{\sin(\alpha+\beta)}{2\cos\alpha\cos\beta} = \frac{\sin\alpha}{2\cos\alpha} + \frac{\sin\beta}{2\cos\beta}$$

すなわち

$$\sin(\alpha+\beta) = \sin\alpha\cos\beta + \cos\alpha\sin\beta$$

が導かれる． ■

また，加法定理 (1), (3) において $\beta = \alpha$ とおくことにより次の**2倍角の公式・半角の公式**を得る♣1.

定理 7.3 （2倍角の公式・半角の公式） 任意の実数 α に対して，次が成り立つ.

(1) $$\begin{cases} \sin 2\alpha = 2\sin\alpha\cos\alpha \\ \cos 2\alpha = 2\cos^2\alpha - 1 = 1 - 2\sin^2\alpha \end{cases}$$ **（2倍角の公式）**

(2) $$\begin{cases} \sin^2\alpha = \dfrac{1-\cos 2\alpha}{2} \\ \cos^2\alpha = \dfrac{1+\cos 2\alpha}{2} \end{cases}$$ **（半角の公式）**

確認 例題 7.10

次の値を求めよ．

(1) $\sin\frac{7}{12}\pi$　　(2) $\cos\frac{5}{8}\pi$

【解答】 (1) 加法定理より

$$\sin\frac{7}{12}\pi = \sin\left(\frac{4}{12}\pi + \frac{3}{12}\pi\right) = \sin\frac{\pi}{3}\cos\frac{\pi}{4} + \cos\frac{\pi}{3}\sin\frac{\pi}{4}$$

♣1 2倍角の公式は半角の公式から導かれる．

$$= \frac{\sqrt{3}}{2}\frac{1}{\sqrt{2}} + \frac{1}{2}\frac{1}{\sqrt{2}} = \frac{\sqrt{6}+\sqrt{2}}{4}$$

(2)　半角の公式より

$$\cos^2\frac{5}{8}\pi = \frac{1+\cos\frac{5}{4}\pi}{2} = \frac{1-\frac{1}{\sqrt{2}}}{2} = \frac{2-\sqrt{2}}{4}$$

であり，$\cos\frac{5}{8}\pi < 0$ であるから

$$\cos\frac{5}{8}\pi = -\sqrt{\frac{2-\sqrt{2}}{4}} = -\frac{\sqrt{2-\sqrt{2}}}{2}$$

■

問 7.7　次の値を求めよ．

(1)　$\cos\dfrac{5}{12}\pi$　　(2)　$\tan\dfrac{7}{8}\pi$

次の**積和の公式**も，加法定理から導かれる重要な公式である．

定理 7.4　(積和の公式)　任意の実数 α, β に対して，次が成り立つ．

(1)　$\sin\alpha\cos\beta = \dfrac{\sin(\alpha+\beta)+\sin(\alpha-\beta)}{2}$

(2)　$\sin\alpha\sin\beta = \dfrac{\cos(\alpha-\beta)-\cos(\alpha+\beta)}{2}$

(3)　$\cos\alpha\cos\beta = \dfrac{\cos(\alpha+\beta)+\cos(\alpha-\beta)}{2}$

加法定理は三角関数の最大値・最小値問題にも利用できる．

基本　例題 7.11

$0 \leqq \theta \leqq 2\pi$ のとき，関数 $f(\theta) = \sin\theta + 2\cos\theta$ の最大値・最小値を求めよ．

【解答】　$0 \leqq \alpha \leqq \frac{\pi}{2}$ の範囲で $\sin\alpha = \frac{2}{\sqrt{5}}$, $\cos\alpha = \frac{1}{\sqrt{5}}$ となるような実数 α を定めるとき，加法定理より

$$f(\theta) = \sqrt{5}\left(\frac{1}{\sqrt{5}}\sin\theta + \frac{2}{\sqrt{5}}\cos\theta\right) = \sqrt{5}(\cos\alpha\sin\theta + \sin\alpha\cos\theta)$$
$$= \sqrt{5}\sin(\theta+\alpha)$$

となり，$\alpha \leqq \theta+\alpha \leqq 2\pi+\alpha$ であるから $f(\theta)$ の最大値は $\sqrt{5}$，最小値は $-\sqrt{5}$ となる．■

このように，三角関数の和を１つの三角関数にまとめる式変形を三角関数の**合成**という．

問 7.8　$0 \leqq \theta \leqq 2\pi$ のとき，次の関数の最大値・最小値を求めよ．
(1)　$f(\theta) = 3\sin\theta - 4\cos\theta$　　(2)　$f(\theta) = \sqrt{5}\cos\theta + 5\sin\theta$

7.4 指数関数・対数関数

指数関数を理解するために，まずは次の例題を考えてみよう．

導入 例題 7.12

年間の利率が10% である銀行に，10,000 円を預金した．預け金の 10% が利子として支払われるので 1 年後の預金残高は 11,000 円になっている．引き続き全額を預け続けたとき，5 年後の預金残高はいくらになるか．ただし，5 年間利率に変化はないものとする．

【解答】 1 年ごとに預金残高を 1.1 倍すればよいので

1 年後　$10000 \times 1.1 = 11000$
2 年後　$11000 \times 1.1 = 12100 = 1.1^2 \times 10000$
3 年後　$12100 \times 1.1 = 13310 = 1.1^3 \times 10000$
4 年後　$13310 \times 1.1 = 14641 = 1.1^4 \times 10000$
5 年後　$14641 \times 1.1 = 16105.1 = 1.1^5 \times 10000$

となり，5 年後の残高は 16,105 円となる ♣1. ■

解答を見てわかるように，n 年後の預金残高は

$$f(n) = 1.1^n \times 10000$$

となる．$f(n)$ は公比が 1.1（> 1）の等比数列なので $\lim_{n\to\infty} f(n) = \infty$ となることがわかる．

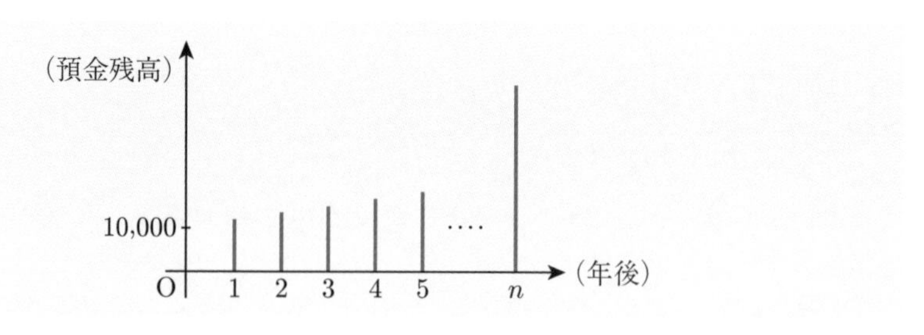

♣1 このような計算を複利計算 という．

1 ではない正の数 a に対して，n が自然数の場合は $f(n) = a^n$ は「a を n 回掛ける」で定義できるが，この f の定義域を実数全体に拡張しよう．

まず，自然数 n に対して，$a^{\frac{1}{n}}$（$= \sqrt[n]{a}$）を「n 乗したら a になる正の数（a の n 乗根)」で定義し，また正の有理数 $r = \frac{m}{n}$（m, n は自然数）に対しては

$$a^r = (a^m)^{\frac{1}{n}}$$

と定義する．

さらに $a^0 = 1$ とし，負の数 $-r$（$r > 0$）に対しては

$$a^{-r} = \frac{1}{a^r}$$

と定義する．以上ですべての有理数 r に対して $f(r) = a^r$ が定義できた．

残りは無理数 x に対する a^x の定義だが，これは少々難しい．正確な定義は大学で学ぶとして，ここでは考え方のみを述べる．

各有理数 r に対して，点 (r, a^r) を xy 平面上にプロットすると，右図のようになる（$a > 1$ の場合)．

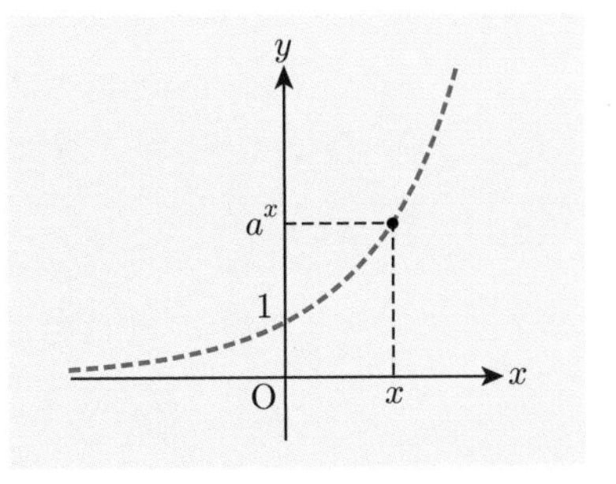

r が有理数であるため破線にはなっているが整然と並んでいることがわかる．この破線を実線で繋ぐように無理数 x に対して a^x の値を定義するのである．

このようにして実数全体で定義された関数

$$f(x) = a^x$$

を，**a を底とする指数関数**という．指数関数の値域は $\{y \mid y > 0\}$ であり，また $a > 1$ のとき単調増加，$0 < a < 1$ のとき単調減少となる．

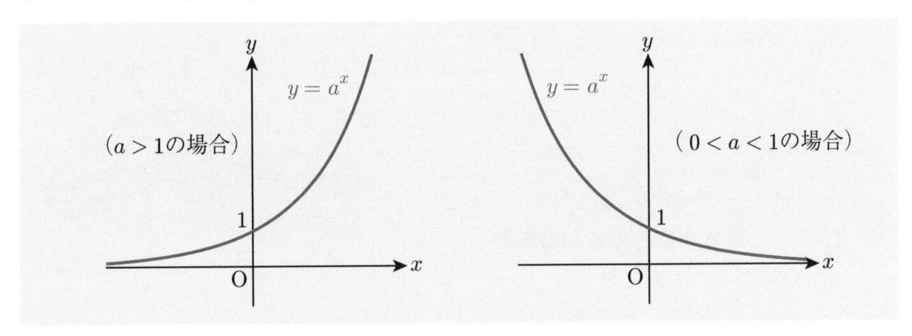

指数関数には次の法則が成り立つ．

定理 7.5 （指数法則） a, b が正の数であるとき，任意の実数 x, y に対して次が成り立つ．

(1) $a^{x+y} = a^x a^y$ (2) $(a^x)^y = a^{xy}$

(3) $(ab)^x = a^x b^x$ (4) $a^{x-y} = \dfrac{a^x}{a^y}$

確認 例題 7.13

次の値を求めよ．

(1) $81 \times 27 \div 243$ (2) $1024^{\frac{1}{5}}$

【解答】 (1) 直接計算しても求められるが，指数法則より

$$81 \times 27 \div 243 = 3^4 \times 3^3 \div 3^5 = 3^{4+3-5} = 3^2 = 9$$

となる．

(2) 指数法則より

$$1024^{\frac{1}{5}} = (2^{10})^{\frac{1}{5}} = 2^2 = 4$$

となる． ■

問 7.9 次の値を求めよ．

(1) $\left(\dfrac{1}{2}\right)^{-5}$ (2) $(125^{-\frac{2}{3}})^{\frac{1}{2}}$ (3) $32^{-\frac{2}{5}} \cdot 64^{\frac{1}{3}}$

$a \neq 1$ であるとき，指数関数 a^x は単調な関数であるから，その逆関数が考えられる．

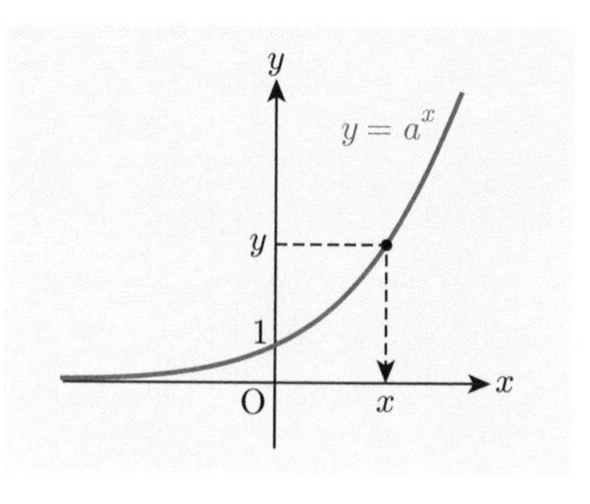

指数関数の値域の任意の $y > 0$ に対して，

$$y = a^x$$

となる x を

$$x = \log_a y$$

と表し，$\log_a y$ を a **を底とする対数関数**という．つまり

$$y = a^x \quad -\infty < x < \infty \qquad \Longleftrightarrow \qquad x = \log_a y \quad 0 < y$$

が成り立つ．また，y に入る数を**真数**という．

指数関数と対数関数は互いに逆関数の関係にあるので，$y=a^x$ のグラフと $y=\log_a x$ のグラフは直線 $y=x$ に関して対称な図形である．

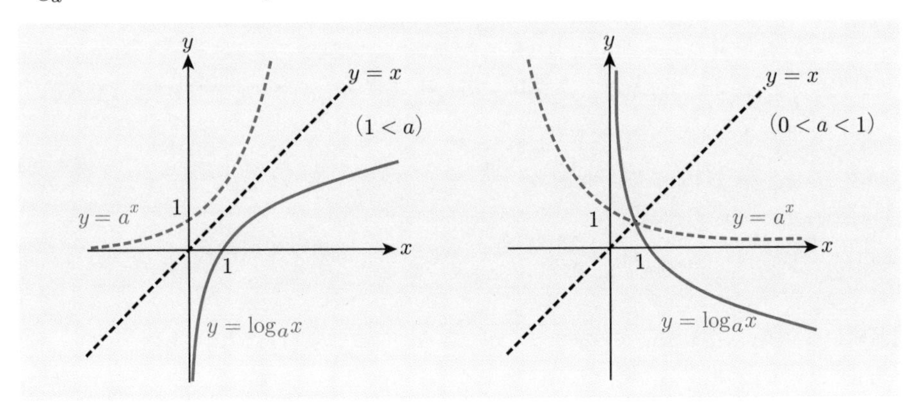

確認 例題 7.14

次の値を求めよ．

(1)　$\log_2 8$　　(2)　$\log_2 \dfrac{1}{4}$　　(3)　$\log_2 1$

【解答】　(1)　$x=\log_2 8$ とおくと $2^x=8=2^3$ となる．この等式が成り立つのは $x=3$ のときのみなので $\log_2 8=3$ となる．

(2)　$x=\log_2 \frac{1}{4}$ とおくと $2^x=\frac{1}{4}=2^{-2}$ となる．この等式が成り立つのは $x=-2$ のときのみなので $\log_2 \frac{1}{4}=-2$ となる．

(3)　$x=\log_2 1$ とおくと $2^x=1=2^0$ となる．この等式が成り立つのは $x=0$ のときのみなので $\log_2 1=0$ となる．■

問 7.10　次の値を求めよ．

(1)　$\log_3 \dfrac{1}{81}$　　(2)　$\log_4 2$　　(3)　$\log_{\frac{1}{2}} 4$

次の定理の等式は，対数関数の重要な性質である．

定理 7.6　a, b が 1 ではない正の数であるとき，任意の正の数 X, Y および任意の実数 p に対して次が成り立つ．

(1)　$\log_a X^p = p\log_a X$　　特に　$\log_a 1 = 0$

(2)　$\log_a(XY) = \log_a X + \log_a Y$

(3)　$\log_a \dfrac{X}{Y} = \log_a X - \log_a Y$

(4)　$\log_a X = \dfrac{\log_b X}{\log_b a}$　　特に　$\log_a a = 1$　　**（底の変換公式）**

【証明】　いずれも指数法則から示すことができる．ここでは (1) と (2) を示そう．

(1)　$x = \log_a X$ とおくと $X = a^x$ となる．この両辺を p 乗すると，

$$X^p = (a^x)^p = a^{px}$$

となるので，この関係をあらためて対数関数を用いて表すと

$$\log_a X^p = px = p\log_a X$$

が成り立つ．

(2)　$x = \log_a X,\ y = \log_a Y$ とおくと

$$X = a^x, \quad Y = a^y$$

となる．これより

$$XY = a^x a^y = a^{x+y}$$

となるので，この関係をあらためて対数関数を用いて表すと

$$\log_a(XY) = x + y = \log_a X + \log_a Y$$

が成り立つ．■

対数関数はその昔，航海法が発展した頃，桁数の大きな数のかけ算・わり算を行うための道具として天文学者ネイピアによって発見された．その原理は「真数同士の掛け算（割り算）を，対数同士の足し算（引き算）に変換すること」であり，それを支えているのは定理 7.6 の性質である．

問 7.11　定理 7.6 の (3), (4) を証明せよ．

確認　例題 7.15

次の値を簡単にせよ．

(1)　$\log_5 15 + \log_5 \dfrac{25}{3}$　　(2)　$\log_7 \sqrt{28} - \log_7 \sqrt[3]{56}$

【解答】　(1)

$$\log_5 15 + \log_5 \frac{25}{3} = \log_5 3 + \log_5 5 + \log_5 5^2 - \log_5 3$$
$$= 1 + 2 = 3$$

(2)

$$\log_7 \sqrt{28} - \log_7 \sqrt[3]{56} = \log_7 2\sqrt{7} - \log_7 2\sqrt[3]{7}$$
$$= \log_7 2 + \frac{1}{2}\log_7 7 - \left(\log_7 2 + \frac{1}{3}\log_7 7\right)$$
$$= \frac{1}{6}$$

■

問 7.12　次の値を簡単にせよ．

(1)　$\log_2 36 - \log_4 81$　　(2)　$\log_{\frac{1}{6}} \dfrac{1}{2} - \log_6 \dfrac{1}{3}$

(3)　$(\log_5 9)(\log_3 10 - \log_3 2)$

底が 10 である対数関数 $\log_{10} x$ を**常用対数関数**という．通常，数の表記は十進法を用いるので，常用対数は「計算機」として重宝された．数学者のブリッグスが生涯を賭して完成させた常用対数表が，計算には欠かせない道具となったが，この技術はその後，「計算尺」という計算補助道具に発展した．

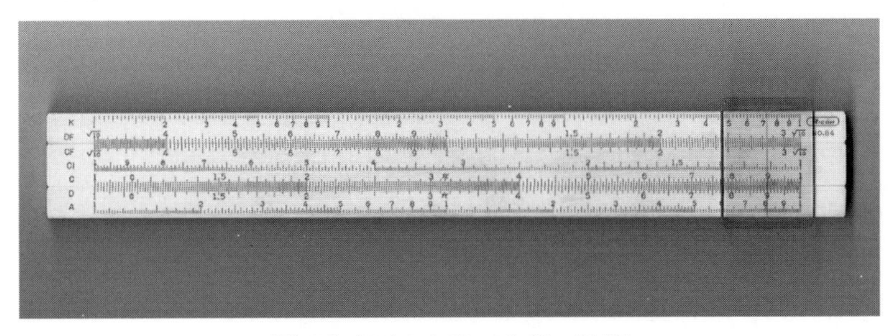

（秋山智朗氏より許可を得て掲載）

基本 例題 7.16

巻末の常用対数表を用いて，次の問に答えよ．

(1) 256×371 の概数を求めよ．　(2) 2^{100} の桁数を求めよ．

【解答】 (1) 常用対数表より $\log_{10} 2.56 = 0.40824$, $\log_{10} 3.71 = 0.56937$ であるから

$$\begin{aligned}\log_{10}(256 \times 371) &= \log_{10} 256 + \log_{10} 371 \\ &= \log_{10}(10^2 \times 2.56) + \log_{10}(10^2 \times 3.71) \\ &= 2 + 0.40824 + 2 + 0.56937 = 4 + 0.97761\end{aligned}$$

ここで常用対数表より，0.97761 に最も近いのは $\log_{10} 9.50 = 0.97772$ のときであるから，

$$\log_{10}(256 \times 371) \fallingdotseq \log_{10}(10^4 \times 9.5) = \log_{10} 95000$$

となり $256 \times 371 \fallingdotseq 95000$ がわかる♣[1]．

(2) 常用対数表より $\log_{10} 2 = 0.30103$ であるから

$$\log_{10} 2^{100} = 100 \cdot 0.30103 = 30.103$$

となる．したがって

$$\begin{aligned}&30 < 30.103 < 31 \\ &\log_{10} 10^{30} < \log_{10} 2^{100} < \log_{10} 10^{31} \\ &10^{30} < 2^{100} < 10^{31}\end{aligned}$$

であるから，2^{100} は 30 桁であることがわかる．■

基本例題 7.16 (1) の計算は，かえって手間が掛かるように感じるかもしれないが，かけ算の筆算が確立していなかった当時としては画期的な計算方法だった．ちなみに，三角関数の積和の公式も同じ用途で使われていた．

問 7.13　常用対数表を用いて，次の問に答えよ．

(1) 633×492 の概数を求めよ．

(2) $\dfrac{807}{175}$ の概数を求めよ．

(3) 296^{50} の桁数を求めよ．

♣[1] 実際の値は 94976 である．

第7章　演習問題

7.1　次のグラフを図示せよ．

(1)　$y=-2x^2+3x$　　(2)　$y=\dfrac{3-x}{x+3}$　　(3)　$y=\sqrt{1-x}$

7.2　次の関数 $f(x)$ の逆関数を求め，$y=f^{-1}(x)$ のグラフを図示せよ．

(1)　$f(x)=\sqrt{x+5}-2$（$x \geqq -5$）　　(2)　$f(x)=2^x+1$

7.3　次の問に答えよ．

(1)　1° は何ラジアンか．　　(2)　1ラジアンは何度か．

7.4　$0 \leqq \theta \leqq \pi$ の範囲で $\cos\theta=a$（$\neq 0$）であるとき，$\tan\theta$ を a を用いて表せ．

7.5　任意の実数 θ に対して，次の等式が成り立つことを示せ．ただし tan の場合は $\tan\theta \neq 0$ とする．

(1)　$\sin\left(\theta+\dfrac{\pi}{2}\right)=\cos\theta,\quad \cos\left(\theta+\dfrac{\pi}{2}\right)=-\sin\theta,\quad \tan\left(\theta+\dfrac{\pi}{2}\right)=-\dfrac{1}{\tan\theta}$

(2)　$\sin\left(\dfrac{\pi}{2}-\theta\right)=\cos\theta,\quad \cos\left(\dfrac{\pi}{2}-\theta\right)=\sin\theta,\quad \tan\left(\dfrac{\pi}{2}-\theta\right)=\dfrac{1}{\tan\theta}$

7.6　$0<\alpha,\beta<\dfrac{\pi}{2}$ であるとき，定理 7.2（加法定理）(1) から (3) を導け．

7.7　次の問に答えよ．

(1)　$-\dfrac{\pi}{2} \leqq \theta \leqq \dfrac{\pi}{2}$ の範囲で $\cos 2\theta=-\dfrac{1}{3}$ が成り立つとき，$\cos\theta$ を求めよ．

(2)　$0 \leqq \theta \leqq 2\pi$ の範囲で $\cos 2\theta+\sin\theta+2=0$ が成り立つとき，θ を求めよ．

7.8　次の問に答えよ．

(1)　任意の実数 θ に対して，$\sin 3\theta$ を $\sin\theta$ で表せ．

(2)　任意の実数 θ に対して，$\cos 3\theta$ を $\cos\theta$ で表せ．

7.9　次の問に答えよ．

(1)　$2\log_3 5<3<2\log_2 3$ を示すことにより $\log_3 5<\log_2 3$ を示せ．

(2)　$\log_3 4$ と $\log_4 5$ の大小を調べよ．

7.10　次の関係式を満たす実数 x を求めよ．

(1)　$\log_3(x^2+1)=4$　　(2)　$(\log_5 x)^2-2\log_5 x=0$

(3)　$\log_2 x+\log_3 x=\log_2 6$

7.11　1ではない正の数 a と正の数 X に対して，$a^{\log_a X}=X$ が成り立つことを示せ．

7.12　常用対数表を用いて，次の問に答えよ．

(1)　$\sqrt{381}\times 609$ の概数を求めよ．

(2)　$547^{\frac{1}{5}}$ の概数を求めよ．

(3)　0.217^{10} は，小数点の右側に0が続けていくつ並ぶか．

第8章 微分とその応用

本章では関数の微分について論じる．微分は，物体の変化の様子を捉える道具として用いられるため，物理学・工学・経済学などとも密接な関わりがある分野である．

8.1 関数の極限と連続性

関数の性質である「連続性」も「微分可能性」も，極限を用いて定義される．そのため，この章は関数の極限から始めるべきだが，その前に次の例題を提示しておこう．

導入 例題 8.1

関数

$$f(x) = \frac{1}{x}$$

は連続関数か？

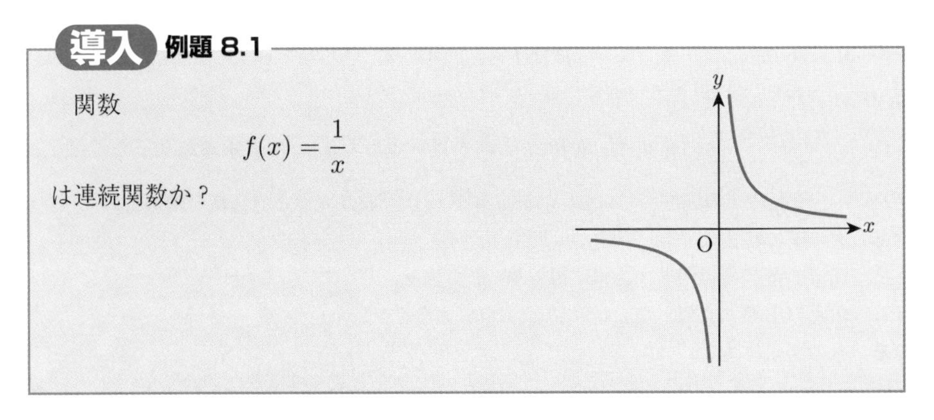

【考察】 まず，まだ連続関数の定義をしていないので現時点でこの問題は解答不能である．ただ，$y = \frac{1}{x}$ のグラフは上図のように繋がっていない 2 つの曲線からなるので，連続ではないように感じるかもしれない．しかし実際は $f(x) = \frac{1}{x}$ は連続関数である．その理由を順を追って説明しよう．

与えられた関数 $f(x)$ と実数 a に対して，$f(x)$ の定義域内の x $(\neq a)$ が限りなく a に近づくにつれて，$f(x)$ がある値 A に限りなく近づくとき，**$f(x)$ は $x \to a$ のとき A に収束する**といい，

$$\lim_{x \to a} f(x) = A$$

と表す♣1.

また，関数 $f(x)$ の定義域内の x ($\neq a$) が限りなく a に近づくにつれて，$f(x)$ が限りなく大きく（または小さく）なるとき，**$f(x)$ は $x \to a$ のとき正の（または負の）無限大に発散する**といい，

$$\lim_{x \to a} f(x) = \infty \qquad \left(\text{または } \lim_{x \to a} f(x) = -\infty\right)$$

と表す.

さらに，x が限りなく大きく（または小さく）なるときの極限を $\lim_{x \to \infty} f(x)$（または $\lim_{x \to -\infty} f(x)$）と表す.

数列の極限と同じように，関数の極限についても次の定理が成り立つ.

定理 8.1　$\lim_{x \to a} f(x) = A$, $\lim_{x \to a} g(x) = B$（A, B は実数）であるとき，次が成り立つ.

(1)　$\lim_{x \to a} (kf(x) + \ell g(x)) = kA + \ell B$

(2)　$\lim_{x \to a} f(x)g(x) = AB$

(3)　$B \neq 0$ のとき，$\lim_{x \to a} \dfrac{f(x)}{g(x)} = \dfrac{A}{B}$

(4)　任意の x に対して $f(x) \leqq h(x) \leqq g(x)$ が成り立ち，かつ $A = B$ ならば

$$\lim_{x \to a} h(x) = A \quad \textbf{（はさみうちの原理）}$$

確認　例題 8.2

次の極限があれば求めよ.

(1)　$\lim_{x \to -\infty} \dfrac{1}{x+3}$　　(2)　$\lim_{x \to -3} \dfrac{|x+3|}{x+3}$

【解答】　(1)　x が限りなく小さくなるとき，$|x+3|$ は限りなく大きくなるので $\lim_{x \to -\infty} \dfrac{1}{x+3} = 0$ である.

一般に $\lim_{x \to a} |f(x)| = \infty$ ならば $\lim_{x \to a} \dfrac{1}{f(x)} = 0$ が成り立つ.

♣1 $f(x) \to A$ ($x \to a$) とも表す．A を**極限値**という.

(2)　x が $x > -3$ を保ったまま -3 に限りなく近づくとき，

$$\frac{|x+3|}{x+3} = \frac{x+3}{x+3} = 1 \to 1$$

となるが，逆に x が $x < -3$ を保ったまま -3 に限りなく近づくときは

$$\frac{|x+3|}{x+3} = \frac{-x-3}{x+3} = -1 \to -1$$

となり，x の -3 への近づき方によって $\dfrac{|x+3|}{x+3}$ が近づく値が異なることがわかる．したがって $\displaystyle\lim_{x \to -3} \frac{|x+3|}{x+3}$ は存在しない．■

実数 x が $x > a$ を保ったまま a に限りなく近づくときの関数 $f(x)$ の極限を，$f(x)$ の a における**右極限**といい $\displaystyle\lim_{x \to a+0} f(x)$ と表す．同様に，x が $x < a$ を保ったまま a に限りなく近づくときの $f(x)$ の極限を，$f(x)$ の a における**左極限**といい $\displaystyle\lim_{x \to a+0} f(x)$ と表す♣1.

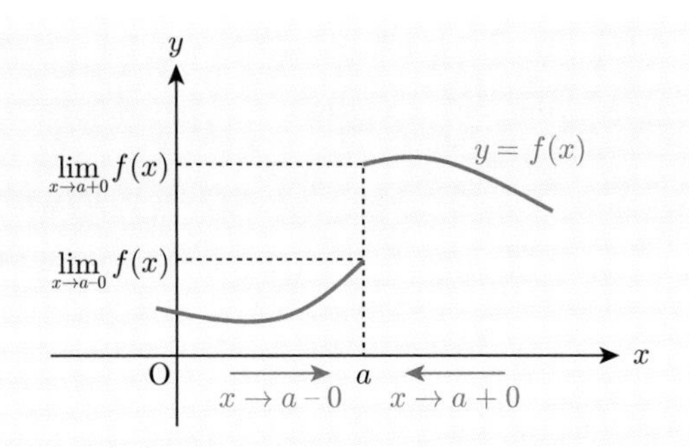

確認例題 8.2 (2) は，

$$\lim_{x \to -3+0} \frac{|x+3|}{x+3} = 1, \quad \lim_{x \to -3-0} \frac{|x+3|}{x+3} = -1$$

である．

関数 $f(x)$ の a における右極限と左極限が存在し，かつそれらが一致するとき，$\displaystyle\lim_{x \to a} f(x)$ は存在する．なお，右極限・左極限に対しても定理 8.1 の性質は成り立つ．

♣1　$a = 0$ のときは，簡単のため $\displaystyle\lim_{x \to +0} f(x)$，$\displaystyle\lim_{x \to -0} f(x)$ と表す．

基本 例題 8.3

次の極限が存在すれば求めよ．

(1) $\displaystyle\lim_{x\to 1}\frac{x^3-1}{x^2-3x+2}$　(2) $\displaystyle\lim_{x\to 0}\frac{x}{\sqrt{x+4}-2}$

【解答】 (1) 分子・分母から $x-1$ をくくり出して約分をすると

$$\lim_{x\to 1}\frac{x^3-1}{x^2-3x+2}=\lim_{x\to 1}\frac{x^2+x+1}{x-2}=\frac{3}{-1}=-3$$

(2) 分子・分母に $\sqrt{x+4}+2$ を掛けると

$$\lim_{x\to 0}\frac{x}{\sqrt{x+4}-2}=\lim_{x\to 0}\frac{x(\sqrt{x+4}+2)}{(\sqrt{x+4}-2)(\sqrt{x+4}+2)}$$
$$=\lim_{x\to 0}\frac{x(\sqrt{x+4}+2)}{x+4-4}=\lim_{x\to 0}(\sqrt{x+4}+2)=4$$ ■

基本例題 8.3 のように，分子と分母がともに限りなく 0 に近づいたり，ともに無限大に発散するような極限の形を**不定形**という．

問 8.1　次の極限が存在すれば求めよ．

(1) $\displaystyle\lim_{x\to -2}\frac{1-\sqrt{x+3}}{x^2-4}$　(2) $\displaystyle\lim_{x\to -\infty}\frac{x^3-x}{-x^3+2x^2+5}$

(3) $\displaystyle\lim_{x\to \infty}\frac{x^2+3\sqrt{x}-2}{x-4x\sqrt{x}}$　(4) $\displaystyle\lim_{x\to 1+0}\frac{\sqrt{x}-1}{\sqrt{x-1}}$

いよいよ関数の連続性を定義する．

集合 D 上で定義された関数 $f(x)$ と，$a\in D$ に対して

$$\lim_{x\to a}f(x)=f(a)$$

が成り立つとき，$f(x)$ は $x=a$ において**連続である**という．つまり $\displaystyle\lim_{x\to a+0}f(x)$, $\displaystyle\lim_{x\to a-0}f(x)$, $f(a)$ がすべて一致するとき，連続となる．

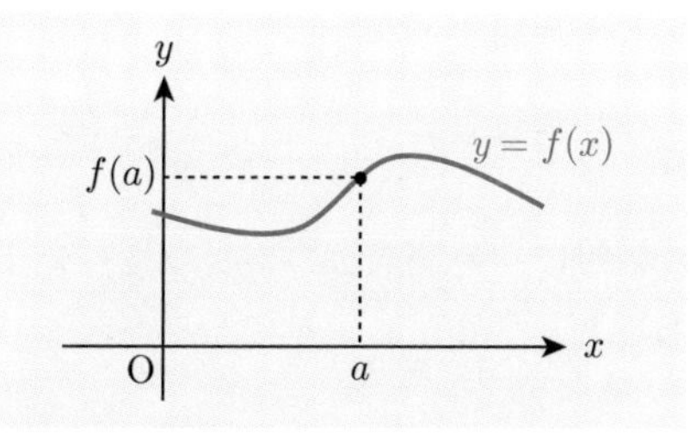

また，定義域 D 内の任意の x において関数 $f(x)$ が連続であるとき，$f(x)$ は（D 上の）**連続関数である**という ♣1．

♣1 定義域は省略されることが多い．

さて，導入例題 8.1 に戻ろう．$f(x)=\frac{1}{x}$ の定義域は $D=\{x \mid x \neq 0\}$ であり，任意の $x \neq 0$ において $f(x)$ は連続であることがわかる．したがって $f(x)$ は（D 上の）連続関数である．ただし，$f(0)=A$ と定めて定義域を実数全体に広げると，A の値によらず $f(x)$ は $x=0$ において連続ではなくなる．

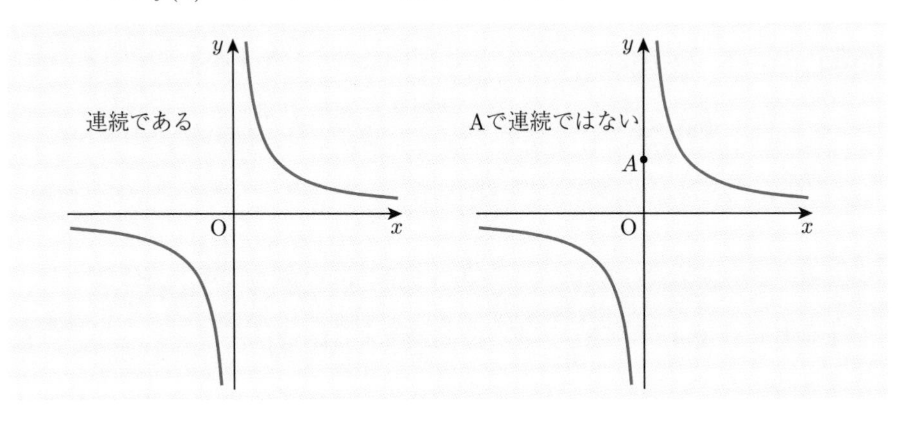

多項式，有理関数，無理関数，三角関数，指数関数，対数関数などは，それぞれの定義域上で連続であることが示される♣1．

連続関数には次の性質がある．証明は省略する．

定理 8.2　$f(x), g(x)$ がそれぞれ連続関数であるとき，

$$kf(x)+\ell g(x), \quad f(x)g(x), \quad \frac{f(x)}{g(x)}\ (g(x) \neq 0)$$

も連続関数である．さらに，$f(x)$ が逆関数 $f^{-1}(x)$ を持つならば，$f^{-1}(x)$ も連続関数である．

最後に，連続関数の重要な性質を述べておこう．$f(x)$ が $x=a$ において連続であるとき，$\lim_{x \to a} x = a$ であるから

$$\lim_{x \to a} f(x) = f(a) = f(\lim_{x \to a} x)$$

が成り立つ．つまり $f(x)$ が連続関数であるならば**「f でうつす操作」**と**「極限をとる操作」の順序は入れ替え可能である**ことを意味している．これは極限を計算する際に頻繁に使う性質である．

♣1 それを正しく示すには，本書の極限の定義は若干あいまいで正確さに欠ける．

8.2　三角関数の重要な不定形の極限

これから関数の微分可能性を定義するが，その前に重要と思われる不定形の極限について述べておく．まずは，次の図形問題を考えてみよう．

導入 例題 8.4

$\angle \mathrm{OAB} = \frac{\pi}{2}$ である直角三角形 OAB の辺 OB 上に点 C があり，

$$\mathrm{OA} = \mathrm{OC} = 1, \quad \angle \mathrm{AOB} = \theta$$

であるとき，三角形 OAC の面積 S_1，扇形 OAC の面積 S_2，三角形 OAB の面積 S_3 を，それぞれ θ を用いて表せ．

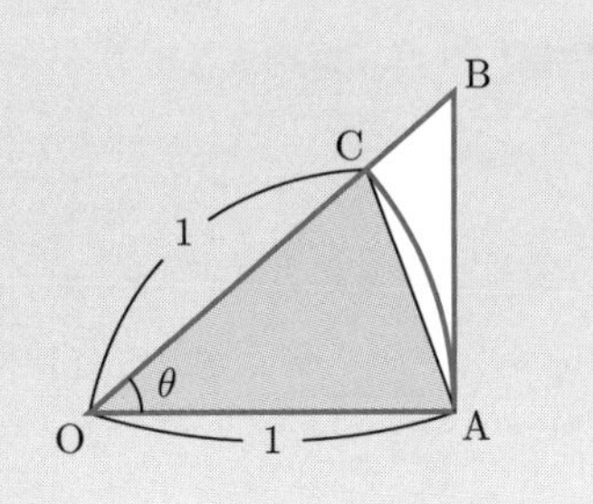

【解答】　図より，$\mathrm{AB} = \tan\theta$ であるから，それぞれ

$$S_1 = \frac{1}{2} \cdot 1 \cdot 1 \cdot \sin\theta = \frac{\sin\theta}{2}$$

$$S_2 = \pi \cdot 1^2 \cdot \frac{\theta}{2\pi} = \frac{\theta}{2}$$

$$S_3 = \frac{1}{2} \cdot 1 \cdot \tan\theta = \frac{\tan\theta}{2}$$

となる．■

導入例題 8.4 の結果は，$0 < \theta < \frac{\pi}{2}$ の任意の実数 θ に対して成り立ち，しかも図の包含関係より $S_1 < S_2 < S_3$ となる．したがって

$$\sin\theta < \theta < \frac{\sin\theta}{\cos\theta} \qquad \text{つまり} \qquad \cos\theta < \frac{\sin\theta}{\theta} < 1$$

が成り立ち，$\displaystyle\lim_{\theta \to +0} \cos\theta = 1$ であるから，定理 8.1 (4) より $\displaystyle\lim_{\theta \to +0} \frac{\sin\theta}{\theta} = 1$ が成り立つ．また，$\theta \to -0$ のときは $\varphi = -\theta$ とおくと $\varphi \to +0$ となり $\sin\theta$ は奇関数だから

$$\lim_{\theta \to -0} \frac{\sin\theta}{\theta} = \lim_{\varphi \to +0} \frac{\sin(-\varphi)}{-\varphi} = \lim_{\varphi \to +0} \frac{-\sin\varphi}{-\varphi} = \lim_{\varphi \to +0} \frac{\sin\varphi}{\varphi} = 1$$

が成り立つ．以上より，次の重要な定理が得られる．

定理 8.3　$\displaystyle\lim_{\theta \to 0} \frac{\sin\theta}{\theta} = 1$ が成り立つ ♣1.

♣1　$\displaystyle\lim_{\theta \to 0} \frac{\theta}{\sin\theta} = 1$ も成り立つ．

確認 例題 8.5

次の極限を求めよ．

(1) $\displaystyle\lim_{x\to 0}\frac{\sin 3x}{\sin 2x}$　　(2) $\displaystyle\lim_{x\to 0}\frac{x^2}{1-\cos x}$

【解答】 (1) 定理 8.3 より

$$\lim_{x\to 0}\frac{\sin 3x}{\sin 2x}=\lim_{x\to 0}\left(\frac{\sin 3x}{3x}\frac{2x}{\sin 2x}\frac{3}{2}\right)=\frac{3}{2}$$

(2) 定理 8.3 より

$$\lim_{x\to 0}\frac{x^2}{1-\cos x}=\lim_{x\to 0}\frac{x^2(1+\cos x)}{1-\cos^2 x}=\lim_{x\to 0}\left\{\left(\frac{x}{\sin x}\right)^2\cdot(1+\cos x)\right\}=2$$ ■

問 8.2　次の極限を求めよ．

(1) $\displaystyle\lim_{x\to 0}\frac{\tan 5x}{x}$　　(2) $\displaystyle\lim_{x\to 0}\frac{\sin^2 3x}{\sin 3x^2}$　　(3) $\displaystyle\lim_{x\to 0}\frac{x^2}{1-\cos^3 2x}$

8.3 ネイピアの数と自然対数

次に，微分積分学において最も重要な指数関数・対数関数の底を導入する．

導入 例題 8.6

$f(x)=\left(1+\dfrac{1}{x}\right)^x$ とするとき，$f(1)$, $f(2)$, $f(3)$, $f(4)$, $f(5)$ を小数で表せ．

【解答】 それぞれ

$$f(1)=\left(1+\frac{1}{1}\right)^1=2,\qquad f(2)=\left(1+\frac{1}{2}\right)^2=\frac{9}{4}=2.25$$

$$f(3)=\left(1+\frac{1}{3}\right)^3=\frac{64}{27}=2.370370\cdots$$

$$f(4)=\left(1+\frac{1}{4}\right)^4=\frac{625}{256}=2.4414062\cdots$$

$$f(5)=\left(1+\frac{1}{5}\right)^5=\frac{7776}{3125}=2.48832$$

となる． ■

手計算で求めるのはこのあたりが限界だが，この後

$$f(100) = 1.01^{100} = 2.704813829\cdots$$
$$f(1000) = 1.001^{1000} = 2.716923932\cdots$$
$$f(10000) = 1.0001^{10000} = 2.718145926\cdots$$

と，関数 $f(x)$ は x が大きくなるにつれて増加しながらもある値に近づいている様子が見てとれる．実際に関数 $f(x)$ は $x \to \infty$ のときある値に収束することがわかっている．この極限値を**ネイピアの数**といい，

$$e = \lim_{x\to\infty}\left(1+\frac{1}{x}\right)^x$$

と表す♣1．e については，次の定理も重要な性質である．

定理 8.4 次が成り立つ．

(1) $\displaystyle \lim_{x\to-\infty}\left(1+\frac{1}{x}\right)^x = e$ (2) $\displaystyle \lim_{x\to 0}(1+x)^{\frac{1}{x}} = e$

【証明】 (1) $x = -t$ とおくと，$x \to -\infty$ のとき $t \to \infty$ であり，

$$\lim_{x\to-\infty}\left(1+\frac{1}{x}\right)^x = \lim_{t\to\infty}\left(1-\frac{1}{t}\right)^{-t} = \lim_{t\to\infty}\left(\frac{t-1}{t}\right)^{-t}$$
$$= \lim_{t\to\infty}\left(\frac{t}{t-1}\right)^t = \lim_{t\to\infty}\left(1+\frac{1}{t-1}\right)^t$$

さらに $u = t-1$ とおくと，$t \to \infty$ のとき $u \to \infty$ であるから

$$\lim_{x\to-\infty}\left(1+\frac{1}{x}\right)^x = \lim_{t\to\infty}\left(1+\frac{1}{u}\right)^{u+1}$$
$$= \lim_{u\to\infty}\left\{\left(1+\frac{1}{u}\right)^u \cdot \left(1+\frac{1}{u}\right)\right\} = e\cdot 1 = e$$

が成り立つ．

(2) $x = \frac{1}{t}$ とおくと，$x \to +0$ のとき $t \to \infty$ であり，$x \to -0$ のとき $t \to -\infty$ であるから，e の定義と (1) より

$$\lim_{x\to+0}(1+x)^{\frac{1}{x}} = \lim_{t\to\infty}\left(1+\frac{1}{t}\right)^t = e, \quad \lim_{x\to-0}(1+x)^{\frac{1}{x}} = \lim_{t\to-\infty}\left(1+\frac{1}{t}\right)^t = e$$

となり

$$\lim_{x\to 0}(1+x)^{\frac{1}{x}} = e$$

が成り立つ． ■

♣1 ネイピアの数は無理数であり，$e = 2.718281828\cdots$ であることがわかっている．

確認 例題 8.7

次の極限を求めよ．

(1) $\displaystyle\lim_{x\to\infty}\left(1-\frac{1}{x}\right)^x$　　(2) $\displaystyle\lim_{x\to 0}(1+3x)^{\frac{1}{x}}$

【解答】 (1) $t=-x$ とおくと $x\to\infty$ のとき $t\to-\infty$ であり

$$\lim_{x\to\infty}\left(1-\frac{1}{x}\right)^x=\lim_{t\to-\infty}\left(1+\frac{1}{t}\right)^{-t}=\lim_{t\to-\infty}\frac{1}{(1+\frac{1}{t})^t}=\frac{1}{e}$$

となる．

(2) $t=3x$ とおくと $x\to0$ のとき $t\to0$ であるから

$$\lim_{x\to0}(1+3x)^{\frac{1}{x}}=\lim_{t\to0}(1+t)^{\frac{3}{t}}=\lim_{t\to0}\left\{(1+t)^{\frac{1}{t}}\right\}^3=e^3$$

となる．■

e を底にした指数関数・対数関数は微分積分学において重要である．e が底である対数関数を特に**自然対数**といい，底は省略して $\log_e x=\log x$ と表す♣1．次の定理は，e^x, $\log x$ に関する重要な不定形の極限である．

定理 8.5　次が成り立つ．

(1) $\displaystyle\lim_{x\to0}\frac{\log(1+x)}{x}=1$　　(2) $\displaystyle\lim_{x\to0}\frac{e^x-1}{x}=1$

【証明】 (1) $\log x$ は連続関数であるから

$$\begin{aligned}\lim_{x\to0}\frac{\log(1+x)}{x}&=\lim_{x\to0}\frac{1}{x}\log(1+x)=\lim_{x\to0}\log(1+x)^{\frac{1}{x}}\\&=\log\left\{\lim_{x\to0}(1+x)^{\frac{1}{x}}\right\}=\log e=1\end{aligned}$$

が成り立つ．

(2) $x=\log(1+t)$ とおくと $e^x=1+t$ であり，$x\to0$ のとき $t\to0$ であるから，(1) より

$$\lim_{x\to0}\frac{e^x-1}{x}=\lim_{t\to0}\frac{1+t-1}{\log(1+t)}=\lim_{t\to0}\frac{t}{\log(1+t)}=1$$

が成り立つ．■

♣1 $\log_e x=\ln x$ と表すこともある．また指数関数も $e^{f(x)}=\exp f(x)$ と表すこともある．

基本 例題 8.8

次の極限を求めよ．

(1) $\displaystyle\lim_{x\to 0}\frac{e^x-e^{-x}}{\log(1+3x)}$ (2) $\displaystyle\lim_{x\to\infty} x\{\log(2x+1)-\log 2x\}$

【解答】 (1)

$$\begin{aligned}
&\lim_{x\to 0}\frac{e^x-e^{-x}}{\log(1+3x)}\\
&=\lim_{x\to 0}\left\{\frac{e^{2x}-1}{e^x}\frac{1}{\log(1+3x)}\right\}\\
&=\lim_{x\to 0}\left\{\frac{e^{2x}-1}{2x}\frac{1}{e^x}\frac{3x}{\log(1+3x)}\frac{2}{3}\right\}\\
&=\frac{2}{3}
\end{aligned}$$

となる．

(2) $t=\frac{1}{x}$ とおくと $x\to\infty$ のとき $t\to +0$ であるから

$$\begin{aligned}
&\lim_{x\to\infty} x\{\log(2x+1)-\log 2x\}\\
&=\lim_{x\to\infty}\frac{\log(1+\frac{1}{2x})}{\frac{1}{x}}=\lim_{t\to +0}\frac{\log(1+\frac{t}{2})}{t}\\
&=\lim_{t\to +0}\frac{\log(1+\frac{t}{2})}{\frac{t}{2}}\frac{1}{2}\\
&=\frac{1}{2}
\end{aligned}$$

となる． ■

問 8.3 次の極限を求めよ．

(1) $\displaystyle\lim_{x\to\infty}\left(\frac{x-2}{x}\right)^{3x}$ (2) $\displaystyle\lim_{x\to 0}(1-4x)^{\frac{1}{x}}$ (3) $\displaystyle\lim_{x\to 0}\frac{\log(1-x)}{\sin x}$

(4) $\displaystyle\lim_{x\to 0}\frac{1-\cos x}{e^{x^2}-1}$ (5) $\displaystyle\lim_{x\to\infty} x\{\log(4x+3)-\log 4x\}$

8.4 微 分

関数 $f(x)$ が与えられたとき，曲線 $y=f(x)$ 上の点における接線の方程式は，どのようにして求められるかを考えてみよう．

連続関数 $f(x)$ に対して，曲線 $y = f(x)$ 上の 2 点 $(a, f(a))$, $(b, f(b))$ を通る直線 $L(a,b)$ の方程式を求めよ．

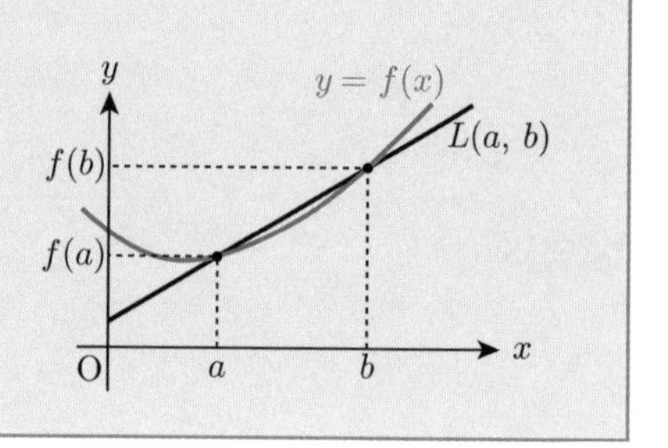

【解答】 図より，$L(a,b)$ は傾きが $\frac{f(b)-f(a)}{b-a}$ であり，点 $(a, f(a))$ を通る直線であるから，その方程式は

$$L(a,b):\quad y = \frac{f(b)-f(a)}{b-a}(x-a) + f(a)$$

となる． ■

導入例題 8.9 において，点 $(b, f(b))$ を限りなく点 $(a, f(a))$ に近づけたとき，直線 $L(a,b)$ は曲線 $y = f(x)$ 上の点 $(a, f(a))$ における接線 $T(a)$ に近づくことが，感覚的にわかるだろう．

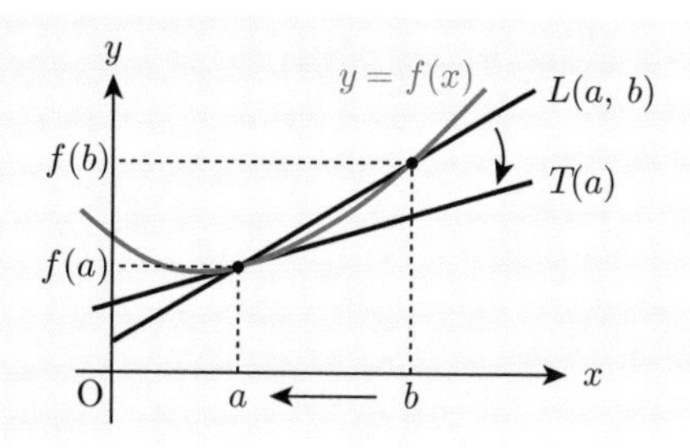

つまり，

$$A = \lim_{b \to a} \frac{f(b)-f(a)}{b-a}$$

としたとき，$T(a)$ の方程式は

$$T(a):\quad y = A(x-a) + f(a)$$

となる．この A の極限が，有限値に収束するとき，$f(x)$ は $x = a$ において**微分可能である**という．またこのとき，A を $f(x)$ の $x = a$ における**微分係数**といい，$f'(a)$ または $\frac{df}{dx}(a)$ と表す．つまり

$$f'(a) = \lim_{b \to a} \frac{f(b) - f(a)}{b - a} \quad \left(\text{または} \ = \lim_{h \to 0} \frac{f(a+h) - f(a)}{h} \right)$$

である．「関数が微分可能であること」は「接線が存在すること」を意味し，微分係数は接線の傾きを表している．したがって，$f(x)$ は $f'(a) > 0$ ならば $x = a$ において増加傾向にあり，$f'(a) < 0$ ならば $x = a$ において減少傾向にあるといえる．

確認 例題 8.10

$f(x) = |x|$ は $x = 0$ において微分可能か．

【解答】

$$\lim_{h \to 0} \frac{f(0+h) - f(0)}{h} = \lim_{h \to 0} \frac{|h|}{h}$$

は存在しないので，$f(x) = |x|$ は $x = 0$ において微分可能ではない．グラフを見ても点 $(0, 0)$ において接線が存在しないことがわかる．■

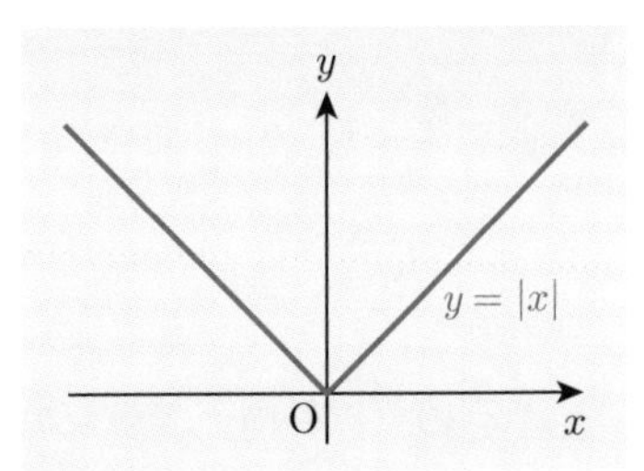

関数の微分可能性と連続性の間には次のような関係がある．

定理 8.6　$f(x)$ が $x = a$ において微分可能ならば，$x = a$ において連続でもある．

【証明】　$f(x)$ が $x = a$ において微分可能ならば $f'(a)$ が有限値として存在するので

$$\begin{aligned}
\lim_{x \to a} f(x) &= \lim_{x \to a} \bigl(f(x) - f(a)\bigr) + f(a) \\
&= \lim_{x \to a} \left\{ \frac{f(x) - f(a)}{x - a} \cdot (x - a) \right\} + f(a) \\
&= f'(a) \cdot 0 + f(a) = f(a)
\end{aligned}$$

となり，$f(x)$ は $x = a$ において連続であることがわかる．■

集合 D 上で定義された関数 $f(x)$ が，任意の $x \in D$ において微分可能であるとき，$x \in D$ に対して $f'(x)$ を対応させる新たな D 上の関数が考えられる．これを $f(x)$ の**導関数**といい，$f'(x)$ または $\frac{df}{dx}(x)$ と表す．$f(x)$ の導関数を求めることを，$f(x)$ を**微分する**という．

導関数を求めるには，任意の $x \in D$ における微分係数を求めればよい．

確認 例題 8.11

次を示せ．

(1)　任意の定数 c に対して $(c)' = 0$　　(2)　$(x^2)' = 2x$

【解答】　(1)　定義より $(c)' = \lim_{h \to 0} \frac{c - c}{h} = 0$ となる．

(2)　定義より

$$(x^2)' = \lim_{h \to 0} \frac{(x+h)^2 - x^2}{h} = \lim_{h \to 0} \frac{2xh + h^2}{h} = \lim_{h \to 0} (2x + h) = 2x$$

となる．■

確認例題 8.11 (2) と同様に，任意の自然数 n に対して

$$(x^n)' = nx^{n-1}$$

が成り立つことがわかる♣[1]．この事実と，次の微分公式を組み合わせることで多項式・有理関数の導関数を求めることができる．

定理 8.7　(微分公式)　$f(x)$, $g(x)$ が微分可能であるとき，次が成り立つ．

(1)　定数 k, ℓ に対して $(kf(x) + \ell g(x))' = kf'(x) + \ell g'(x)$

(2)　$\{f(x)g(x)\}' = f'(x)g(x) + f(x)g'(x)$

(3)　$\left(\frac{f(x)}{g(x)}\right)' = \frac{f'(x)g(x) - f(x)g'(x)}{\{g(x)\}^2}$　　$(g(x) \neq 0)$

【証明】　いずれも方針は同じなので，(2) のみ示す．$g(x)$ の連続性♣[2] より

$$\begin{aligned}
&\{f(x)g(x)\}' \\
&= \lim_{h \to 0} \frac{f(x+h)g(x+h) - f(x)g(x)}{h} \\
&= \lim_{h \to 0} \frac{f(x+h)g(x+h) - f(x)g(x+h) + f(x)g(x+h) - f(x)g(x)}{h} \\
&= \lim_{h \to 0} \left(\frac{f(x+h) - f(x)}{h} \cdot g(x+h) + f(x) \cdot \frac{g(x+h) - g(x)}{h} \right) \\
&= f'(x)g(x) + f(x)g'(x)
\end{aligned}$$

が成り立つ．■

♣[1] 確認例題 8.11 (1) より，$n = 0$ でも成り立っている．

♣[2] 最後の等号で $g(x)$ の連続性を使っている．

基本 例題 8.12

次の関数を微分せよ.

(1) x^3-2x^2+x-5 (2) $\dfrac{x}{x+1}$

【解答】 (1) 定理 8.7 (1) より

$$(x^3-2x^2+x-5)'=(x^3)'-2(x^2)'+(x)'-(5)'=3x^2-4x+1$$

(2) 定理 8.7 (3) より

$$\left(\frac{x}{x+1}\right)'=\frac{x'(x+1)-x(x+1)'}{(x+1)^2}=\frac{x+1-x}{(x+1)^2}=\frac{1}{(x+1)^2}$$

■

問 8.4 次の関数を微分せよ.

(1) $x^2(x^3-x)$ (2) $\dfrac{x^2+x+1}{x+2}$ (3) $\dfrac{1}{x^2+5}$

次に続く 2 つの定理は，いずれも重要な導関数である．証明は一度理解すれば忘れてもよいが，定理の主張はすべて覚えること．

定理 8.8 （三角関数の導関数） 次が成り立つ．

(1) $(\sin x)'=\cos x$

(2) $(\cos x)'=-\sin x$

(3) $(\tan x)'=\dfrac{1}{\cos^2 x}$

【証明】 (1) 定理 7.4，定理 8.3 および $\cos x$ の連続性より

$$(\sin x)'=\lim_{h\to 0}\frac{\sin(x+h)-\sin x}{h}=\lim_{h\to 0}\frac{2\sin\frac{h}{2}\cos(x+\frac{h}{2})}{h}$$
$$=\lim_{h\to 0}\frac{\sin\frac{h}{2}}{\frac{h}{2}}\cdot\cos\left(x+\frac{h}{2}\right)=\cos x$$

が成り立つ．

(2) は (1) と同様に示されるので省略（演習 8.5 (1) 参照）．

(3) (1), (2) および定理 8.7 (3) より

$$(\tan x)'=\left(\frac{\sin x}{\cos x}\right)'=\frac{\cos^2 x+\sin^2 x}{\cos^2 x}=\frac{1}{\cos^2 x}$$

が成り立つ．

■

定理 8.9 （指数関数・対数関数の導関数） 次が成り立つ.

(1) $(e^x)' = e^x$ 　　(2) $(\log x)' = \dfrac{1}{x}$

【証明】 (1) 定理 8.5 (2) より

$$(e^x)' = \lim_{h\to 0}\frac{e^{x+h}-e^x}{h} = \lim_{h\to 0}\frac{e^x(e^h-1)}{h}$$
$$= e^x \lim_{h\to 0}\frac{e^h-1}{h} = e^x$$

(2) $k=\frac{h}{x}$ とおくと $h\to 0$ のとき $k\to 0$ であるから，定理 8.5 (1) より

$$(\log x)' = \lim_{h\to 0}\frac{\log(x+h)-\log x}{h}$$
$$= \lim_{h\to 0}\frac{\log(1+\frac{h}{x})}{h} = \lim_{k\to 0}\frac{\log(1+k)}{xk}$$
$$= \frac{1}{x}\lim_{k\to 0}\frac{\log(1+k)}{k} = \frac{1}{x}$$

■

8.5 合成関数の微分公式

2つの関数 $f(x)$, $g(u)$ が与えられたとき，関数 $g(f(x))$ を f **と** g **の合成関数**という．この節では，さまざまな関数の導関数を求める上で最も重要な合成関数の微分公式を学ぶ.

導入 例題 8.13

次の関数を f と g の合成関数とみるとき，$f(x)$ と $g(u)$ をそれぞれ求めよ.

(1) e^{x^2+3x+5} 　　(2) $(x^2-x+1)^5$

【解答】 (1) $f(x) = x^2+3x+5$, $g(u) = e^u$ とすると

$$e^{x^2+3x+5} = g(f(x))$$

となる.

(2) $f(x) = x^2-x+1$, $g(u) = u^5$ とすると

$$(x^2-x+1)^5 = g(f(x))$$

となる. ■

微分しようとしている関数が $g(f(x))$ の形をしているとき，次の定理が適用できる．

定理 8.10（合成関数の微分公式） $f(x)$, $g(u)$ が微分可能であるとき，f と g の合成関数 $g(f(x))$ も微分可能であり

$$\{g(f(x))\}' = g'\big(f(x)\big) \cdot f'(x)$$

が成り立つ♣[1]．

【証明】 $f(x)$ は連続関数であるから，$u = f(x)$, $u_h = f(x+h)$ とするとき，$h \to 0$ ならば $u_h \to u$ である．したがって

$$\begin{aligned}\{g(f(x))\}' &= \lim_{h\to 0} \frac{g(f(x+h)) - g(f(x))}{h} \\ &= \lim_{h\to 0} \left\{ \frac{g(f(x+h)) - g(f(x))}{f(x+h) - f(x)} \frac{f(x+h) - f(x)}{h} \right\} \\ &= \lim_{u_h \to u} \frac{g(u_h) - g(u)}{u_h - u} \cdot \lim_{h\to 0} \frac{f(x+h) - f(x)}{h} \\ &= g'(u) \cdot f'(x) = g'\big(f(x)\big) \cdot f'(x)\end{aligned}$$

が成り立つ．■

確認 例題 8.14

導入例題 8.13 の各関数を微分せよ．

【解答】 (1)

$$(x^2 + 3x + 5)' = 2x + 3, \quad (e^u)' = e^u$$

であるから，定理 8.10 より

$$(e^{x^2+3x+5})' = (2x+3)e^{x^2+3x+5}$$

となる．

(2)

$$(x^2 - x + 1)' = 2x - 1, \quad (u^5)' = 5u^4$$

であるから．定理 8.10 より

$$\left\{(x^2 - x + 1)^5\right\}' = 5(2x-1)(x^2 - x + 1)^4$$

となる．■

♣[1] $g'(f(x))$ の意味は，g の導関数 $g'(u)$ に $u = f(x)$ を代入する，という意味である．

基本 例題 8.15

次の問に答えよ.

(1)　微分可能な関数 $f(x)$ に対して，$f(x)>0$ ならば

$$\{\log f(x)\}' = \frac{f'(x)}{f(x)}$$

が成り立つことを示せ.

(2)　任意の実数 α に対して，

$$(x^\alpha)' = \alpha x^{\alpha-1} \quad (x>0)$$

が成り立つことを示せ.

【解答】　(1)　$\log f(x)$ は $f(x)$ と $g(u)=\log u$ の合成関数であり，$g'(u)=\frac{1}{u}$ であるから，定理 8.10 より

$$\{\log f(x)\}' = \frac{1}{f(x)}\cdot f'(x) = \frac{f'(x)}{f(x)}$$

が成り立つ.

(2)　$f(x)=x^\alpha$ とおくと，

$$\log f(x) = \log x^\alpha = \alpha\log x$$

であるから，この両辺を微分すると (1) より

$$\frac{f'(x)}{f(x)} = \frac{\alpha}{x}$$

となる．したがって

$$f'(x) = \frac{\alpha}{x}\cdot x^\alpha = \alpha x^{\alpha-1}$$

が成り立つ. ■

基本例題 8.15 (2) の結果は，無理関数の導関数を求める際の重要公式として覚えておこう．なお，(2) で用いた微分法を**対数微分法**という.

問 8.5　次の関数を微分せよ.

(1)　$\tan 3x$　(2)　$\sqrt{x^2+1}$　(3)　$\dfrac{1}{(x+4)^{10}}$　(4)　$\cos^2 x$

(5)　$\dfrac{\sqrt{x}}{\sqrt{x}+1}$　(6)　$\log(e^x+e^{-x})$　(7)　e^{e^x}　(8)　2^x

8.6　2 次導関数と関数の増減・凹凸

微分可能な関数 $f(x)$ の導関数 $f'(x)$ が微分可能であるとき，$f(x)$ は **2 回微分可能である**という．また $f'(x)$ の導関数を $f(x)$ の**第 2 次導関数**といい $f''(x)$ または $\dfrac{d^2 f}{dx^2}(x)$ と表す．

導入 例題 8.16

$f(x)$ を 2 回微分可能な関数とする．定義域内の区間 (a, b) において $f''(x) > 0$ が成り立つとき，曲線 $y = f(x)$ とその接線の関係は下図の (A) と (B) のどちらになるか．

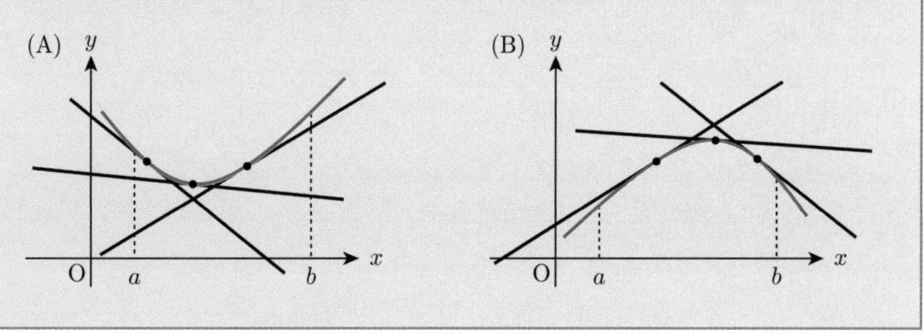

【解答】　$f''(x) > 0$ であるとき，$f'(x)$ が単調増加しているので，接点 $(p, f(p))$ が右に移動するにつれて接線の傾きは大きくなる．したがって，(A) のようになる．■

逆に，$f''(x) < 0$ であるときは (B) のようになっている．(A) のような状態のとき**曲線は下に凸**(とつ)**である**といい，(B) のような状態のとき**曲線は上に凸である**という ♣1．導入例題 8.16 から

$$f''(x) > 0 \quad \Rightarrow \quad \text{曲線 } y = f(x) \text{ は下に凸}$$
$$f''(x) < 0 \quad \Rightarrow \quad \text{曲線 } y = f(x) \text{ は上に凸}$$

であることがわかる．

$f'(x)$ の符号と，$f''(x)$ の符号の組合せによって曲線 $y = f(x)$ の状態を分類すると，次のようになる．

♣1　「上に凸」は「下に凹(おう)」ともいう．

(1) $f'(a) > 0$ かつ $f''(a) > 0$ のとき

$x = a$ において，増加かつ下に凸となる．この状態を ⤴ と表す．

(2) $f'(a) > 0$ かつ $f''(a) < 0$ のとき

$x = a$ において，増加かつ上に凸となる．この状態を ↱ と表す．

(3) $f'(a) < 0$ かつ $f''(a) > 0$ のとき

$x = a$ において，減少かつ下に凸となる．この状態を ↳ と表す．

(4) $f'(a) < 0$ かつ $f''(a) < 0$ のとき

$x = a$ において，減少かつ上に凸となる．この状態を ⤵ と表す．

(5) $f'(a) = 0$ かつ $f''(a) > 0$ のとき

$x = a$ において ↳ から ⤴ に移り変わる．このとき $f(a)$ を**極小値**という．

(6) $f'(a) = 0$ かつ $f''(a) < 0$ のとき

$x = a$ において ↱ から ⤵ に移り変わる．このとき $f(a)$ を**極大値**という ♣[1]．

(7) $f'(a) > 0$ かつ $f''(a) = 0$ のとき

$x = a$ において ↱ から ⤴ へ，または ⤴ から ↱ へ切り替わる．

(8) $f'(a) < 0$ かつ $f''(a) = 0$ のとき

$x = a$ において ↳ から ⤵ へ，または ⤵ から ↳ へ切り替わる．

(7), (8) のような点 $(a, f(a))$ を曲線 $y = f(x)$ の**変曲点**という．なお，$f'(a) = 0$ かつ $f''(a) = 0$ のとき，$(a, f(a))$ は極値をとる点なのか変曲点なのか判断できない．この場合は周辺での曲線の状態から判断する．

確認 例題 8.17

関数 $f(x) = \dfrac{x}{x^2+1}$ の増減・凹凸を調べて $y = f(x)$ のグラフの概形を描け．

【解答】 定理 8.7 (3) より

$$f'(x) = \frac{x^2 + 1 - 2x^2}{(x^2+1)^2} = \frac{1 - x^2}{(x^2+1)^2}$$

であるから $f'(x) = 0$ となるのは $x = 1,\ -1$．再び定理 8.7 (3) より

$$f''(x) = \frac{-2x(x^2+1)^2 - 4x(x^2+1)(1-x^2)}{(x^2+1)^4} = \frac{-2x(3-x^2)}{(x^2+1)^4}$$

であるから $f''(x) = 0$ となるのは $x = 0,\ \sqrt{3},\ -\sqrt{3}$．

♣[1] 極大値と極小値を合わせて**極値**という．

また $\lim_{x\to\infty} f(x)=0$, $\lim_{x\to-\infty} f(x)=0$ である．以上の事実を表にまとめると

x	$(-\infty)$	$\cdots$	$-\sqrt{3}$	$\cdots$	-1	$\cdots$	0	$\cdots$	1	$\cdots$	$\sqrt{3}$	$\cdots$	(∞)
f'		$-$			0	$+$			0	$-$			
f''		$-$	0	$+$			0	$-$			0	$+$	
f	(0)	⤵	$-\frac{\sqrt{3}}{4}$	↳	$-\frac{1}{2}$	⤴	0	↱	$\frac{1}{2}$	⤵	$\frac{\sqrt{3}}{4}$	↳	(0)

となる．この表を関数 $f(x)$ の**増減表**という．これより $y=f(x)$ のグラフは下図のようになる．

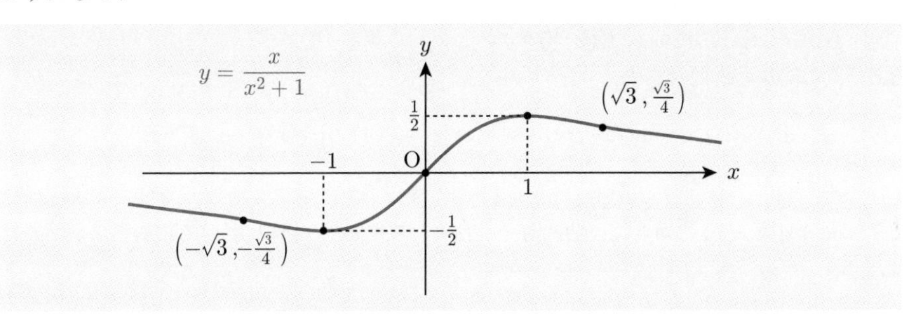

$f(x)$ は $x=-1$ において極小値 $-\frac{1}{2}$，$x=1$ において極大値 $\frac{1}{2}$ をとり，点 $\left(-\sqrt{3}, -\frac{\sqrt{3}}{4}\right)$, $(0,0)$, $\left(\sqrt{3}, \frac{\sqrt{3}}{4}\right)$ は変曲点となる． ■

問 8.6　次の関数 $f(x)$ の増減・凹凸を調べて $y=f(x)$ のグラフの概形を描け．また，極値があれば求めよ．

(1)　$f(x)=xe^x$　　(2)　$f(x)=x+\dfrac{1}{x}$

第 8 章　演習問題

8.1　次の極限を求めよ．

(1)　$\displaystyle\lim_{x\to\infty}\frac{\sqrt{3x^2+2x}}{x}$　　(2)　$\displaystyle\lim_{x\to\sqrt{3}}\frac{x-\sqrt{3}}{\sqrt{x^2+1}-2}$　　(3)　$\displaystyle\lim_{x\to\infty}\left(\frac{2x-1}{1+2x}\right)^x$

(4)　$\displaystyle\lim_{x\to\frac{\pi}{2}}(2x-\pi)\tan x$　　(5)　$\displaystyle\lim_{x\to 0}\frac{x}{\log(3x+5)-\log 5}$

8.2　$\displaystyle\lim_{x\to\infty}(1+3^x)^{\frac{1}{x}}=3$ であることを，定理 8.1 (4)（はさみうちの原理）を用いて示せ．

8.3　次の関数 $f(x)$ は $x=0$ において連続かどうか判定せよ．

(1)　$f(x)=\begin{cases}\dfrac{\log(1-x)}{x} & (x\neq 0)\\ -1 & (x=0)\end{cases}$

(2)　$f(x) = \begin{cases} \dfrac{\sin x}{\sqrt{|x|+1}-1} & (x \neq 0) \\ 2 & (x = 0) \end{cases}$

8.4　自然数 n に対して，一度引いたときに当たりを引く確率が $\frac{1}{n}$ であるクジがある．このとき次の問に答えよ．

(1)　このクジを n 回引いたとき一度も当たりを引かない確率 a_n を求めよ．

(2)　$\displaystyle\lim_{n\to\infty} a_n$ を求めよ．

8.5　次の問に答えよ．

(1)　微分係数の定義を用いて $(\cos x)' = -\sin x$（定理 8.8 (2)）であることを示せ．

(2)　$f(x) = x|x|$ の導関数 $f'(x)$ を求めよ．

8.6　次の関数の導関数を求めよ．

(1)　$\dfrac{e^x}{x+3}$　　(2)　$\sin\sqrt{x}$　　(3)　$\log_2 x$　　(4)　$\left(\sqrt{x}+\dfrac{1}{\sqrt{x}}\right)^2$

(5)　$\sin^2 3x$　　(6)　$\log(x+\sqrt{x^2+2})$　　(7)　x^x

8.7　次の関数 $f(x)$ に対して，曲線 $y = f(x)$ 上の点 $(1, f(1))$ における接線の方程式を求めよ．

(1)　$f(x) = \dfrac{x+2}{x+1}$　　(2)　$f(x) = \log x$

8.8　定数 a, b, c に対して $f(x) = ax^2 + bx + c$（ただし $a \neq 0$）とする．このとき，次の問に答えよ．

(1)　曲線 $y = f(x)$ 上の点 $(p, f(p))$ における接線 $T(p)$ の方程式を求めよ．

(2)　異なる実数 p, q に対して，$T(p)$ と $T(q)$ の交点の x 座標を求めよ．

8.9　次の関数 $f(x)$ の増減・凹凸を調べて $y = f(x)$ のグラフの概形を描け．また，極値があれば求めよ．

(1)　$f(x) = x^3 - 6x^2 + 9x + 2$　　(2)　$f(x) = \dfrac{1}{\sqrt{x^2+1}}$

8.10　関数の増減を調べることで，次のことを示せ．

(1)　任意の実数 x に対して $e^x \geqq 1 + x$ が成り立つ．

(2)　$x \leqq 0$ ならば $e^x \leqq 1 + x + \frac{1}{2}x^2$ が成り立つ．

第 9 章 積分とその応用

本章では関数の積分について論じる．高校の数学では，まず微分の逆演算として不定積分の計算法を学び，それから定積分を学ぶが，量を求めるための道具として発生したのが（定）積分であるから，本書でもその流れをくんで定積分の定義から始める．高校の範囲からは逸脱するが，微分方程式の基礎についても述べる．

9.1 定 積 分

小学校で学んだように，移動する物体に対して

$$距離 = 速さ \times 時間$$

という等式が成り立っている．この関係式が積分の原点といえる．次の例題を考えてみよう．

導入 例題 9.1

一直線上を移動する物体について，次の問に答えよ．

(1) 秒速 5 cm で 10 秒間移動すると，何 cm 移動したことになるか．

(2) 秒速 5 cm で 5 秒間移動したあと，続けて秒速 10 cm で 5 秒間移動したら，何 cm 移動したことになるか．

(3) 秒速 5 cm で 5 秒間移動したあと，続けて秒速 2 cm で 5 秒間逆戻りしたら，最初にいた地点から何 cm 移動したことになるか．

【解答】「距離 = 速さ × 時間」であるから，移動距離は底辺を時間，高さを速さとする長方形の面積としてとらえることができる．

(1) $5 \times 10 = 50$ より 50 cm 移動した．

(2) $5 \times 5 + 10 \times 5 = 75$ より 75 cm 移動した．

(3) $5 \times 5 - 2 \times 5 = 15$ より 15 cm 移動した．

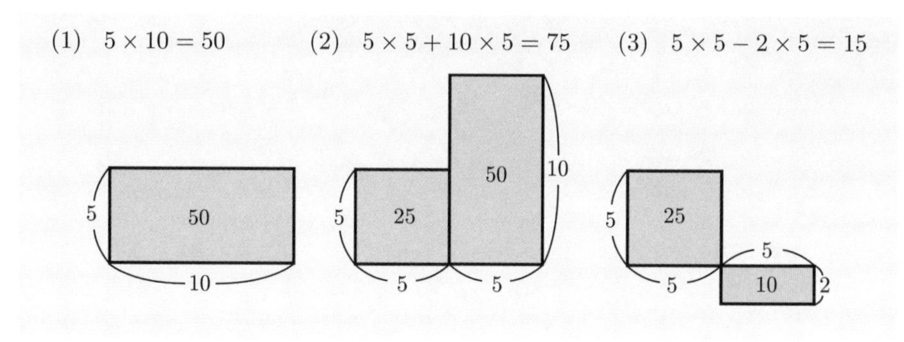

■

速さがさらに小刻みに変化したとしても，同じように長方形の面積の足し引きで距離を求めることができる．

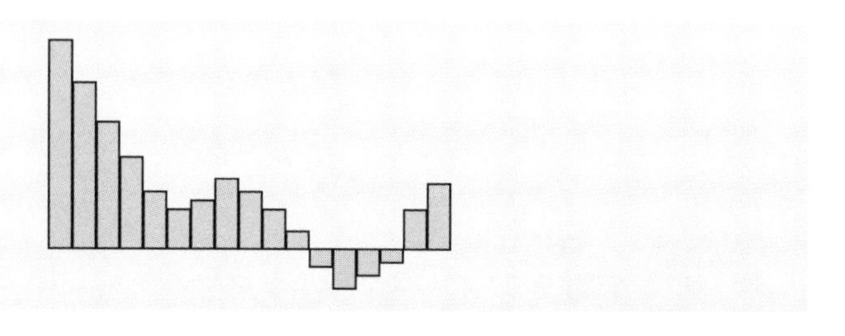

この考え方を突き詰めれば，閉区間 $[a,\, b]$ 上で連続な関数 $f(x)$ が与えられたとき，時刻 x における速さが $f(x)$ となるように連続的に変化しながら移動するときの移動距離は，図のように $y = f(x)$ のグラフと，直線 $x = a$, $x = b$ および x 軸で囲まれる図形の面積となる．ただし，グラフが x 軸よりも下にある部分の面積はマイナスの符号をつけるものとする．

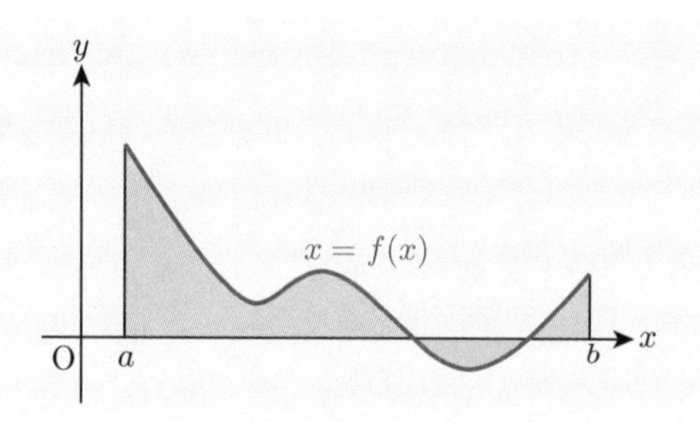

この値を，**関数 $f(x)$ の区間 $[a,\ b]$ における定積分**といい $\displaystyle\int_a^b f(x)\,dx$ と表す．定積分 $\displaystyle\int_a^b f(x)\,dx$ において，$f(x)$ を**被積分関数**といい，x を**積分変数**という．また積分変数の動く区間 $[a,\ b]$ を**積分区間**といい，a を**下端**，b を**上端**という．定積分は $f(x)$ と $[a,\ b]$ のみで定まる数値なので，積分変数の選び方には依存しない．

$$\int_a^b f(x)\,dx = \int_a^b f(y)\,dy = \int_a^b f(u)\,du = \int_a^b f(s)\,ds = \cdots$$

また，下端より上端の方が大きくない場合の定積分を

$$\int_a^b f(x)\,dx = -\int_b^a f(x)\,dx \quad (a > b)$$

$$\int_a^a f(x)\,dx = 0$$

と定義する．

定積分については，次の性質がある．

定理 9.1　連続関数 $f(x)$, $g(x)$ と，任意の a, b, c に対して次が成り立つ．

(1) $\displaystyle\int_a^b \big(kf(x) + \ell g(x)\big)\,dx = k\int_a^b f(x)\,dx + \ell\int_a^b g(x)\,dx$　（k, ℓ は定数）

(2) $\displaystyle\int_a^b f(x)\,dx = \int_a^c f(x)\,dx + \int_c^b f(x)\,dx$

(3) $\displaystyle\int_a^b f(x)\,dx = f(p)(b-a)$ となるような p が a と b の間に存在する．

(3) は，速さ $f(x)$ で時刻 $x = a$ から $x = b$ まで移動したときの平均の速さが $f(p)$ であることを意味している．

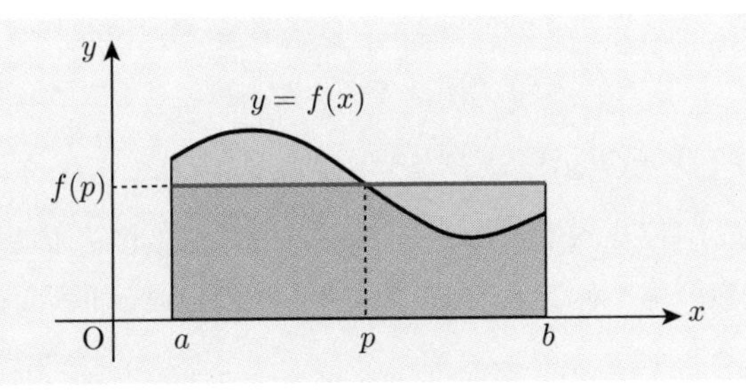

また，定積分の定義より，次のことがわかる．

定理 9.2　区間 $[a,\ b]$ 上の連続関数 $f(x),\ g(x)$ に対して $f(x) \geqq g(x)$ が成り立つとき，2つの曲線 $y = f(x),\ y = g(x)$ と2つの直線 $x = a,\ x = b$ で囲まれる図形の面積 S は

$$S = \int_a^b \bigl(f(x) - g(x)\bigr)\,dx$$

で与えられる．

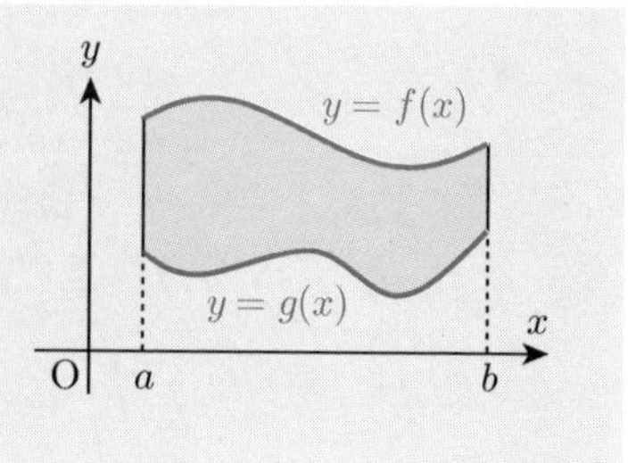

具体的な関数 $f(x)$ に対して，定積分はどのように求められるのか．その説明をするために，用語を1つ導入しておこう．関数 $f(x)$ に対して，

$$F'(x) = f(x)$$

となるような関数 $F(x)$ を $f(x)$ の**原始関数**という．

確認 例題 9.2

次の関数の原始関数を求めよ．

(1)　x^3　　(2)　$\sin x$　　(3)　e^{2x}

【解答】　(1)　$\left(\dfrac{1}{4}x^4\right)' = x^3$ であるから，$\dfrac{1}{4}x^4$ は x^3 の原始関数である．

(2)　$(-\cos x)' = \sin x$ であるから，$-\cos x$ は $\sin x$ の原始関数である．

(3)　$\left(\dfrac{1}{2}e^{2x}\right)' = e^{2x}$ であるから，$\dfrac{1}{2}e^{2x}$ は e^{2x} の原始関数である．■

確認例題 9.2 (2) において $(-\cos x + 1)' = \sin x$ が成り立つので，$-\cos x + 1$ も $\sin x$ の原始関数であるといえる．つまり，原始関数は複数存在する．しかしながら，$F(x),\ G(x)$ がともに $f(x)$ の原始関数であるならば，

$$\bigl(F(x) - G(x)\bigr)' = F'(x) - G'(x) = f(x) - f(x) = 0$$

より $F(x) - G(x) = C$（定数）つまり $F(x) = G(x) + C$ となるので，2つの原始関数の違いは定数の差しかない．この事実と，次の定理を組み合わせることで定積分の求め方が得られる．

定理 9.3 （微分積分学の基本定理） 区間 $[a,\ b]$ 上で連続な関数 $f(x)$ が与えられたとき，$[a,\ b]$ 内の任意の x_0 に対して，

$$G(x) = \int_{x_0}^{x} f(t)\,dt$$

と定めるとき，$G(x)$ は $f(x)$ の原始関数である．

【証明】 定理 9.1 (2), (3) より

$$G(x+h) - G(x) = \int_{x_0}^{x+h} f(t)\,dt - \int_{x_0}^{x} f(t)\,dt = \int_{x}^{x+h} f(t)\,dt = f(p)h$$

となるような p が x と $x+h$ の間に存在する．ここで，$h \to 0$ とすると，$p \to x$ であり，$f(x)$ は連続関数であるから $f(p) \to f(x)$ となる．したがって

$$G'(x) = \lim_{h \to 0} \frac{G(x+h) - G(x)}{h} = \lim_{h \to 0} f(p) = f(x)$$

となり，$G(x)$ は $f(x)$ の原始関数であることがわかる． ■

定理 9.4 （定積分の求め方） 区間 $[a,\ b]$ 上で連続な関数 $f(x)$ に対して，$F(x)$ をその原始関数の 1 つとするとき，次の式が成り立つ．

$$\int_{a}^{b} f(x)\,dx = F(b) - F(a)$$

【証明】 定理 9.3 の $G(x)$ も $f(x)$ の原始関数であるから $F(x) = G(x) + C$ となる定数 C が存在する．したがって定理 9.1 (2) より

$$\begin{aligned} F(b) - F(a) &= \bigl(G(b) + C\bigr) - \bigl(G(a) + C\bigr) \\ &= \int_{x_0}^{b} f(t)\,dt - \int_{x_0}^{a} f(t)\,dt = \int_{x_0}^{b} f(t)\,dt + \int_{a}^{x_0} f(t)\,dt = \int_{a}^{b} f(t)\,dt \end{aligned}$$

が成り立つ． ■

定理 9.4 より，定積分を求めるためには，

(1)　被積分関数の原始関数を見つける

(2)　原始関数に上端・下端の値を代入し引き算する

という作業を行えばよい．なお，この 2 つの作業を区切るために，

$$\int_{a}^{b} f(x)\,dx = \bigl[F(x)\bigr]_{a}^{b} = F(b) - F(a)$$

と表すと計算がやりやすい．

確認 例題 9.3

次の定積分を求めよ．

(1) $\displaystyle\int_0^2 x^3\,dx$　　(2) $\displaystyle\int_0^\pi \sin x\,dx$

【解答】 (1)　確認例題 9.2 (1) より

$$\int_0^2 x^3\,dx = \left[\frac{1}{4}x^4\right]_0^2 = \frac{1}{4}\cdot 2^4 - \frac{1}{4}\cdot 0^4 = 4$$

(2)　確認例題 9.2 (2) より

$$\int_0^\pi \sin x\,dx = \left[-\cos x\right]_0^\pi = -\cos\pi - (-\cos 0) = 1 + 1 = 2$$

■

関数 $f(x)$ の原始関数すべてがなす集合を $f(x)$ の**不定積分**といい，$\displaystyle\int f(x)\,dx$ と表す．原始関数の違いは定数の差しかないので，不定積分は，原始関数 $F(x)$ を1つ用いて

$$\int f(x)\,dx = F(x) + C \quad (C \text{ は任意の定数})$$

と表される．さまざまな関数の不定積分を知っておくと，定積分を求めるときに便利である．

定理 9.5　次の等式が成り立つ．C は任意の定数とする．

(1) $\displaystyle\int x^a\,dx = \frac{1}{a+1}x^{a+1} + C$　　ただし　$a \neq -1$

(2) $\displaystyle\int \frac{1}{x}\,dx = \log|x| + C$　　$(x \neq 0)$

(3) $\displaystyle\int \cos ax\,dx = \frac{1}{a}\sin ax + C$　　ただし　$a \neq 0$

(4) $\displaystyle\int \sin ax\,dx = -\frac{1}{a}\cos ax + C$　　ただし　$a \neq 0$

(5) $\displaystyle\int \frac{1}{\cos^2 ax}\,dx = \frac{1}{a}\tan ax + C$　　ただし　$a \neq 0$

(6) $\displaystyle\int e^{ax}\,dx = \frac{1}{a}e^{ax} + C$　　ただし　$a \neq 0$

(7) $\displaystyle\int \frac{f'(x)}{f(x)}\,dx = \log\bigl|f(x)\bigr| + C$　　$(f(x) \neq 0)$

【証明】 いずれも右辺の関数を微分して原始関数であることを確かめればよい．ここでは (7) を確かめてみよう．$f(x) > 0$ のときは基本例題 8.15 (1) より

$$\left(\log|f(x)|\right)' = \left(\log f(x)\right)' = \frac{f'(x)}{f(x)}$$

となる．また $f(x) < 0$ のときは

$$\left(\log|f(x)|\right)' = \left(\log\{-f(x)\}\right)' = \frac{-f'(x)}{-f(x)} = \frac{f'(x)}{f(x)}$$

となり，いずれの場合も (7) が成り立つ． ■

基本 例題 9.4

次の定積分を求めよ．

(1) $\displaystyle\int_1^3 \left(\frac{1}{x} + \frac{1}{\sqrt{x}}\right) dx$　　(2) $\displaystyle\int_0^{\frac{\pi}{3}} \tan x\, dx$

【解答】 (1)

$$\begin{aligned}\int_1^3 \left(\frac{1}{x} + \frac{1}{\sqrt{x}}\right) dx &= \int_1^3 \left(\frac{1}{x} + x^{-\frac{1}{2}}\right) dx \\ &= \left[\log|x| + 2\sqrt{x}\,\right]_1^3 \\ &= \log 3 + 2\sqrt{3} - 2\end{aligned}$$

(2)

$$\begin{aligned}\int_0^{\frac{\pi}{3}} \tan x\, dx &= \int_0^{\frac{\pi}{3}} \frac{\sin x}{\cos x}\, dx \\ &= \left[-\log|\cos x|\right]_0^{\frac{\pi}{3}} = -\log\frac{1}{2} \\ &= \log 2\end{aligned}$$

■

問 9.1　次の定積分を求めよ．

(1) $\displaystyle\int_{-1}^1 (x^3 + 2x^2 - 4x)\, dx$　　(2) $\displaystyle\int_1^4 \left(x + \frac{1}{x}\right)^2 dx$　　(3) $\displaystyle\int_0^1 \frac{1}{e^x}\, dx$

(4) $\displaystyle\int_0^{\pi} \cos\frac{x}{4}\, dx$　　(5) $\displaystyle\int_0^3 \frac{1}{2x+3}\, dx$　　(6) $\displaystyle\int_0^2 \frac{2x}{x^2+1}\, dx$

9.2 部分積分法・置換積分法

被積分関数の原始関数がただちにわからない場合にも，工夫して定積分を求める方法がある．この節では2つの方法を紹介しよう．

定理 9.6 （部分積分法） $f(x)$, $g(x)$ が微分可能であるとき，次が成り立つ．

$$\int_a^b f'(x)g(x)\,dx = \Big[f(x)g(x)\Big]_a^b - \int_a^b f(x)g'(x)\,dx$$

この方法を**部分積分法**という．

【証明】 $\{f(x)g(x)\}' = f'(x)g(x) + f(x)g'(x)$ より

$$\int_a^b \Big\{f'(x)g(x) + f(x)g'(x)\Big\}\,dx = \Big[f(x)g(x)\Big]_a^b$$

つまり

$$\int_a^b f'(x)g(x)\,dx = \Big[f(x)g(x)\Big]_a^b - \int_a^b f(x)g'(x)\,dx$$

が成り立つ． ■

確認 例題 9.5

次の定積分を求めよ．

(1) $\displaystyle\int_0^\pi x\cos x\,dx$　(2) $\displaystyle\int_1^e \log x\,dx$

【解答】 (1) 部分積分法より

$$\begin{aligned}\int_0^\pi x\cos x\,dx &= \int_0^\pi x(\sin x)'\,dx = \Big[x\sin x\Big]_0^\pi - \int_0^\pi \sin x\,dx \\ &= \Big[\cos x\Big]_0^\pi = -1-1 = -2\end{aligned}$$

となる．

(2) 部分積分法より

$$\begin{aligned}\int_1^e \log x\,dx &= \int_1^e (x)'\log x\,dx = \Big[x\log x\Big]_1^e - \int_1^e 1\,dx \\ &= e - \Big[x\Big]_1^e = e - e + 1 = 1\end{aligned}$$

となる． ■

定理 9.7　（置換積分法）　$f(t)$, $g(x)$ が微分可能であるとする．$t = g(x)$ とおいたとき

$$\int_a^b f\bigl(g(x)\bigr)g'(x)\,dx = \int_{g(a)}^{g(b)} f(t)\,dt$$

が成り立つ．この方法を**置換積分法**という．

【証明】　$F(t)$ を $f(t)$ の原始関数とすると，定理 8.10 より

$$\bigl\{F(g(x))\bigr\}' = F'\bigl(g(x)\bigr)g'(x) = f\bigl(g(x)\bigr)g'(x)$$

となり $F(g(x))$ は $f(g(x))g'(x)$ の原始関数であることがわかる．したがって定理 9.4 より

$$\begin{aligned}\int_a^b f\bigl(g(x)\bigr)g'(x)\,dx &= \bigl[F(g(x))\bigr]_a^b = F\bigl(g(b)\bigr) - F\bigl(g(a)\bigr)\\ &= \bigl[F(t)\bigr]_{g(a)}^{g(b)} = \int_{g(a)}^{g(b)} f(t)\,dt\end{aligned}$$

が成り立つ．■

確認　例題 9.6

次の定積分を求めよ．

(1)　$\displaystyle\int_1^2 (2x-3)^5\,dx$　　(2)　$\displaystyle\int_e^{e^2} \frac{\log x}{x}\,dx$

【解答】　(1)　$t = g(x) = 2x - 3$ とおくと $g'(x) = 2$, $g(1) = -1$, $g(2) = 1$ であるから，置換積分法より

$$\begin{aligned}\int_1^2 (2x-3)^5\,dx &= \frac{1}{2}\int_1^2 (2x-3)^5 \cdot 2\,dx = \frac{1}{2}\int_{-1}^1 t^5\,dt\\ &= \frac{1}{2}\left[\frac{1}{6}t^6\right]_{-1}^1 = \frac{1}{12}(1-1) = 0\end{aligned}$$

となる．この一連の計算は次のように簡略化するとわかりやすい．

$t = 2x - 3$ とおくと $dt = 2\,dx$，つまり $dx = \frac{1}{2}\,dt$ であり，積分区間は

x	$1 \to 2$
t	$-1 \to 1$

となるので

$$\int_1^2 (2x-3)^5\,dx = \int_{-1}^1 t^5 \cdot \frac{1}{2}\,dt = \frac{1}{2}\int_{-1}^1 t^5\,dt = \cdots = 0$$

となる．

(2) $t = \log x$ とおくと $dt = \frac{1}{x}\,dx$ であり，積分区間は

x	$e \to e^2$
t	$1 \to 2$

となるので置換積分法より

$$\int_e^{e^2} \frac{\log x}{x}\,dx = \int_1^2 t\,dt = \left[\frac{1}{2}t^2\right]_1^2 = \frac{1}{2}(4-1) = \frac{3}{2}$$

となる． ■

なお，確認例題 9.6 (1) の定積分は，次の定理を用いれば後半の計算は必要がなくなる．

定理 9.8 次のことが成り立つ．

(1) $f(x)$ が偶関数ならば $\displaystyle\int_{-a}^a f(x)\,dx = 2\int_0^a f(x)\,dx.$

(2) $f(x)$ が奇関数ならば $\displaystyle\int_{-a}^a f(x)\,dx = 0.$

【証明】 定積分は「符号付き面積」であることから，いずれも明らかである．

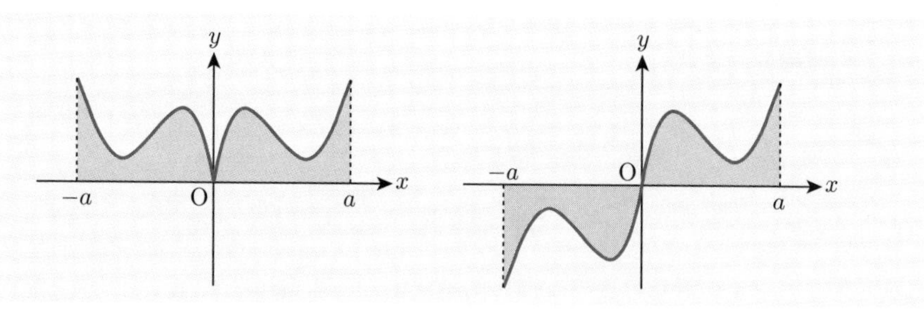

■

部分積分法・置換積分法はともに「求める定積分を別の定積分に書き換える」ための公式である．書き換えた後の定積分が求められる形になるように適用しなくてはならない．どちらを使うべきか迷うときは，どちらも試してみよう．

基本 例題 9.7

次の定積分を求めよ．

(1) $\displaystyle\int_0^1 x^3 e^{x^2}\,dx$　　(2) $\displaystyle\int_0^1 \sqrt{1-x^2}\,dx$

【解答】 (1)　$t = x^2$ とおくと $x\,dx = \frac{1}{2}\,dt$ であり，積分区間は

x	$0 \to 1$
t	$0 \to 1$

となるので部分積分法と置換積分法より

$$\int_0^1 x^3 e^{x^2}\,dx = \int_1^2 te^t \cdot \frac{1}{2}\,dt = \frac{1}{2}\int_0^1 t(e^t)'\,dt = \frac{1}{2}\left(\left[te^t\right]_0^1 - \int_0^1 e^t\,dt\right)$$
$$= \frac{1}{2}\left(e - \left[e^t\right]_0^1\right) = \frac{1}{2}(e - e + 1) = \frac{1}{2}$$

となる．

(2)　$x = \cos t$（$0 \leqq t \leqq \pi$）とおくと $dx = -\sin t\,dt$ であり，積分区間は

x	$-1 \to 1$
t	$\pi \to 0$

となるので，$\sin t \geqq 0$ となることがわかる．したがって置換積分法より

$$\int_{-1}^1 \sqrt{1-x^2}\,dx = \int_\pi^0 \sqrt{1-\cos^2 t}\cdot(-\sin t)\,dt = \int_0^\pi \sin^2 t\,dt$$
$$= \int_0^\pi \frac{1-\cos 2t}{2}\,dt = \left[\frac{1}{2}t - \frac{1}{4}\sin 2t\right]_0^\pi = \frac{\pi}{2}$$

となる．■

基本例題 9.7 (2) は，なかなか思いつきにくい置換である．こういう方法もあると覚えておこう．なお，$y = \sqrt{1-x^2}$ のグラフは単位円の上半分であるから，求めた値は単位円の半分の面積である．

問 9.2　次の定積分を求めよ．

(1) $\displaystyle\int_1^2 x\sqrt{x+1}\,dx$　(2) $\displaystyle\int_2^e \frac{1}{x\log x}\,dx$　(3) $\displaystyle\int_1^3 x\log x\,dx$

(4) $\displaystyle\int_1^2 x^2 e^x\,dx$　(5) $\displaystyle\int_0^{\pi^2} \sin\sqrt{x}\,dx$　(6) $\displaystyle\int_0^{\frac{1}{2}} \frac{1}{\sqrt{1-x^2}}\,dx$

9.3 曲線の長さ

この節では，xy 平面上のグラフとして表される曲線の長さを定積分で求めてみよう．そのためにまず，媒介変数表示された曲線について理解しよう．

導入 例題 9.8

$x(t) = t+1, y(t) = t^2$ であるとき，$0 \leqq t \leqq 1$ に対して，動点 $\mathrm{P}(x(t),\ y(t))$ が描く軌跡を図示せよ．

【解答】 $0 \leqq t \leqq 1$ のとき $1 \leqq x \leqq 2$ であり，$t = x-1$ より

$$y = (x-1)^2$$

となる．したがって点 P の軌跡は曲線 $y = (x-1)^2$ の $1 \leqq x \leqq 2$ の部分となる． ■

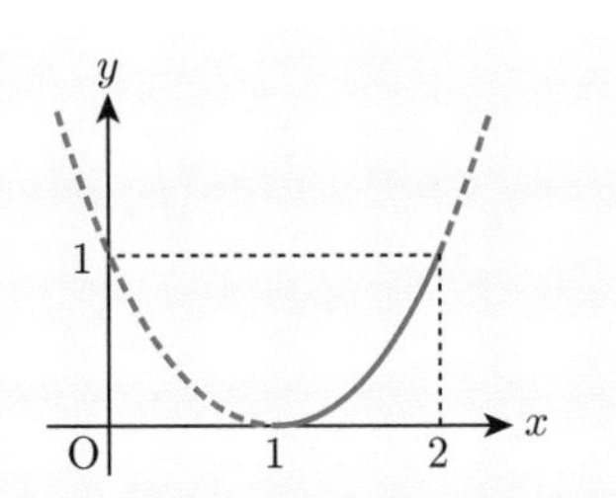

このように，$a \leqq t \leqq b$ に対して動点 $\mathrm{P}(x(t), y(t))$ が描く軌跡として表される曲線を，**媒介変数表示された曲線**といい

$$\begin{cases} x = x(t) \\ y = y(t) \end{cases} \quad (a \leqq t \leqq b)$$

と表す．またこのとき t を**媒介変数**または**パラメータ**という．

$y = f(x)$ と表される曲線に比べて，媒介変数表示された曲線の強みは，x 軸方向に折り返したり，自分自身と交わるような曲線を表すことができることである．たとえば原点が中心の単位円は $y = f(x)$ の形で表そうとすると $y = \sqrt{1-x^2}$ と $y = -\sqrt{1-x^2}$ の2つに分けられるが，媒介変数表示ならば

$$\begin{cases} x = \cos t \\ y = \sin t \end{cases} \quad (0 \leqq t \leqq 2\pi)$$

と一組で表すことができる．また，$y = f(x)$ $(a \leqq x \leqq b)$ と表される曲線も

$$\begin{cases} x = t \\ y = f(t) \end{cases} \quad (a \leqq t \leqq b)$$

と考えれば，媒介変数表示された曲線とみることができる．

では，媒介変数表示された曲線の長さ L はどのように求められるかを考えてみよう．

動点 $\mathrm{P}(x(t), y(t))$ が描く曲線において，媒介変数 t が $a \leqq t \leqq s$ の範囲を動く部分の長さを $L(s)$ と表すと，

$$L = L(b) - L(a) = \int_a^b \frac{dL}{dt}(t)\,dt$$

が成り立つ．

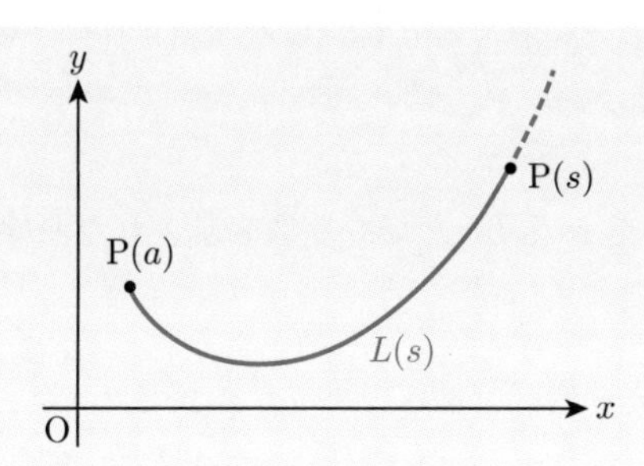

また $\Delta t > 0$ が小さい数であるとき，媒介変数が t から $t + \Delta t$ に増加したときの曲線の長さの増分 ΔL は，線分 $\mathrm{P}(t)\mathrm{P}(t + \Delta t)$ の長さと考えてよい ♣1 ので，

$$\Delta L \fallingdotseq \sqrt{\big\{x(t+\Delta t) - x(t)\big\}^2 + \big\{y(t+\Delta t) - y(t)\big\}^2}$$

となる．したがって

$$\begin{aligned}
\frac{dL}{dt}(t) &= \lim_{\Delta t \to +0} \frac{\Delta L}{\Delta t} \\
&= \lim_{\Delta t \to +0} \sqrt{\left\{\frac{x(t+\Delta t) - x(t)}{\Delta t}\right\}^2 + \left\{\frac{y(t+\Delta t) - y(t)}{\Delta t}\right\}^2} \\
&= \sqrt{\big\{x'(t)\big\}^2 + \big\{y'(t)\big\}^2}
\end{aligned}$$

となり，次の定理を得る．

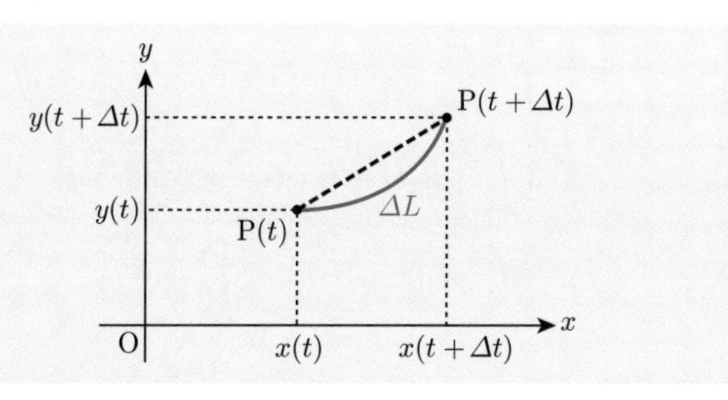

♣1　つまり，曲線のごく一部なので線分と思ってよい．

定理 9.9 媒介変数表示された曲線

$$\begin{cases} x = x(t) \\ y = y(t) \end{cases} \qquad (a \leqq t \leqq b)$$

の長さ L は

$$L = \int_a^b \sqrt{\{x'(t)\}^2 + \{y'(t)\}^2}\,dt$$

で与えられる．

また $y = f(x)$ $(a \leqq x \leqq b)$ を媒介変数表示された曲線とみなすことにより，次の定理がしたがう．

定理 9.10 曲線 $y = f(x)$ $(a \leqq x \leqq b)$ の長さ L は

$$L = \int_a^b \sqrt{1 + \{f'(x)\}^2}\,dx$$

で与えられる．

確認 例題 9.9

次の曲線の長さ L を求めよ．

(1) $\begin{cases} x = \cos^3 t \\ y = \sin^3 t \end{cases} \quad \left(0 \leqq t \leqq \dfrac{\pi}{2}\right)$

(2) $y = \dfrac{1}{8}x^2 - \log x \quad (1 \leqq x \leqq 3)$

【解答】 (1) $x'(t) = -3\cos^2 t \sin t,\ y'(t) = 3\sin^2 t \cos t$ であるから定理 9.9 より

$$\begin{aligned} L &= \int_0^{\frac{\pi}{2}} \sqrt{9\cos^4 t \sin^2 t + 9\sin^4 t \cos^2 t}\,dt \\ &= 3\int_0^{\frac{\pi}{2}} |\sin t \cos t| \sqrt{\cos^2 t + \sin^2 t}\,dt \\ &= 3\int_0^{\frac{\pi}{2}} \sin t \cos t\,dt = 3\left[\frac{1}{2}\sin^2 t\right]_0^{\frac{\pi}{2}} = \frac{3}{2} \end{aligned}$$

となる．

(2) $y'(x) = \dfrac{1}{4}x - \dfrac{1}{x}$ であるから定理 9.10 より

$$\begin{aligned}L &= \int_1^3 \sqrt{1+\left(\frac{1}{4}x-\frac{1}{x}\right)^2}\,dx = \int_1^3 \sqrt{\frac{1}{16}x^2+\frac{1}{2}+\frac{1}{x^2}}\,dx \\ &= \int_1^3 \sqrt{\left(\frac{1}{4}x+\frac{1}{x}\right)^2}\,dx = \int_1^3 \left(\frac{1}{4}x+\frac{1}{x}\right)dx \\ &= \left[\frac{1}{8}x^2+\log x\right]_1^3 = \frac{9}{8}+\log 3-\frac{1}{8} \\ &= 1+\log 3\end{aligned}$$

となる． ■

問 9.3　次の曲線の長さを求めよ．

(1)　$y=\dfrac{2}{3}x\sqrt{x}$　$(0 \leqq x \leqq 3)$　　(2)　$\begin{cases} x=e^t\cos t \\ y=e^t\sin t \end{cases}$　$(0 \leqq t \leqq \pi)$

9.4　微分方程式（発展）

本節の内容は高校では学ばない内容ではあるが，応用上非常に重要な話題なので触れておく．

導入 例題 9.10

$y=\dfrac{1}{x}$ とするとき，$y'=-y^2$ が成り立つことを示せ．

【解答】　$y'=-\dfrac{1}{x^2}=-y^2$ となり，確かに成り立つ． ■

では逆に，$y'=-y^2$ を満たす関数 $y(x)$ を求めることはできるだろうか．

一般に，x と y を含む式 $f(x,\,y)$ が与えられたとき，

$$y'=f(x,\,y)$$

を満たす関数 $y(x)$ を求める問題を**微分方程式**といい，$y(x)$ をその**解**という．ここでは特に，$f(x,\,y)=F(x)G(y)$ と表されるケースを考えよう♣1．この場合，微分方程式を

$$\frac{y'}{G(y)}=F(x)$$

と表して両辺を x で積分すれば（y' を含まない）x と y の関係式が得られる．

♣1　このような微分方程式を**変数分離形**という．

確認　例題 9.11

微分方程式 $y' = -y^2$ の解 $y(x)$ を求めよ．

【解答】

$$\frac{y'}{y^2} = -1$$

であるから，この両辺の不定積分を考えると

$$\int \frac{y'}{y^2}\,dx = \int (-1)\,dx$$

であり，左辺の積分において $y = y(x)$ と置換すると $dy = y'dx$ であるから

$$\int \frac{1}{y^2}\,dy = -\int dx$$

$$-\frac{1}{y} = -x + C$$

$$y = \frac{1}{x - C} \quad （C\text{ は任意の定数}）$$

となる．■

上の解において $C = 0$ としたとき，導入例題 9.10 の $y(x)$ と一致するが，それ以外にも無数の解が存在していることがわかる．微分方程式の解は任意の定数を含む．このような解を**一般解**という．

ところで，微分方程式の解は何を意味しているのだろうか．微分方程式は，平面上の各点における接線の傾き $y'(x)$ が与えられている状況で，それに合致するような曲線 $y = y(x)$ を求める問題といえる．つまり，「流れ」の経路を求めているのである．

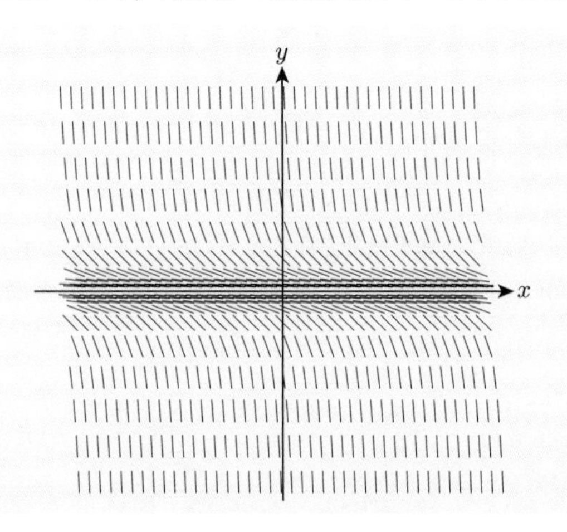

たとえば，川の流れは地形や水量によって定常的に決まっているので，川面の同じ位置に木の葉を落とせば，何度くり返しても（ほぼ）同じ経路をたどって流れるだろう．そして，落とす場所を変えれば木の葉がたどる経路も変わってくる．この経路一つひとつが微分方程式の解が表す曲線（解曲線）である．木の葉を落とす場所を定めることは，通過する1点を指定することになるので一般解の不定定数 C が決定する．

確認例題9.11で「解は $y(0)=1$ を満たす♣1」という条件を付加すると

$$y(0)=\frac{1}{0-C}=1$$

$$C=-1$$

より

$$y=\frac{1}{x+1}$$

となる．このように，付加条件を与えて不定定数を定めた解を**特殊解**という．

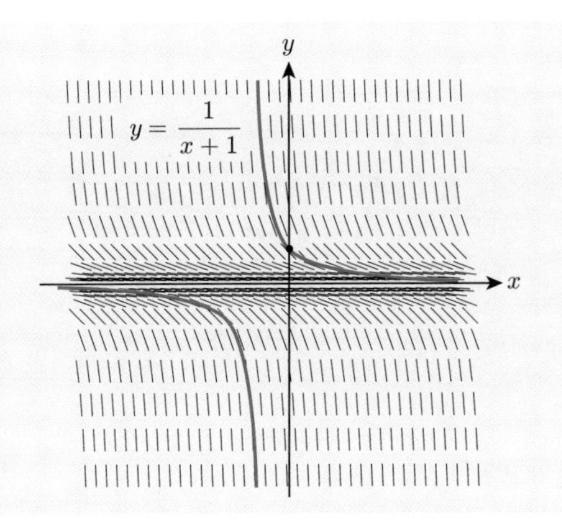

問9.4　微分方程式 $y'=-\dfrac{x}{y}$ について，次の問に答えよ．

(1)　一般解を求めよ．

(2)　$y(1)=2$ を満たす特殊解を求めよ．

♣1 言い換えれば，「解曲線 $y=y(x)$ は点 $(0,\ 1)$ を通る」．

第9章　演習問題

9.1　次の定積分を求めよ．

(1)　$\displaystyle\int_{-1}^{1}(x^5+3x^4+7x^3-4x^2)\,dx$　　(2)　$\displaystyle\int_{2}^{3}\frac{x+1}{x^2}$　　(3)　$\displaystyle\int_{1}^{2}x(x-1)^9\,dx$

(4)　$\displaystyle\int_{0}^{\frac{\pi}{3}}\sin^3 x\,dx$　　(5)　$\displaystyle\int_{1}^{2}x^2\sqrt{x+1}\,dx$　　(6)　$\displaystyle\int_{0}^{\frac{\pi}{4}}\frac{x}{\cos^2 x}\,dx$

(7)　$\displaystyle\int_{1}^{e}\frac{\log x}{x^2}\,dx$　　(8)　$\displaystyle\int_{0}^{\frac{\pi}{2}}\sin 2x\cos 3x\,dx$　　(9)　$\displaystyle\int_{-2}^{1}|x+1|\,dx$

9.2　次の問に答えよ．

(1)　放物線 $y=ax^2+bx+c$ $(a\neq 0)$ と直線 $y=mx+n$ の2つの交点の x 座標が $x=p$ および $x=q$ $(p<q)$ であるとき，この放物線と直線が囲む図形の面積 S_1 は

$$S_1=\frac{|a|(q-p)^3}{6}$$

となることを示せ．

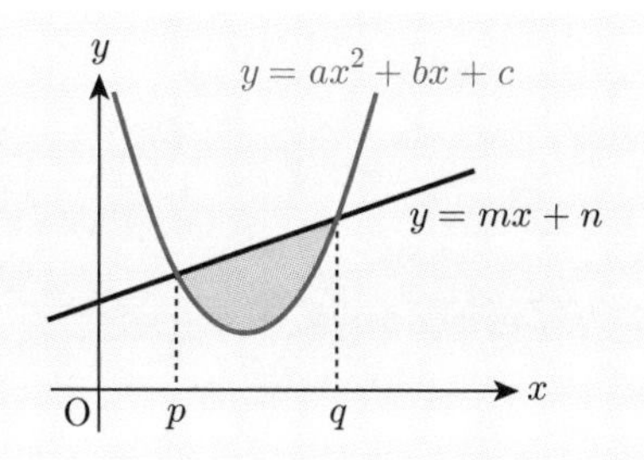

(2)　2つの放物線 $y=a_1x^2+b_1x+c_1$ および $y=a_2x^2+b_2x+c_2$ $(a_1,a_2\neq 0,\ a_1\neq a_2)$ の2つの交点の x 座標が $x=p$ および $x=q$ $(p<q)$ であるとき，これらの放物線が囲む図形の面積 S_2 は

$$S_2=\frac{|a_1-a_2|(q-p)^3}{6}$$

となることを示せ．

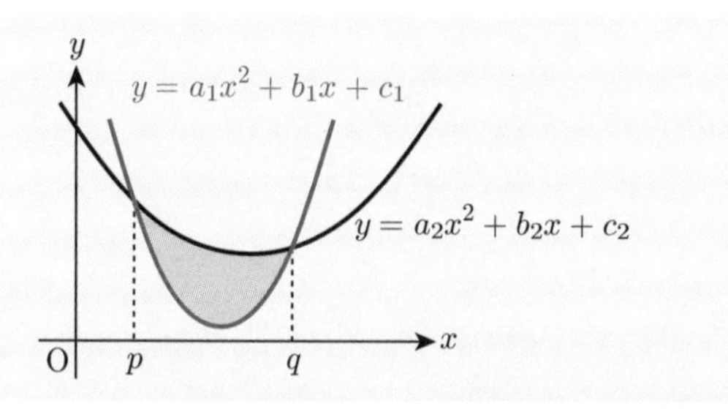

9.3　定積分 $I = \displaystyle\int_0^{\pi} e^{2x}\cos x\,dx$, $J = \displaystyle\int_0^{\pi} e^{2x}\sin x\,dx$ に対して，次の問に答えよ．

(1)　I を J を用いて表せ（答えは2通り）．

(2)　I, J の値を求めよ．

9.4　次の問に答えよ．

(1)　定積分 $\displaystyle\int_0^{2}\sqrt{4-x^2}\,dx$ を，$x = 2\sin\theta$ と置換して求めよ．

(2)　定積分 $\displaystyle\int_1^{3}\frac{1}{x^2+3}\,dx$ を，$x = \sqrt{3}\tan\theta$ と置換して求めよ．

9.5　次の問に答えよ．

(1)　2曲線 $y = \dfrac{1}{8}x^2$ および $y = \sqrt{x}$ が囲む図形の面積を求めよ．

(2)　曲線 $C\colon y = \log x$ の，原点を通る接線を ℓ とするとき，C, ℓ および x 軸が囲む図形の面積を求めよ．

9.6　$f(x) = 3x^2 + \displaystyle\int_0^{1}(x-t)f(t)\,dt$ を満たす連続関数 $f(x)$ を求めよ．

9.7　連続関数 $f(x)$ に対して，曲線 $y = f(x)$（$a \leqq x \leqq b$）を x 軸のまわりに1回転させてできる立体の体積 V は

$$V = \pi\int_a^b \{f(x)\}^2\,dx$$

で与えられる．この公式を用いて，次の値を求めよ．

(1)　曲線 $y = -x^2 + 2x$ と x 軸が囲む部分を x 軸のまわりに1回転させてできる立体の体積．

(2)　$r > 0$ に対して，曲線 $y = \sqrt{r^2 - x^2}$ を x 軸のまわりに1回転させてできる立体の体積．

9.8　次の曲線の長さを求めよ．

(1)　$\begin{cases} x = 2\cos t + \cos 2t \\ y = 2\sin t - \sin 2t \end{cases}$　$\left(-\dfrac{\pi}{2} \leqq t \leqq \dfrac{\pi}{2}\right)$

(2)　$y = \dfrac{e^x + e^{-x}}{2}$　（$-1 \leqq x \leqq 1$）

9.9　次の微分方程式の一般解を求め，さらに付加条件 $y(0) = -1$ を満たす特殊解を求めよ．

(1)　$y' = -2xy$　　(2)　$y' = \dfrac{y^2}{x+1}$　　(3)　$y' = \sqrt{y+2}\sin x$

第10章 複素数

本来数学は計算の道具として使われることが多いが，その中でも複素数は特に道具としての役割が大きい分野である．単に計算に役立つというだけでなく，世の中の自然法則を表す微分方程式の中でも，複素数を用いて表されることがある．この章では複素数の基礎を確認し，複素数を利用して実数の世界の問題を解決してみよう．

10.1 複素数の演算

まずはじめに，次の図形の問題を考えてみよう．

導入 例題 10.1

座標平面上の点 A(3, 1) を，原点のまわりに反時計回りに $\frac{\pi}{4}$ だけ回転させた点 B の座標を求めよ．

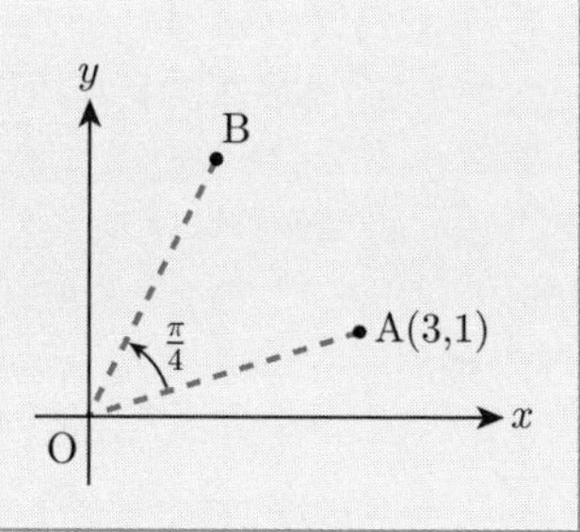

【解答】 $\mathrm{B}(x, y)$ とおく．線分 OA，線分 OB が x 軸となす鋭角をそれぞれ α, β とおくと，

$$\tan\alpha = \frac{1}{3}, \qquad \tan\beta = \frac{y}{x}, \qquad \beta - \alpha = \frac{\pi}{4}$$

であるから，定理 7.2（加法定理）より

$$1 = \tan\frac{\pi}{4} = \tan(\beta - \alpha) = \frac{\tan\beta - \tan\alpha}{1 + \tan\beta\tan\alpha} = \frac{\frac{y}{x} - \frac{1}{3}}{1 + \frac{y}{3x}}$$

となり，これより $y = 2x$ が得られる．また $\mathrm{OA} = \mathrm{OB}$ より

$$x^2 + y^2 = 9 + 1 = 10$$

であるから，これに $y = 2x$ を代入して，

$$x^2 = 2$$

よって

$$x = \sqrt{2},\ y = 2\sqrt{2} \qquad \text{または} \qquad x = -\sqrt{2},\ y = -2\sqrt{2}$$

となるが，図より $y > 0$ であるので $\mathrm{B}(\sqrt{2}, 2\sqrt{2})$ となることがわかる．■

全体のイメージをつかみやすくするため簡単にまとめたが，厳密に解くと結構手間が掛かることがわかると思う．しかし複素数の性質を知っていれば

$$\begin{aligned}(3+i)\left(\frac{1}{\sqrt{2}} + \frac{1}{\sqrt{2}}i\right) &= \frac{3}{\sqrt{2}} - \frac{1}{\sqrt{2}} + \left(\frac{1}{\sqrt{2}} + \frac{3}{\sqrt{2}}\right)i \\ &= \sqrt{2} + 2\sqrt{2}\,i\end{aligned}$$

より $\mathrm{B}(\sqrt{2}, 2\sqrt{2})$ と簡単に解けてしまう．この章の大半はこの解答の意味を理解することが目的であるから，解っている人は 10.4 節（n 乗根）まで読み飛ばして差し支えない．

まず，2 乗すると -1 になる数を考え，これを i で表し**虚数単位**とよぶことにする．つまり

$$i^2 = i \cdot i = -1$$

とする．また，2 つの実数 a, b に対して，$z = a + bi$ と表されるものを**複素数**という．複素数全体のなす集合を

$$\mathbb{C} = \{a + bi \mid a, b \in \mathbb{R}\}$$

と表すことにする．

複素数 $z = a + bi$ に対して，a を z の**実部**といい

$$a = \operatorname{Re} z$$

と表し，b を z の**虚部**といい

$$b = \operatorname{Im} z$$

と表す．$a = 0$ のとき，$z = bi$ と表し，このような複素数を特に**純虚数**とよぶ．また，$b = 0$ のときは $z = a$ と表し，z は実数として扱う．なお，$a = b = 0$ のときは $z = 0$ と表す♣[1]．この他，$b = 1$ のときは $z = a + i$ と表し，$b = -m$ のときは $z = a - mi$ と表す．つまり複素数は，文字 i に関する 1 次多項式と思えばよい．

2 つの複素数 $z = a + bi,\ w = c + di$ に対して，$z = w$ であるとは $a = c$ かつ $b = d$ が成り立つことと定義する．さらに，複素数には四則演算を定義することができる．

♣[1] $z = 0$ を純虚数としない場合が多いが，この本では 0 は実数かつ純虚数とする．

（和） $(a+bi)+(c+di)=(a+c)+(b+d)i$

（差） $(a+bi)-(c+di)=(a-c)+(b-d)i$

（積） $(a+bi)(c+di)=(ac-bd)+(ad+bc)i$

（商） $\dfrac{c+di}{a+bi}=\dfrac{(c+di)(a-bi)}{(a+bi)(a-bi)}=\dfrac{ac+bd}{a^2+b^2}+\dfrac{ad-bc}{a^2+b^2}i \qquad (a^2+b^2\neq 0)$

これらはいずれも式を覚えるのではなく，文字 i を含む整式の四則演算の結果（ただし $i^2 = -1$ を用いて）と考えればよい．なお，商の式変形で用いた $a-bi$ を $z=a+bi$ の**共役複素数**といい

$$\overline{z}=a-bi$$

と表す．

また，複素数 $z=a+bi$ に対して，

$$|z|=\sqrt{a^2+b^2}$$

を z の**絶対値**という．絶対値については

$$|z|^2=z\overline{z}$$

$$|z|=0 \iff z=0$$

などが成り立つことがわかる．

確認 例題 10.2

次の値を求めよ．

(1) $(4-i)(-2+3i)$ (2) $\dfrac{i}{5+2i}$ (3) $|-2-i|$

【解答】 (1)

$$(4-i)(-2+3i)=-8+12i+2i-3i^2=-5+14i$$

(2)

$$\frac{i}{5+2i}=\frac{i(5-2i)}{(5+2i)(5-2i)}=\frac{2+5i}{25+4}=\frac{2}{29}+\frac{5}{29}i$$

(3)

$$|-2-i|=\sqrt{4+1}=\sqrt{5}$$

■

基本 例題 10.3

2つの複素数 z, w に対して，

$$zw = 0 \iff z = 0 \quad \text{または} \quad w = 0$$

が成り立つことを示せ．

【解答】 $z = a + bi,\ w = c + di$ とおくと

$$zw = (ac - bd) + (ad + bc)i$$

より

$$\begin{aligned} zw = 0 &\iff ac - bd = ad + bc = 0 \\ &\iff (ac - bd)^2 + (ad + bc)^2 = 0 \\ &\iff (a^2 + b^2)(c^2 + d^2) = 0 \\ &\iff z = 0 \quad \text{または} \quad w = 0 \end{aligned}$$

が成り立つ． ■

問 10.1 次の値を求めよ．

(1) $(1 - 4i)\overline{(3 + i)}$ (2) $\dfrac{(1 + i)^2}{2 - i}$ (3) $\operatorname{Im} \dfrac{1}{i}$

問 10.2 次の等式が成り立つことを示せ．

(1) $\operatorname{Re} z = \dfrac{z + \overline{z}}{2}$ (2) $\operatorname{Im} z = \dfrac{z - \overline{z}}{2i}$ (3) $\overline{z \pm w} = \overline{z} \pm \overline{w}$

(4) $\overline{zw} = \overline{z}\,\overline{w}$ (5) $\overline{\left(\dfrac{w}{z}\right)} = \dfrac{\overline{w}}{\overline{z}}$ (6) $|-z| = |\overline{z}| = |z|$

10.2 複素平面

1つの複素数 $z = a + bi$ は2つの実数の組 (a, b) によって定まっているので，座標平面上の点 $\mathrm{P}(a, b)$ と複素数 $z = a + bi$ の間に一対一の対応が考えられる．このように座標平面上の点を複素数とみなすとき，この平面を**複素平面**という♣1．複素数 z に対応する複素平面上の点を $\mathrm{P}(z)$ と表す．

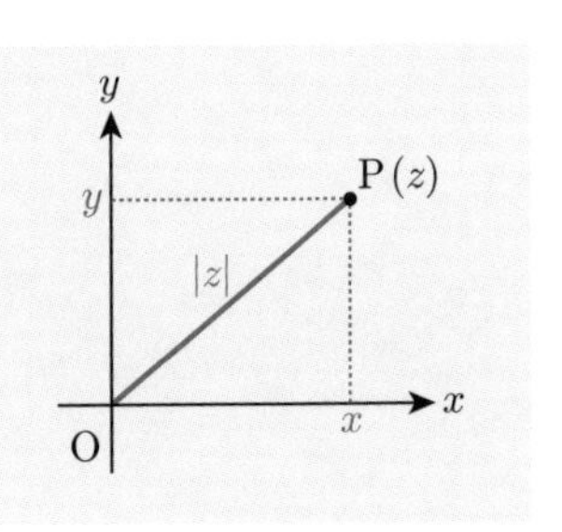

また，複素平面の x 軸を**実軸**とよび，y 軸を**虚軸**と

♣1 高校の教科書では複素数平面とよぶが，同じものである．

よぶ．実軸上の点には実数が，虚軸上の点には純虚数がそれぞれ対応している．複素平面の原点を O とするとき，$\mathrm{OP}(z) = |z|$ であることがわかる．複素数を平面上の点とみなすことの利点は，次の例題で示される．

導入 例題 10.4

$z = 3 + i,\ w = 1 + 2i$ であるとき，$\mathrm{P}(z), \mathrm{P}(w), \mathrm{P}(z+w)$ および $\mathrm{P}(z-w)$ をそれぞれ複素平面上に図示せよ．

【解答】　$z + w = 4 + 3i,\ z - w = 2 - i$ であるから，下図のようになる．

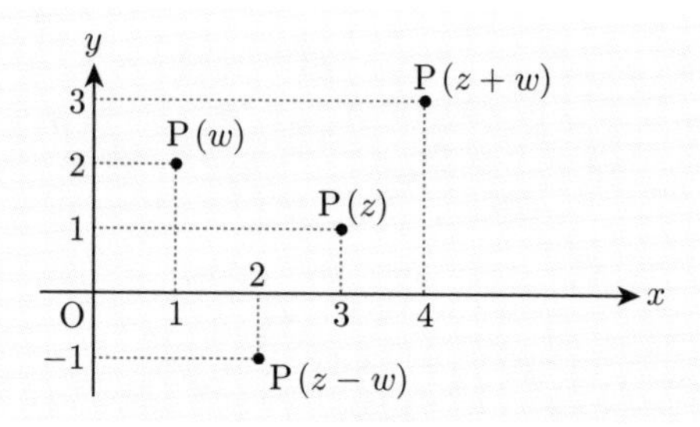

図を見てわかるように，複素数の和・差は複素平面上のベクトルの和・差に対応している．つまり

$$\overrightarrow{\mathrm{OP}(z+w)} = \overrightarrow{\mathrm{OP}(z)} + \overrightarrow{\mathrm{OP}(w)}$$
$$\overrightarrow{\mathrm{OP}(z-w)} = \overrightarrow{\mathrm{OP}(z)} - \overrightarrow{\mathrm{OP}(w)} = \overrightarrow{\mathrm{P}(w)\mathrm{P}(z)}$$

が成り立つ．

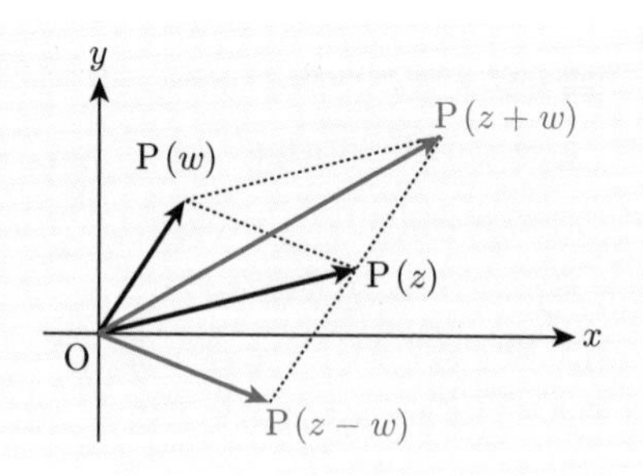

■

このことから，次の定理が示される．

定理 10.1 （三角不等式） 複素数 z, w に対して，次の不等式が成り立つ．

$$|z+w| \leqq |z|+|w|$$

【証明】

$$\mathrm{OP}(z+w) = |z+w|$$

は複素平面上の原点 O から点 $\mathrm{P}(z+w)$ に至る道のりの最小値であるから，点 $\mathrm{P}(z)$ を経由する経路の道のり

$$\mathrm{OP}(z) + \mathrm{P}(z)\mathrm{P}(z+w) = |z|+|w|$$

の方が短くなることはない．よって

$$|z+w| \leqq |z|+|w|$$

が成り立つ♣1．

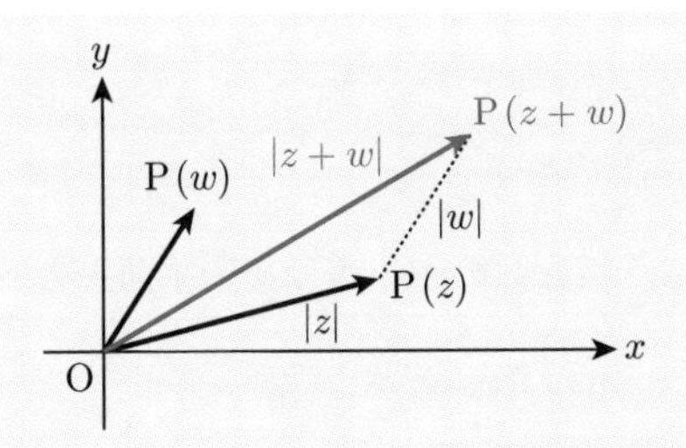

■

問 10.3　$z = 4+2i$ であるとき，$\mathrm{P}(z)$, $\mathrm{P}(-z)$, $\mathrm{P}(\overline{z})$, $\mathrm{P}(-\overline{z})$ を複素平面上にそれぞれ図示せよ．

問 10.4　定理 10.1 を利用して，複素数 z, w に対して次の不等式が成り立つことを示せ．

(1)　$|z-w| \leqq |z|+|w|$

(2)　$\big||z|-|w|\big| \leqq |z \pm w|$

♣1 点 $\mathrm{P}(z)$ が直線 $\mathrm{OP}(z+w)$ 上にあるときは等号が成り立つ．

10.3　極　形　式

複素数同士の和・差は複素平面上のベクトルの和・差に対応していた．それでは，複素数同士の積・商は複素平面上のどのような現象と対応しているのだろうか．これを考えるために，複素数のもう一つの表示の仕方を導入しよう．

複素数 $z = x + yi$ に対して，$|z| = r$ とし，線分 $\mathrm{OP}(z)$ と実軸がなす角を θ とするとき

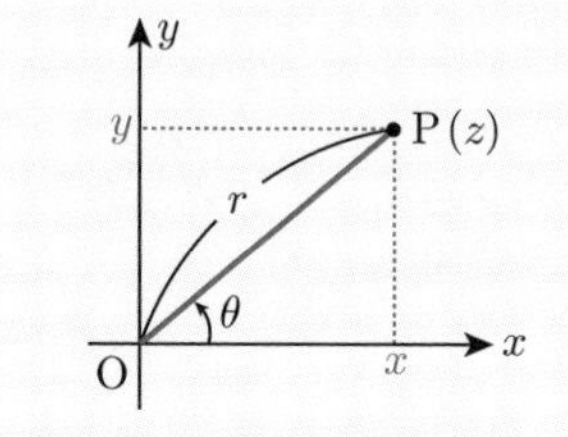

$$x = r\cos\theta$$

$$y = r\sin\theta$$

が成り立つので

$$z = r(\cos\theta + i\sin\theta)$$

と表される．これを z の**極形式**という．また，θ を z の**偏角**といい $\theta = \arg z$ と表す．偏角の範囲は特に定めない．

確認　例題 10.5

> 次の複素数を，極形式で表せ．
>
> (1)　$3+3i$　　(2)　$-2i$

【解答】　(1)　$|3+3i| = \sqrt{9+9} = 3\sqrt{2}$ より

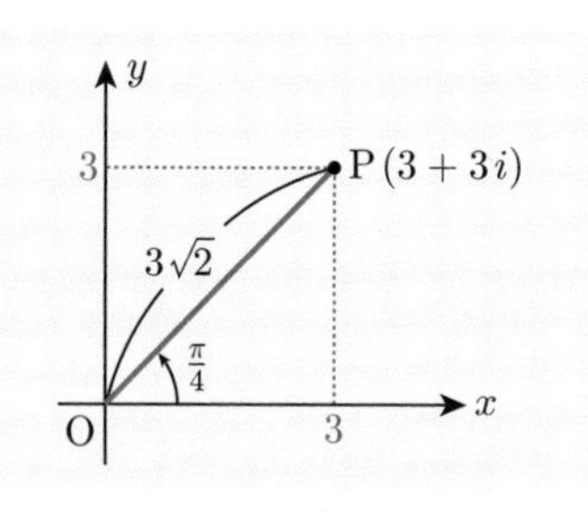

$$3+3i = 3\sqrt{2}\left(\frac{1}{\sqrt{2}} + \frac{1}{\sqrt{2}}i\right)$$

であり，$\cos\frac{\pi}{4} = \frac{1}{\sqrt{2}}, \sin\frac{\pi}{4} = \frac{1}{\sqrt{2}}$ であるから

$$3+3i = 3\sqrt{2}\left(\cos\frac{\pi}{4} + i\sin\frac{\pi}{4}\right)$$

と表される．

(2)　$|-2i| = 2$ より

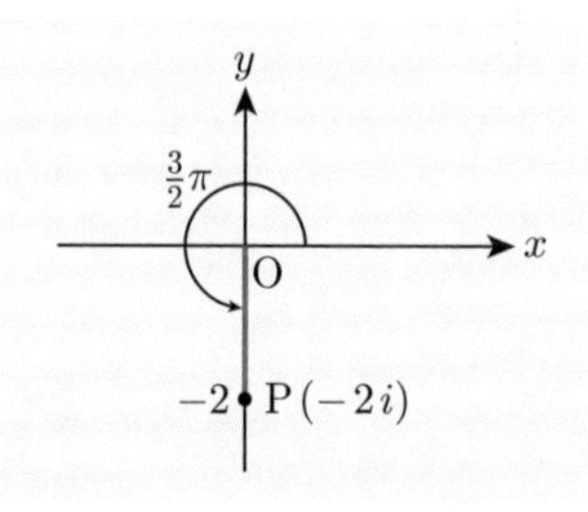

$$-2i = 2(0-i)$$

であり，$\cos\frac{3}{2}\pi = 0, \sin\frac{3}{2}\pi = -1$ であるから

$$-2i = 2\left(\cos\frac{3}{2}\pi + i\sin\frac{3}{2}\pi\right)$$

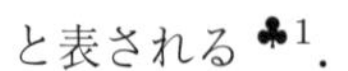

と表される♣1．■

♣1　または $-2i = 2\{\cos(-\frac{\pi}{2}) + i\sin(-\frac{\pi}{2})\}$ と表してもよい．

問 10.5　次の複素数を，極形式で表せ．

(1)　$\sqrt{6}+\sqrt{2}\,i$　　(2)　$-\dfrac{1}{2}+\dfrac{1}{2}i$　　(3)　-1

極形式で表された 2 つの複素数 $z=r(\cos\theta+i\sin\theta)$, $w=\rho(\cos\varphi+i\sin\varphi)$ に対して，zw および $\frac{z}{w}$（$w\neq 0$）を計算してみると，定理 7.2（加法定理）より

$$
\begin{aligned}
zw &= r\rho(\cos\theta+i\sin\theta)(\cos\varphi+i\sin\varphi)\\
&= r\rho\bigl\{\cos\theta\cos\varphi-\sin\theta\sin\varphi+i(\sin\theta\cos\varphi+\cos\theta\sin\varphi)\bigr\}\\
&= r\rho\bigl\{\cos(\theta+\varphi)+i\sin(\theta+\varphi)\bigr\}
\end{aligned}
$$

$$
\begin{aligned}
\frac{z}{w} &= \frac{r}{\rho}\frac{\cos\theta+i\sin\theta}{\cos\varphi+i\sin\varphi}\\
&= \frac{r}{\rho}\frac{(\cos\theta+i\sin\theta)(\cos\varphi-i\sin\varphi)}{\cos^2\varphi+\sin^2\varphi}\\
&= \frac{r}{\rho}(\cos\theta+i\sin\theta)\bigl\{\cos(-\varphi)+i\sin(-\varphi)\bigr\}\\
&= \frac{r}{\rho}\bigl\{\cos(\theta-\varphi)+i\sin(\theta-\varphi)\bigr\}
\end{aligned}
$$

がそれぞれ成り立つ．これより，次の定理が得られる．

定理 10.2　複素数 z, w に対して，次が成り立つ．

(1)　$|zw|=|z||w|$,　$\left|\dfrac{z}{w}\right|=\dfrac{|z|}{|w|}$（$w\neq 0$）

(2)　$\arg(zw)=\arg z+\arg w$

$\arg\left(\dfrac{z}{w}\right)=\arg z-\arg w$（$w\neq 0$）

定理 10.2 (2) において，特に

$$w=\cos\varphi+i\sin\varphi$$

であるとき, 複素平面上の点 $\mathrm{P}(zw)$ は, 点 $\mathrm{P}(z)$ を原点のまわりに φ だけ回転させた点であることがわかる．

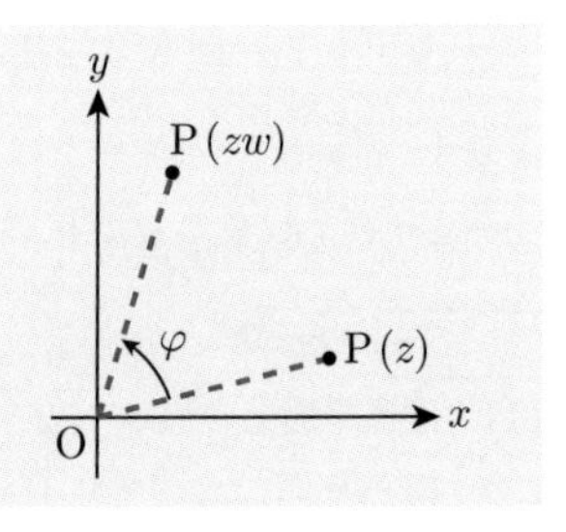

この事実により，本章冒頭の導入例題 10.1 を解くことができる．

基本 例題 10.6

次の問に答えよ．

(1)　座標平面上の点 A$(3,1)$ を原点のまわりに $\frac{\pi}{4}$ だけ回転させた点 B の座標を求めよ．

(2)　座標平面上の点 C$(-2,2)$ を原点のまわりに $-\frac{5}{6}\pi$ だけ回転させた点 D の座標を求めよ．

【解答】 (1)　点 A$(3,1)$ は，複素平面上の点 P$(3+i)$ と対応しており，点 P$(3+i)$ を原点のまわりに $\frac{\pi}{4}$ だけ回転させた点は

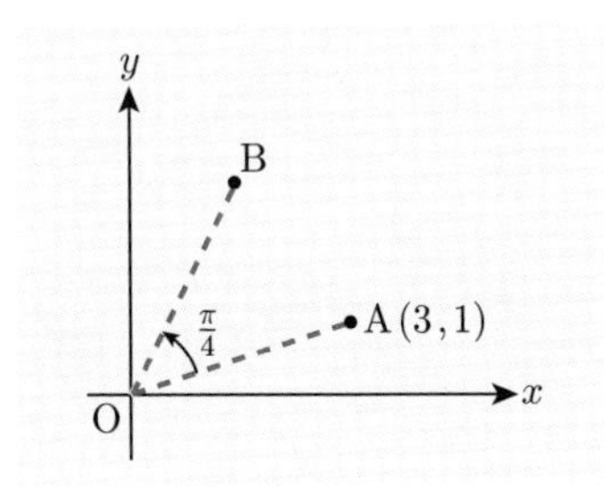

$$
\begin{aligned}
&(3+i)\left(\cos\frac{\pi}{4}+i\sin\frac{\pi}{4}\right)\\
&=(3+i)\left(\frac{1}{\sqrt{2}}+\frac{1}{\sqrt{2}}i\right)\\
&=\sqrt{2}+2\sqrt{2}i
\end{aligned}
$$

より P$(\sqrt{2}+2\sqrt{2}i)$ となる．この点に対応する座標平面上の点が B であるから B$(\sqrt{2}, 2\sqrt{2})$ となる．

(2)　点 C$(-2,2)$ は，複素平面上の点 P$(-2+2i)$ と対応しており，点 P$(-2+2i)$ を原点のまわりに $-\frac{5}{6}\pi$ だけ回転させた点は

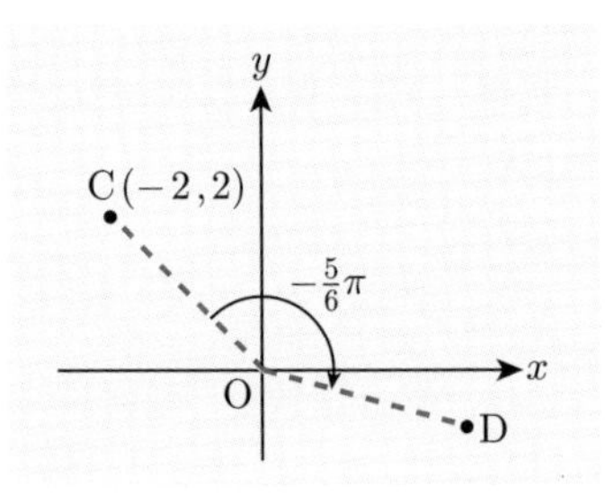

$$
\begin{aligned}
&(-2+2i)\left\{\cos\left(-\frac{5}{6}\pi\right)+i\sin\left(-\frac{5}{6}\pi\right)\right\}\\
&=(-2+2i)\left(-\frac{\sqrt{3}}{2}-\frac{1}{2}i\right)\\
&=\sqrt{3}+1+(-\sqrt{3}+1)i
\end{aligned}
$$

より P$(\sqrt{3}+1+(-\sqrt{3}+1)i)$ となる．この点に対する座標平面上の点が D であるから D$\left(\sqrt{3}+1, -\sqrt{3}+1\right)$ となる． ■

問 10.6　次の問に答えよ．

(1)　座標平面上の点 A$(\sqrt{2}, \sqrt{6})$ を原点のまわりに $\frac{\pi}{3}$ だけ回転させた点 B の座標を求めよ．

(2)　座標平面において点 C$(-\sqrt{2}, -1)$ を原点のまわりに θ $(0 \leqq \theta \leqq 2\pi)$ だけ回転させた点が D$\left(\dfrac{\sqrt{6}+1}{2}, \dfrac{\sqrt{3}-\sqrt{2}}{2}\right)$ であるとき，θ を求めよ．

10.4 n 乗 根

定理 10.2 から，次の定理が示される．

定理 10.3 （ド・モアブルの定理） 任意の自然数 n に対して，次の式が成り立つ♣1．

$$(\cos\theta + i\sin\theta)^n = \cos n\theta + i\sin n\theta$$

【証明】 数学的帰納法で示そう．まず $n=1$ のときは両辺とも $\cos\theta + i\sin\theta$ となるので等式は成立する．また，$n=k$ のときに等式が成立すると仮定すると

$$(\cos\theta + i\sin\theta)^k = \cos k\theta + i\sin k\theta$$

であり，この両辺に $\cos\theta + i\sin\theta$ を掛けると，定理 10.2 (2) より

$$\begin{aligned}(\cos\theta + i\sin\theta)^{k+1} &= (\cos k\theta + i\sin k\theta)(\cos\theta + i\sin\theta) \\ &= \cos(k+1)\theta + i\sin(k+1)\theta\end{aligned}$$

となり，$n=k+1$ のときも等式が成立する．したがって任意の自然数 n に対して等式が成立する． ■

確認 例題 10.7

次の値を求めよ．

(1) $(1+\sqrt{3}\,i)^7$ (2) $(1-i)^{10}$

【解答】 (1) $|1+\sqrt{3}\,i| = 2$ より

$$1+\sqrt{3}\,i = 2\left(\frac{1}{2} + \frac{\sqrt{3}}{2}i\right) = 2\left(\cos\frac{\pi}{3} + i\sin\frac{\pi}{3}\right)$$

と表される．したがって定理 10.3 より

$$\begin{aligned}(1+\sqrt{3}\,i)^7 &= 2^7\left(\cos\frac{\pi}{3} + i\sin\frac{\pi}{3}\right)^7 \\ &= 128\left(\cos\frac{7}{3}\pi + i\sin\frac{7}{3}\pi\right) \\ &= 128\left(\frac{1}{2} + \frac{\sqrt{3}}{2}i\right) = 64 + 64\sqrt{3}\,i\end{aligned}$$

となる．

♣1 実は任意の整数に対して成り立つ．

(2) $|1-i| = \sqrt{2}$ であるから

$$1 - i = \sqrt{2}\left(\frac{1}{\sqrt{2}} - \frac{1}{\sqrt{2}}i\right)$$
$$= \sqrt{2}\left\{\cos\left(-\frac{\pi}{4}\right) + i\sin\left(-\frac{\pi}{4}\right)\right\}$$

と表される．したがって定理 10.3 より

$$(1-i)^{10} = \sqrt{2}^{\,10}\left\{\cos\left(-\frac{\pi}{4}\right) + i\sin\left(-\frac{\pi}{4}\right)\right\}^{10}$$
$$= 32\left\{\cos\left(-\frac{5}{2}\pi\right) + i\sin\left(-\frac{5}{2}\pi\right)\right\}$$
$$= -32i$$

となる． ■

問 10.7 次の値を求めよ．

(1) $(-\sqrt{3}+i)^{10}$ (2) $\left(\frac{1}{2} - \frac{1}{2}i\right)^{13}$

0 ではない複素数 w に対して，$z^n = w$ となるような複素数 z を，w の **n 乗根**という．$w = \rho(\cos\varphi + i\sin\varphi)$ であるとき，w の n 乗根

$$z = r(\cos\theta + i\sin\theta)$$

を求めてみよう．$z^n = w$ より

$$r^n(\cos n\theta + i\sin n\theta) = \rho(\cos\varphi + i\sin\varphi)$$

であるから

$$r^n = \rho \qquad \text{かつ} \qquad n\theta = \varphi + 2k\pi \quad (k\text{ は整数})$$

つまり

$$r = \rho^{\frac{1}{n}} \quad (>0) \qquad \text{かつ} \qquad \theta = \frac{\varphi}{n} + \frac{2k\pi}{n}$$

となる．ただし，θ が相異なる角となるのは $k = 0, 1, 2, \ldots, n-1$ のように連続する n 個の整数のときである．このことから，複素数の n 乗根は n 個存在することがわかる．

基本 例題 10.8

$8i$ の 3 乗根を求めよ．

【解答】 求める 3 乗根を $z = r(\cos\theta + i\sin\theta)$ とおくと，

$$8i = 8\left(\cos\frac{\pi}{2} + i\sin\frac{\pi}{2}\right)$$

であるから

$$r = 8^{\frac{1}{3}} = 2 \qquad \text{かつ} \qquad \theta = \frac{\pi}{6} + \frac{2k\pi}{3} \qquad (k = 0, 1, 2)$$

となる．したがって $\theta = \frac{\pi}{6}$, $\frac{5}{6}\pi$, $\frac{3}{2}\pi$ に対応する 3 乗根を順に z_1, z_2, z_3 とすると

$$z_1 = 2\left(\cos\frac{\pi}{6} + i\sin\frac{\pi}{6}\right)$$
$$= 2\left(\frac{\sqrt{3}}{2} + \frac{1}{2}i\right) = \sqrt{3} + i$$
$$z_2 = 2\left(\cos\frac{5}{6}\pi + i\sin\frac{5}{6}\pi\right)$$
$$= 2\left(-\frac{\sqrt{3}}{2} + \frac{1}{2}i\right) = -\sqrt{3} + i$$
$$z_3 = 2\left(\cos\frac{3}{2}\pi + i\sin\frac{3}{2}\pi\right)$$
$$= 2(-i) = -2i$$

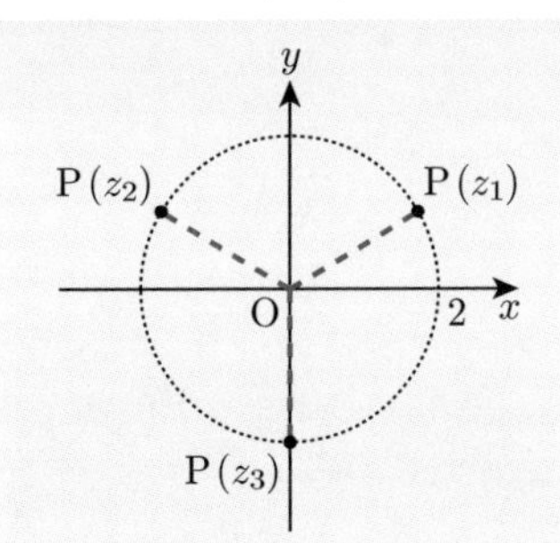

となる． ■

一般に，複素数 w の n 乗根は，複素平面上において原点中心・半径 $|w|^{\frac{1}{n}}$ の円周上に頂点を持つ正 n 角形をなすことがわかる．

問 10.8　次の値を求め複素平面上に図示せよ．

(1)　$-8 + 8\sqrt{3}\,i$ の 4 乗根　　(2)　1 の 6 乗根

第 10 章　演習問題

10.1　次の値を求めよ．

(1)　$i(1+i)(2-i)$　　(2)　$\overline{\left(\dfrac{i}{3+4i}\right)}$　　(3)　$\dfrac{1}{1+i} + \dfrac{1-i}{3+i}$

10.2　次を示せ．

(1)　複素数 z に対して

$$z + \overline{z} = 0 \iff z \text{ は純虚数}$$

$$z - \overline{z} = 0 \iff z \text{ は実数}$$

(2) 0でない複素数zに対して

$$z + \frac{1}{z} \text{ は純虚数} \iff z \text{ は純虚数}$$

10.3 複素数z, wに対して，次の等式が成り立つことを示せ．

$$|z+w|^2 + |z-w|^2 = 2\big(|z|^2 + |w|^2\big)$$

10.4 次の関係式を満たす点$\mathrm{P}(z)$が複素平面上に描く図形を図示せよ．

(1) $|z| = 2$ (2) $1 \leqq |z - 2i| \leqq 2$

10.5 複素数z, wに対して，複素平面上の点$\mathrm{P}(z)$, $\mathrm{P}(w)$が下図のように与えられているとき，点$\mathrm{P}(zw)$の位置を作図して求めよ．

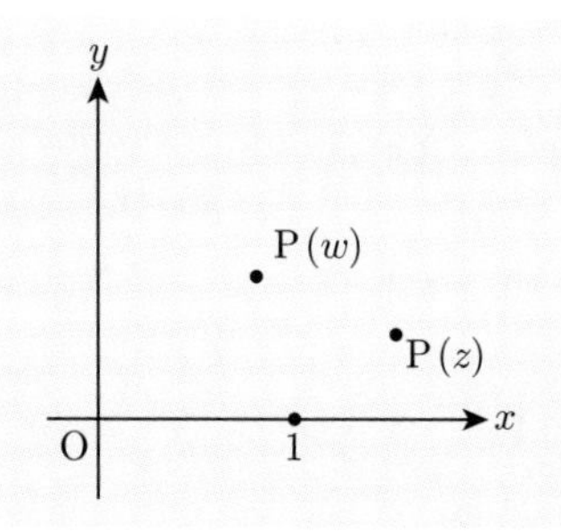

10.6 次の問に答えよ．

(1) Oを原点とする座標平面上に2点$\mathrm{A}(\sqrt{3}, 1)$, $\mathrm{B}(\sqrt{3}-1, \sqrt{3}+1)$が与えられたとき，$\angle\mathrm{AOB}$を求めよ．

(2) 座標平面上の点$\mathrm{A}(2,3)$を，点$\mathrm{B}(-1,2)$のまわりに$\frac{\pi}{3}$だけ回転させた点Cの座標を求めよ．

10.7 次の値を求め，複素平面上に図示せよ．

(1) -1の4乗根 (2) $\dfrac{1}{\sqrt{2}} + \dfrac{1}{\sqrt{2}}i$の3乗根

10.8 1の5乗根を偏角が小さい順にω_1, ω_2, ω_3, ω_4, ω_5とする．ただし，偏角は$0 \leqq \theta < 2\pi$の範囲で考える．このとき，次の問に答えよ．

(1) 複素平面上にω_1, ω_2, ω_3, ω_4, ω_5を図示せよ．

(2) $\omega_1 + \omega_2 + \omega_3 + \omega_4 + \omega_5 = 0$が成り立つことを示せ．

(3) $t = \omega_2 + \omega_5$は実数であることを示せ．

(4) $\omega_2^2 = \omega_3$, $\omega_5^2 = \omega_4$, $\omega_2\omega_5 = 1$が成り立つことを示せ．

(5) (3)で定めたtが満たす2次方程式を導け．

(6) (5)の結果を用いて$\cos\frac{2}{5}\pi$を求めよ．

第11章 整数の性質

整数の性質は初等的な内容でありながら，未解決な問題がたくさんあり，多くの数学者を魅了してきた．また，数学的に興味深いだけではなくIT全盛の現代では情報数理の基礎としても欠かせない学問である．本章では約数・倍数について復習したのちに，ユークリッドの互除法・不定方程式・合同式について解説する．

11.1 約数・倍数と素因数分解

まずは約数・倍数の定義を確認しておく．2つの整数 m, n $(n \neq 0)$ に対して $m = kn$ を満たす整数 k が存在するとき，n は m の**約数**であるといい，逆に m は n の**倍数**であるという．負の数も約数・倍数になることに注意が必要である．

たとえば，12の約数は $\pm1, \pm2, \pm3, \pm4, \pm6, \pm12$ であり，12の倍数は $0, \pm12, \pm24, \pm36, \ldots$ となる．ただし，n が N の約数（または倍数）ならば $-n$ も N の約数（または倍数）となるので，今後は特に断らない限り正の約数・正の倍数のみを考えることにする．

導入 例題 11.1

$\dfrac{54}{n}, \dfrac{n}{6}$ がともに自然数となるような数 n をすべて求めよ．

【解答】 まず $\frac{n}{6}$ が自然数であることから，n は6の正の倍数であり，ある自然数 k を用いて $n = 6k$ と表される．このとき

$$\frac{54}{n} = \frac{54}{6k} = \frac{9}{k}$$

が自然数となるためには，k が9の正の約数であればよい．つまり $k = 1, 3, 9$ であるから $n = 6, 18, 54$ である． ■

導入例題11.1で，「9の正の約数を1, 3, 9」としたが，与えられた数の約数はどのように求めるのだろうか．これには次の準備が必要である．

2以上の自然数 p に対して，その正の約数が1と p のみであるとき，p を**素数**と

いう．逆に素数ではない2以上の自然数を**合成数**という♣[1]．たとえば11は素数であり，12は合成数である．素数の配列は規則性がなく，与えられた数が素数であるか合成数であるかを判定するのは，大きな数ほど難しくなる．ちなみに，100以下の素数は以下の通りである．

$$2, 3, 5, 7, 11, 13, 17, 19, 23, 29, 31, 37, 41,$$
$$43, 47, 53, 59, 61, 67, 71, 73, 79, 83, 89, 97$$

確認 例題 11.2

次の数は素数か合成数かをそれぞれ判定せよ．
(1) 9041 (2) 9047

【解答】 与えられた自然数 N が素数か合成数かを判定するには，各素数で N を割り切れるか確認するしかないが，もし $N = mn$ と表されるならば m と n のどちらかは $\sqrt{N}$ 以下なので，$\sqrt{N}$ 以下の素数についてのみ確認すればよい．

(1) $\sqrt{9041} \fallingdotseq 95.08$ であり，9041は上に挙げた89以下のすべての素数で割り切れないことがわかる．したがって9041は素数である．

(2) 同様に $\sqrt{9047} \fallingdotseq 95.11$ であるが，89以下の素数で一つひとつ割っていくと $9047 = 89 \times 109$ となることがわかる．したがって9047は合成数である． ■

確認例題11.2を実際にやってみれば，素数の判定はたった4桁の数でも大変な手間であることがわかると思う．素数は無数に存在することがわかっているが，これまでに素数であると認定された数は有限個しかない．情報セキュリティの暗号では大きな素数が用いられるので，より大きな素数を見つけることは重要な研究課題となっている．

問 11.1 次の数は素数か合成数か，それぞれ判定せよ．
(1) 7981 (2) 8791 (3) 9781 (4) 8917 (5) 9871

前置きが長くなったが，約数の求め方を述べよう．2以上のすべての自然数 N は，いくつかの素数 $p_1, p_2, \ldots, p_k$ によって

$$N = p_1^{r_1} \times p_2^{r_2} \times \cdots \times p_k^{r_k} \qquad (r_1, r_2, \ldots, r_k \text{ は自然数})$$

と表される．これを N の**素因数分解**といい，$p_1, p_2, \ldots, p_k$ を N の**素因数**という．そして，N が上のように素因数分解されているとき，N のすべての正の約数は，

♣[1] 1は素数でも合成数でもない．

$0 \leqq q_i \leqq r_i$ となるような整数 $q_1, q_2, \ldots, q_k$ を選んで

$$n = p_1^{q_1} \times p_2^{q_2} \times \cdots \times p_k^{q_k}$$

と表される.

確認 例題 11.3

次の数の正の約数をすべて求めよ.

(1)　72　　(2)　300

【解答】 (1)　まず 72 を素因数分解をしなくてはならないが, 右図のように 72 の素因数を小さい順に探しながら繰り返し割っていくとよい. この計算より 72 の素因数分解は $72 = 2^3 \times 3^2$ となることがわかる. したがって 72 の正の約数は

$$n = 2^{q_1} \times 3^{q_2} \quad (0 \leqq q_1 \leqq 3,\ 0 \leqq q_2 \leqq 2)$$

2) 72
2) 36
2) 18
3) 9
　　3

と表されるので

$$1, 2, 3, 4, 6, 8, 9, 12, 18, 24, 36, 72$$

の 12 個となる ♣1.

(2)　同様に 300 の素因数分解は $300 = 2^2 \times 3 \times 5^2$ となることがわかる. したがって 300 の正の約数は

$$n = 2^{q_1} \times 3^{q_2} \times 5^{q_3} \quad (0 \leqq q_1 \leqq 2,\ 0 \leqq q_2 \leqq 1,\ 0 \leqq q_3 \leqq 2)$$

と表されるので

$$1, 2, 3, 4, 5, 6, 10, 12, 15, 20, 25, 30, 50, 60, 75, 100, 150, 300$$

の 18 個となる. ■

問 11.2　次の数の正の約数を求めよ.

(1)　490　　(2)　1173　　(3)　1320

問 11.3　$\sqrt{\dfrac{28n}{45}}$ が有理数になるような自然数 n のうち最小のものを求めよ.

2 つの自然数 m, n に対して, m と n の共通の約数を**公約数**といい, 共通の倍数を**公倍数**という. 2 つの自然数の公約数および公倍数はどのように求められるだろうか. そのためにまず, 次の用語を用意する.

♣1 q_1 は 4 通り, q_2 は 3 通りなので 72 の正の約数の個数は $4 \times 3 = 12$ 個となる.

2つの自然数 m, n の正の公約数のうち，最大のものを**最大公約数**といい $\gcd(m,n)$ と表す．また，2つの自然数 m, n の正の公倍数のうち最小のものを**最小公倍数**といい $\mathrm{lcm}(m,n)$ と表す♣[1]．明らかに $\gcd(m,n)$ の約数は m と n の公約数であり，$\mathrm{lcm}(m,n)$ の倍数は m と n の公倍数であるが，次の定理よりこれらの逆も成り立つことがわかる．

定理 11.1 2つの自然数 m, n に対して，次が成り立つ．
(1) m と n の公倍数はすべて $\mathrm{lcm}(m,n)$ の倍数である．
(2) m と n の公約数はすべて $\gcd(m,n)$ の約数である．

【証明】 (1) C を m と n の任意の公倍数とする．$\mathrm{lcm}(m,n)=\ell$ とし，C を ℓ で割ったときのあまりを r（$0 \leqq r < \ell$）とすると

$$C = k\ell + r$$

となる整数 k が存在する．このとき，もし $r \neq 0$ ならば

$$r = C - k\ell$$

であり，右辺は m と n の公倍数である♣[2] から r も公倍数となる．しかし $0 < r < \ell$ であるから，これは ℓ が m と n の最小公倍数であることに矛盾する．したがって $r=0$ となり，公倍数 C は最小公倍数 ℓ の倍数となる．

(2) c を m と n の任意の公約数とする．$\gcd(m,n)=g$ としたとき，もし $\mathrm{lcm}(c,g)=g$ が示されれば g は c の倍数となり，すなわち c は最大公約数 g の約数となることがわかる．以下，$\mathrm{lcm}(c,g)=g$ が成り立つことを示そう．

c と g はともに m の約数であるから m は c と g の公倍数であり，(1) より公倍数は最小公倍数の倍数なので $m = k_1\,\mathrm{lcm}(c,g)$ となる自然数 k_1 が存在する．同様に c と g は n の約数でもあるので，$n = k_2\,\mathrm{lcm}(c,g)$ となる自然数 k_2 が存在する．したがって $\mathrm{lcm}(c,g)$ は m と n の公約数となり，g の最大性より $\mathrm{lcm}(c,g) \leqq g$ が成り立つ．一方，公倍数の定義より明らかに $\mathrm{lcm}(c,g) \geqq g$ であるから $\mathrm{lcm}(c,g)=g$ が成り立つ． ■

この定理より，2つの自然数の公倍数・公約数を求めるには最小公倍数・最大公約数を求めればよいことがわかる．

2つの自然数 m, n が素数 $p_1, p_2, \ldots, p_k$ によってそれぞれ

$$m = p_1^{r_1} \times p_2^{r_2} \times \cdots \times p_k^{r_k}, \qquad n = p_1^{s_1} \times p_2^{s_2} \times \cdots \times p_k^{s_k}$$

♣[1] gcd は「greatest common divisor」の略．lcm は「least common multiple」の略．
♣[2] 公倍数同士の差もまた公倍数となることを使った．

と素因数分解されているとき♣1，最小公倍数・最大公約数はそれぞれ

$$\mathrm{lcm}(m,n) = p_1^{t_1} \times p_2^{t_2} \times \cdots \times p_k^{t_k} \quad (t_j \text{ は } r_j \text{ と } s_j \text{ の大きい方})$$

$$\gcd(m,n) = p_1^{u_1} \times p_2^{u_2} \times \cdots \times p_k^{u_k} \quad (u_j \text{ は } r_j \text{ と } s_j \text{ の小さい方})$$

で与えられる．

確認 例題 11.4

60 と 126 の最大公約数・最小公倍数をそれぞれ求めよ．

【解答】

$$60 = 2^2 \times 3 \times 5 = 2^2 \times 3^1 \times 5^1 \times 7^0$$

$$126 = 2 \times 3^2 \times 7 = 2^1 \times 3^2 \times 5^0 \times 7^1$$

であるから指数を比較して

$$\gcd(60,126) = 2 \times 3 = 6$$

$$\mathrm{lcm}(60,126) = 2^2 \times 3^2 \times 5 \times 7 = 1260$$

となる． ■

$\gcd(m,n) = g$ に対して $m = k_1 g,\ n = k_2 g$ と表されるとき，

$$\mathrm{lcm}(m,n) = k_1 k_2 g$$

が成り立つので，上の計算は次のように簡略化できる．

```
2 ) 60  126         2 ) 60  126
    30   63    ➡    3 ) 30   63
                        10   21
```

共通の素因数でそれぞれ割る　共通の素因数が無くなったらやめる

gcd(60,126) = 2 × 3 = 6

```
      2 ) 60  126
 ➡    3 ) 30   63
          10   21
```

lcm(60,126) = 2 × 3 × 10 × 21 = 1260

♣1 m と n の素因数をすべて並べているので $r_j = 0,\ s_j = 0$ の場合を含んでいる．

上図のように共通の素因数で割っていき，商に共通の素因数がなくなったとき，左に並んだ素因数すべての積が最大公約数，それに下段の2つの商を掛けたものが最小公倍数となる．

なお，2つの自然数 m, n の最大公約数が1であるとき，m と n は**互いに素**であるという．上の性質から，m と n が互いに素であるとき，$\mathrm{lcm}(m, n) = mn$ となることがわかる．

問 11.4　次の数の最大公約数・最小公倍数をそれぞれ求めよ．

(1)　315, 300　　(2)　77, 1001

11.2　ユークリッドの互除法

前節で見たように，最大公約数・最小公倍数を求めるには素因数分解を用いるので，数が大きいと求めるのも大変である．

導入 例題 11.5

3599, 5723 の最大公約数・最小公倍数を求めよ．

【解答】　$3599 = 59 \times 61$, $5723 = 59 \times 97$ であるから

$$\gcd(3599, 5723) = 59$$

$$\mathrm{lcm}(3599, 5723) = 59 \times 61 \times 97 = 349103$$

となる．■

解答は簡単に見えるが，公約数59を見つけるのは手間がかかるだけではなく，いつ約数が見つかるとも知れない見通しの立たない作業である．そこで，最大公約数を確実に求める方法として次の**ユークリッドの互除法**を紹介する．

定理 11.2　（ユークリッドの互除法）　2つの自然数 m, n $(n > m)$ に対して，n を m で割ったときのあまりを r とするとき，$r \neq 0$ ならば

$$\gcd(m, n) = \gcd(r, m)$$

が成り立ち，$r = 0$ ならば

$$\gcd(m, n) = m$$

が成り立つ．

【証明】　まず，仮定より $n = km + r$ となる整数 k が存在する．$r \neq 0$ のとき $\gcd(m, n) = g_1$, $\gcd(r, m) = g_2$ とおくと，g_1 は m の約数であり，また $r = n - km$ より r は g_1 の倍数となり，言い換えれば g_1 は r の約数となる．したがって g_1 は r と m の公約数となるので，g_2 の最大性より $g_1 \leqq g_2$ が成り立つ．

一方，g_2 は m の約数であり，また $n = km + r$ より n は g_2 の倍数となり，言い換えれば g_2 は n の約数となる．したがって g_2 は m と n の公約数となるので，g_1 の最大性より $g_2 \leqq g_1$ が成り立つ．以上より $g_1 = g_2$ が成り立つ．

$r = 0$ のときは $n = km$ となるので，m は m と n の公約数であり，また公約数の定義より $g_1 \leqq m$ であるから g_1 の最大性より $m = g_1$ となる．■

確認　例題 11.6

ユークリッドの互除法を用いて 3599 と 5723 の最大公約数・最小公倍数を求めよ．

【解答】　筆算により

$$5723 \div 3599 = 1 \text{ あまり } 2124$$
$$3599 \div 2124 = 1 \text{ あまり } 1475$$
$$2124 \div 1475 = 1 \text{ あまり } 649$$
$$1475 \div 649 = 2 \text{ あまり } 177$$
$$649 \div 177 = 3 \text{ あまり } 118$$
$$177 \div 118 = 1 \text{ あまり } 59$$
$$118 \div 59 = 2$$

となる．したがってユークリッドの互除法により

$$\begin{aligned}\gcd(3599, 5723) &= \gcd(2124, 3599) = \gcd(1475, 2124) = \gcd(649, 1475) \\ &= \gcd(177, 649) = \gcd(118, 177) = \gcd(59, 118) = 59\end{aligned}$$

がわかる．また $3599 \div 59 = 61$, $5723 \div 59 = 97$ より

$$\mathrm{lcm}(3599, 5723) = 59 \times 61 \times 97 = 349103$$

がわかる．■

問 11.5　次の 2 つの数の最大公約数・最小公倍数をそれぞれ求めよ．

(1)　3649, 7387　　(2)　5293, 6901

11.3 不定方程式

複数の文字を含む方程式は，解が1つには定まらないので**不定方程式**という．不定方程式の整数解を求める問題は，整数の性質を利用する興味深い問題である．

導入 例題 11.7

$3x+4y=0$ を満たす整数 x, y を求めよ．

【解答】 $3x=-4y$ であるから，x は4の倍数であり y は3の倍数である．$x=4k$ とおいたとき，

$$12k=-4y$$
$$y=-3k$$

となるので，解は $x=4k$, $y=-3k$（ただし k は任意の整数）となる． ■

このように，任意定数を用いてすべての解を表した解の表示を**一般解**という．この節では，与えられた整数 a, b, c に対して，

$$(\#) \qquad ax+by=c$$

という形の不定方程式♣1 の一般解の求め方について考えてみよう．$c=0$ の場合は導入例題11.7のように求めればよいので，$c \neq 0$ の場合を考える．もし，方程式を満たす整数解 x_0, y_0 が1組見つけられたならば

$$ax_0+by_0=c$$

と (#) の辺々を引き算して

$$a(x-x_0)+b(y-y_0)=0$$

となるので，$ax+by=0$ の一般解を X, Y とすれば，不定方程式 (#) の一般解

$$x=x_0+X, \quad y=y_0+Y$$

が得られる．つまり一般解を求める手順をまとめると次のようになる．

♣1 2元1次不定方程式という．

(1)　$ax+by=c$ を満たす整数 x_0, y_0 を 1 組見つける（発見的に）

(2)　$ax+by=0$ の一般解 X, Y を求める（導入例題 11.7 の方法で）

(3)　$x=x_0+X, y=y_0+Y$ とする

確認 例題 11.8

次の不定方程式の解が存在するならば一般解を求めよ．

(1)　$3x+5y=1$　　(2)　$2x+6y=5$

【解答】　(1)　まず特殊解を求める．y にいくつか整数を代入してみると，$y=2$ のとき，定数項が 3 の倍数になり $x=-3$ という特殊解を持つことがわかる．また $3x+5y=0$ の一般解は $X=5k, Y=-3k$（ただし k は整数）となるので，求める一般解は

$$x=-3+5k, \quad y=2-3k \quad (\text{ただし } k \text{ は整数})$$

となる．

(2)　方程式は $2(x+3y)=5$ と変形でき，x, y にどんな整数を代入しても左辺は偶数となるので等式は成立しない．したがってこの不定方程式の解は存在しない．

■

確認例題 11.8 (2) のように，不定方程式は解を持つとは限らない．では，解が存在するかしないかはどのように判定すればよいか．それには次の定理が有効である♣1．

定理 11.3　a, b を自然数とする．このとき，任意の整数 k に対して不定方程式 $ax+by=k\cdot\gcd(a,b)$ は解を持つ．

したがって特に，a と b が互いに素ならば，任意の整数 k に対して不定方程式 $ax+by=k$ は解を持つ．

解が存在する場合でも，a, b が大きな数であるとき，特殊解を見つけるのは容易ではない．この場合はユークリッドの互除法と同じアイディアで係数が小さい問題に帰着させることができる．

♣1　証明は演習問題 11.12 (2) を参照．

基本 例題 11.9

次の不定方程式の解が存在するならば一般解を求めよ.

(1) $17x + 45y = 1$ (2) $29x + 12y = 39$

【解答】 (1) 17 と 45 は互いに素なので定理 11.3 より不定方程式は解を持つ.

$$
\begin{aligned}
17x + 45y &= 1 \\
17(x + 2y) + 11y &= 1 \\
17z + 11y &= 1 \qquad \text{ただし} \quad z = x + 2y \\
6z + 11(y + z) &= 1 \\
6z + 11w &= 1 \qquad \text{ただし} \quad w = y + z \\
6(z + w) + 5w &= 1 \\
6u + 5w &= 1 \qquad \text{ただし} \quad u = z + w
\end{aligned}
$$

となり，最後の u と w の不定方程式は $u = 1, w = -1$ という特殊解を持つことが容易にわかる．ここから逆算して，$x_0 = 8, y_0 = -3$ は $17x + 45y = 1$ の特殊解となる．したがって，求める一般解は

$$x = 8 + 45k, \quad y = -3 - 17k \qquad (\text{ただし } k \text{ は整数})$$

(2) 29 と 12 は互いに素なので，定理 11.3 より不定方程式は解を持つ.

$$
\begin{aligned}
29x + 12y &= 39 \\
5x + 12(2x + y - 3) &= 3 \\
5x + 12z &= 3 \qquad \text{ただし} \quad z = 2x + y - 3 \\
5(x + 2z) + 2z &= 3 \\
5w + 2z &= 3 \qquad \text{ただし} \quad w = x + 2z
\end{aligned}
$$

となり，最後の w と z の不定方程式は $w = 1, z = -1$ という特殊解を持つことが容易にわかる．ここから逆算して $x_0 = 3, y_0 = -4$ は $29x + 12y = 39$ の特殊解となる．したがって求める一般解は

$$x = 3 + 12k, \quad y = -4 - 29k \quad (\text{ただし } k \text{ は整数})$$

■

問 11.6 次の不定方程式が解を持つならば一般解を求めよ.

(1) $6x - 5y = 3$ (2) $45x + 173y = 2$ (3) $263x + 72y = 125$

11.4 合 同 式

本節は高校では必修ではないが，知っていると不定方程式を簡単に解けるだけではなく，大学で離散数学を学ぶ上で重要となるので掲載する．情報セキュリティに利用されている公開鍵暗号を理解するためにも必須の内容である．

導入 例題 11.10

ある年の1月1日が日曜日ならば，翌年の1月1日は何曜日か．ただし，その年はうるう年ではないとする．

【解答】 1月1日が日曜日なら1月8, 15, 22, 29日も日曜日である．これらの数に共通しているのは「7で割ると1あまる数」ということである．次の日曜日は2月5日だが，2月1日を「1月32日」に，2月2日を「1月33日」に読み替えていけば，2月5日は「1月36日」となり，36はやはり7で割ると1あまる数である．つまり，2月以降のすべての日を1月m日と読み替えて，mを7で割ったときのあまりをrとしたとき，$r=1$ならばその日は日曜日であり，同様に

$r=2$ ならばその日は月曜日　　$r=3$ ならばその日は火曜日

$r=4$ ならばその日は水曜日　　$r=5$ ならばその日は木曜日

$r=6$ ならばその日は金曜日　　$r=0$ ならばその日は土曜日

となることがわかる．さて，うるう年ではないので翌年の1月1日を読み替えると「1月366日」であり，366を7で割ると2あまることがわかる．したがって翌年の1月1日は月曜日である． ■

このように，ある自然数で割ったときのあまりによって整数を分類することで問題の本質が見えてくることがある．

一般に2以上の自然数Nを1つ定め，整数m, nをそれぞれNで割ったときのあまりが等しいとき，mとnは**Nを法として合同である**といい

$$m \equiv n \pmod N$$

と表す♣1．この式を**Nを法とする合同式**という．

mとnがNを法として合同であることは，$m-n$がNで割り切れることと同値であり，したがって$m=n+kN$となる整数kが存在することとも同値である．

♣1 $n \equiv m \pmod N$ でも同じことを意味している．

特に，任意の整数 m に対して

$$m \equiv m \pmod{N}$$

が成り立つ．

確認 例題 11.11

次のうち正しい合同式をすべて選べ．

(1) $13 \equiv 3 \pmod{4}$　　(2) $-5 \equiv 7 \pmod{12}$

(3) $0 \equiv 91 \pmod{7}$　　(4) $111 \equiv -11 \pmod{25}$

(5) $47 \equiv 11 \pmod{8}$　　(6) $497 \equiv 29 \pmod{13}$

【解答】 (1) については $13 - 3 = 10$ は 4 で割り切れないので正しくない．(2) については $-5 - 7 = -12$ は 12 で割り切れるので正しい．以下同様に判定すると，(2), (3), (6) のみが正しい合同式であることがわかる．■

合同式には次の性質がある．

定理 11.4　$a \equiv b \pmod{N}$, $c \equiv d \pmod{N}$ であるとき，次が成り立つ．

(1) $a + c \equiv b + d \pmod{N}$

(2) $a - c \equiv b - d \pmod{N}$

(3) $ac \equiv bd \pmod{N}$

(4) 任意の自然数 k に対して

$$a^k \equiv b^k \pmod{N}$$

【解答】 仮定より，$a - b = mN$, $c - d = nN$ となる整数 m, n が存在するので，

$$\begin{aligned} a + c - (b + d) &= mN + nN \\ &= (m + n)N \end{aligned}$$

となり，したがって (1) が成り立つ．(2) も同様に導かれる．また，

$$\begin{aligned} ac - bd &= (b + mN)(d + nN) - bd \\ &= (bn + dm + mnN)N \end{aligned}$$

となり，したがって (3) が成り立つ．(4) は (3) からただちにしたがう．■

これらの性質を上手く使うと，次のような計算ができる．

確認 例題 11.12

次の問に答えよ．

(1) 7^{100} を 11 で割ったときのあまりを求めよ．

(2) 43^{78} の 1 の位の数を求めよ．

【解答】 (1) $7^{100} \equiv n \pmod{11}$ となる n ($0 \leqq n < 11$) が求める数である．定理 11.4 より

$$7^{100} \equiv (7^2)^{50} \equiv 49^{50} \equiv 5^{50} \equiv (5^2)^{25} \equiv 25^{25} \equiv 3^{25} \equiv (3^5)^5$$
$$\equiv 243^5 \equiv 1^5 \equiv 1 \pmod{11}$$

となる．したがって，7^{100} を 11 で割ったときのあまりは 1 である．なお，上の計算の中で

$$49 \equiv 5 \pmod{11}$$
$$25 \equiv 3 \pmod{11}$$
$$243 \equiv 1 \pmod{11}$$

を使った．

(2) 1 の位の数は「10 で割ったときのあまり」と考えることができるので，(1) と同様に $43^{78} \equiv n \pmod{10}$ となる n ($0 \leqq n < 10$) が求める数である．定理 11.4 より

$$43^{78} \equiv 3^{78} \equiv (3^6)^{13} \equiv 729^{13} \equiv 9^{13} \equiv 9 \cdot 9^{12} \equiv 9 \cdot (9^2)^6$$
$$\equiv 9 \cdot 81^6 \equiv 9 \cdot 1^6 \equiv 9 \pmod{10}$$

となる．したがって 43^{78} の 1 の位の数は 9 であることがわかる．なお，上の計算の中で

$$43 \equiv 3 \pmod{10}$$
$$729 \equiv 9 \pmod{10}$$
$$81 \equiv 1 \pmod{10}$$

を使った． ■

確認例題 11.12 の解答は式変形の一例であり，他にもさまざまな導き方がある．コツは合同式の性質を使いながら徐々に数を小さくしていくことである．

問 11.7 次の問に答えよ．

(1) 8^{300} を 17 で割ったときのあまりを求めよ．

(2) 55^{37} を 21 で割ったときのあまりを求めよ．

(3) 7^{99} の 1 の位の数を求めよ．

11.5 合同方程式

変数が含まれている合同式を**合同方程式**とよぶ．合同方程式は一次方程式を解くように式変形してよいのだろうか．次の例題を考えてみよう．

導入 例題 11.13

$x+3 \equiv 11 \pmod 5$ を満たす整数 x を求めよ．

【解答】 求めるのは $(x+3)-11 = x-8$ が 5 の倍数となるような整数 x であるから，

$$x - 8 = 5k$$
$$x = 8 + 5k \quad (k \text{ は整数})$$

となる． ■

上の x は合同式を用いて

$$x \equiv 8 \pmod 5$$

と表すことができる♣1．つまり，合同方程式においては移項ができることがわかる．では，両辺を同じ整数で割ることはできるだろうか．たとえば

$$2x \equiv 8 \pmod{10}$$

の解は $x \equiv 4 \pmod{10}$ であろうか．残念ながらこれは正しくない．たとえば $x=9$ は

$$2x \equiv 8 \pmod{10}$$

を満たすが

$$x \equiv 4 \pmod{10}$$

は満たさない．合同方程式において，わり算は「無条件では」できないのである．

♣1 $x \equiv 3 \pmod 5$ でもよい．

わり算が可能となるケースは，次の定理からわかる．

定理 11.5 2 以上の自然数 c, N が互いに素であるとき，

$$ac \equiv bc \pmod N \quad \text{ならば} \quad a \equiv b \pmod N$$

が成り立つ．

【証明】 $ac \equiv bc \pmod N$ ならば $ac - bc = kN$ となる整数 k が存在する．このとき $a - b = \frac{kN}{c}$ は整数であり，c と N が互いに素であることから，$\frac{k}{c}$ は整数となる．したがって $a - b$ は N の倍数となり $a \equiv b \pmod N$ が成り立つ． ■

つまり，2 と 10 は互いに素ではないから $2x \equiv 8 \pmod{10}$ の両辺を 2 で割る，という操作ができないのである．ではこの場合どうやって x を求めるかというと，合同式を使わずに $2x \equiv 8 \pmod{10}$ より

$$2x - 8 = 10k$$

$$x = 4 + 5k \quad (k \text{ は整数})$$

となる．したがって $x \equiv 4 \pmod 5$ である．

確認 例題 11.14

次の合同方程式の解を求めよ．

(1) $3x - 2 \equiv 16 \pmod 5$ (2) $4x \equiv 1 \pmod 9$

【解答】 (1) 3 と 5 は互いに素なので定理 11.5 が適用できて

$$3x - 2 \equiv 16 \pmod 5$$

$$3x \equiv 18 \pmod 5$$

$$x \equiv 6 \pmod 5$$

となる．

(2) 4 と 9 は互いに素なので定理 11.5 が適用できて

$$4x \equiv 1 \pmod 9$$

$$4x \equiv 28 \pmod 9$$

$$x \equiv 7 \pmod 9$$

となる♣[1]． ■

♣[1] 右辺を 1 と合同でありかつ 4 の倍数でもある 28 に置き換えることがポイントである．

問 11.8 次の合同方程式の解を求めよ．

(1) $7x+4 \equiv 2 \pmod 6$ (2) $19-5x \equiv 3 \pmod{12}$

合同方程式を使えば，不定方程式の一般解を直接求めることができる．

基本 例題 11.15

合同方程式を用いて，次の不定方程式の一般解を求めよ．

(1) $4x+15y=2$ (2) $11x+7y=6$

【解答】 (1) 不定方程式は

$$4x = 2-15y$$

と書き直すことができ，y は整数なので，求める x は合同方程式

$$4x \equiv 2 \pmod{15}$$

の解となる．4 と 15 は互いに素なので定理 11.5 が適用できて

$$\begin{aligned} 4x &\equiv 2 \pmod{15} \\ 4x &\equiv 32 \pmod{15} \\ x &\equiv 8 \pmod{15} \end{aligned}$$

となる．つまり整数 k を用いて $x=8+15k$ と表されるので，これを元の方程式に代入して

$$\begin{aligned} 32+60k+15y &= 2 \\ 15y &= -30-60k \\ y &= -2-4k \end{aligned}$$

となる．したがって求める一般解は

$$x=8+15k, \quad y=-2-4k \quad (k \text{ は整数})$$

となる．(2) 不定方程式は

$$7y = 6-11x$$

と書き直すことができ，x は整数なので，求める y は合同方程式

$$7y \equiv 6 \pmod{11}$$

の解となる．7 と 11 は互いに素なので定理 11.5 が適用できて

$$
\begin{aligned}
7y &\equiv 6 \pmod{11}\\
7y &\equiv 28 \pmod{11}\\
y &\equiv 4 \pmod{11}
\end{aligned}
$$

となる．つまり整数 k を用いて $y = 4 + 11k$ と表されるので，これを元の方程式に代入して

$$
\begin{aligned}
11x + 28 + 77k = 6&\\
11x &= -22 - 77k\\
x &= -2 - 7k
\end{aligned}
$$

となる．したがって求める一般解は

$$x = -2 - 7k, \quad y = 4 + 11k \quad (k \text{ は整数})$$

となる． ■

問 11.9　合同式を用いて，次の不定方程式の一般解を求めよ．

(1)　$3x - 7y = 15$　　(2)　$12x + 5y = 59$　　(3)　$16x + 21y = 38$

第 11 章　演習問題

11.1　次の数は素数か合成数か判定せよ．

(1)　17011　　(2)　27023　　(3)　59321

11.2　$\dfrac{1350}{n}, \dfrac{1980}{n}, \dfrac{n}{9}$ がいずれも整数となる自然数 n をすべて求めよ．

11.3　次の問に答えよ．

(1)　$p_1, p_2, \ldots, p_n$ が素数であるとき，

$$P = p_1 \times p_2 \times \cdots \times p_n + 1$$

は $p_1, p_2, \ldots, p_n$ のいずれとも互いに素であることを示せ．

(2)　(1) を用いて，素数は無数に存在することを示せ．

11.4　次の数の最大公約数・最小公倍数をそれぞれ求めよ．

(1)　243, 576　　(2)　4141, 9999

11.5　最大公約数が 56, 最小公倍数が 1680 である自然数の組 (m, n) をすべて求めよ．ただし，$m < n$ とする．

11.6　次の問に答えよ．

(1)　連続する 2 つの自然数は互いに素であることを示せ．

(2)　$\sqrt{4x^2 + 1}$ が整数となるような自然数 x は存在しないことを示せ．

11.7 次の不定方程式の一般解を求めよ．

(1) $8x+15y=21$ (2) $23x-12y=100$ (3) $152x+31y=1$

11.8 ある地方では13年に一度発生するAセミと，17年に一度発生するBセミが生息している．Aセミが5年前に発生し，Bセミが2年前に発生した場合，次にAセミとBセミが同時に発生するのは今から何年後か．

11.9 次の問に答えよ．

(1) 11^{100} を14で割ったときのあまりを求めよ．

(2) 2^{100} の10の位の数を求めよ．

11.10 次の合同方程式を解け．

(1) $2x-5\equiv 3 \pmod 7$ (2) $8x\equiv 11 \pmod 9$ (3) $37x\equiv 1 \pmod{25}$

11.11 次の問に答えよ．

(1) 自然数 a に対して，$a, 2a, 3a, 4a, 5a, 6a$ を7で割ったときのあまりを，$a=3$ の場合と $a=5$ の場合にそれぞれ求めよ．

(2) 自然数 a と2以上の自然数 p が互いに素であるとき，$a, 2a, 3a, \ldots, (p-1)a$ を p で割ったときのあまりは，$1, 2, 3, \ldots, p-1$ が重複することなく一度ずつ出現することを背理法によって示せ．

(3) 自然数 a と2以上の自然数 p が互いに素であるとき，合同方程式

$$ax\equiv 1 \pmod p$$

は解を持つことを示せ．

11.12 次の問に答えよ．

(1) 演習11.11の(3)の結果を用いて，自然数 a, b が互いに素であるならば，不定方程式

$$ax+by=1$$

は解を持つことを示せ．

(2) 任意の自然数 a, b と任意の整数 k に対して，不定方程式

$$ax+by=k\cdot\gcd(a,b)$$

は解を持つことを示せ．

11.13 次の問に答えよ．

(1) 演習11.11 (2) の結果を用いて，素数 p と自然数 a が互いに素であるならば，

$$a^{p-1}\equiv 1 \pmod p$$

が成り立つことを示せ♣1．

(2) 45^{800000} を7で割ったときのあまりを求めよ．

♣1 これを**フェルマーの小定理**という．

第12章 2次曲線

放物線・楕円・双曲線はいずれも方程式が x と y の2次方程式で表されるので，2次曲線という．身のまわりには多くの2次曲線があり，その特性を上手く使った利用がなされている．この章では3つの2次曲線の特性を学び，また見た目が異なるこれらの曲線に共通する性質を学ぶ．

12.1 放物線

平面上に点Fと，Fを通らない直線 ℓ が与えられたとき，点Fまでの距離と，直線 ℓ までの距離が等しい点Pの軌跡を**放物線**という．またこのとき，点Fを**焦点**，直線 ℓ を**準線**という．

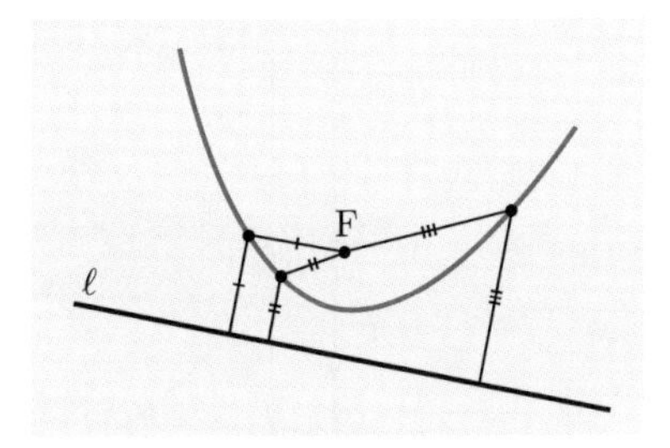

導入 例題 12.1

点F(1,0)を焦点とし，直線 $x=-1$ を準線とする放物線の方程式を求めよ．

【解答】 放物線上の点を $\mathrm{P}(x,y)$ とすると，点Pと直線 $x=-1$ の距離は $|x+1|$ であり

$$\mathrm{FP}=\sqrt{(x-1)^2+y^2}$$

であるから

$$|x+1|=\sqrt{(x-1)^2+y^2}$$

が成り立つ．この等式の両辺を2乗して整理すると，

$$(x+1)^2=(x-1)^2+y^2$$
$$y^2=4x$$

となる． ■

一般に 0 でない実数 p に対して，点 $\mathrm{F}(p,0)$ を焦点とし，直線

$$x=-p$$

を準線とする放物線の方程式は

$$y^2=4px$$

となる．同様に，点 $\mathrm{F}(0,p)$ を焦点とし，直線

$$y=-p$$

を準線とする放物線の方程式は

$$x^2=4py$$

となる．これらの方程式を**放物線の標準形**という．

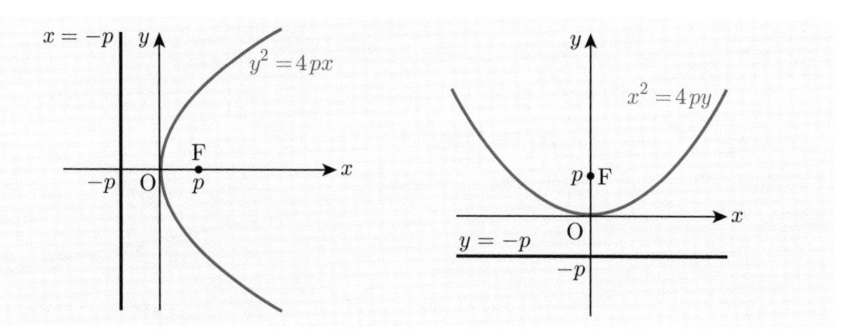

確認 例題 12.2

放物線 $y=x^2$ の焦点の座標と準線の方程式を求めよ．

【解答】 $4p=1$ より

$$p=\frac{1}{4}$$

となる．したがって，焦点は $\mathrm{F}(0,\frac{1}{4})$，準線は

$$y=-\frac{1}{4}$$

となる． ■

問 12.1　次の問に答えよ．

(1)　点 $\mathrm{F}(0,-3)$ を焦点とし，直線 $y=3$ を準線とする放物線の方程式を求めよ．

(2)　放物線 $x=5y^2$ の焦点の座標と準線の方程式を求めよ．

放物線が与えられたとき，焦点Fと同じ側から準線に向かって垂直に放射された光線は，放物線に反射して焦点に同時に集まることがわかっている．衛星放送のパラボラアンテナはこの性質を利用している．

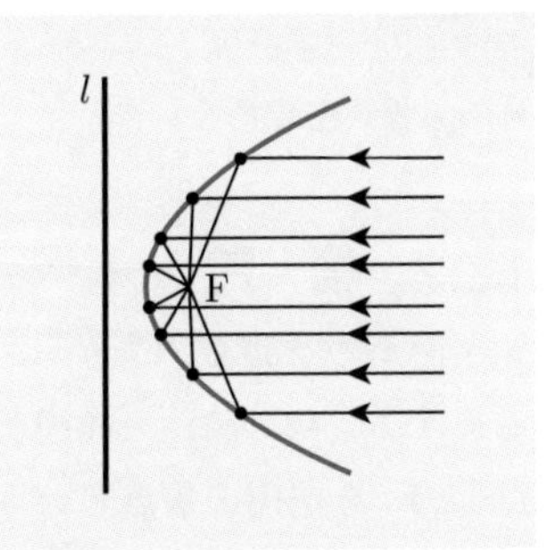

基本 例題 12.3

円 $(x-2)^2+y^2=1$ に外接し，かつ直線 $x=-1$ にも接する円 C の中心Pの軌跡の方程式を求めよ．

【解答】 円 C の中心を $\mathrm{P}(x,y)$ とし，半径を r とすると，図より $x>-1$ であり，点Pから直線 $x=-1$ までの距離が r であるから

$$x+1=r$$

となる．また外接する2つの円の中心の距離は2つの円の半径の和になるので

$$r+1=\sqrt{(x-2)^2+y^2}$$

となる．したがって

$$x+2=\sqrt{(x-2)^2+y^2}$$
$$(x+2)^2=(x-2)^2+y^2$$
$$y^2=8x$$

となる．これは点F(2,0)を焦点とし，直線 $x=-2$ を準線とする放物線である．

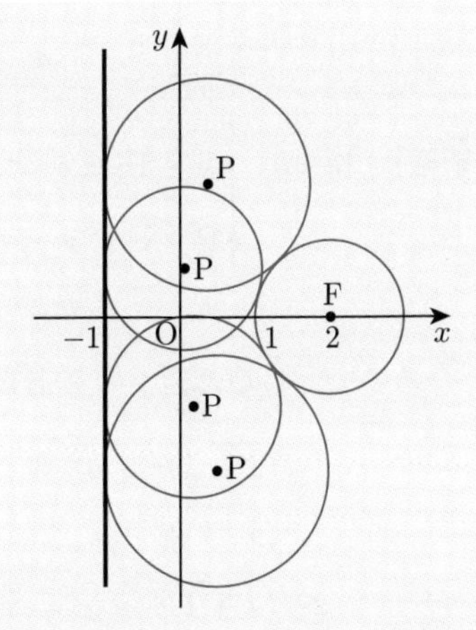

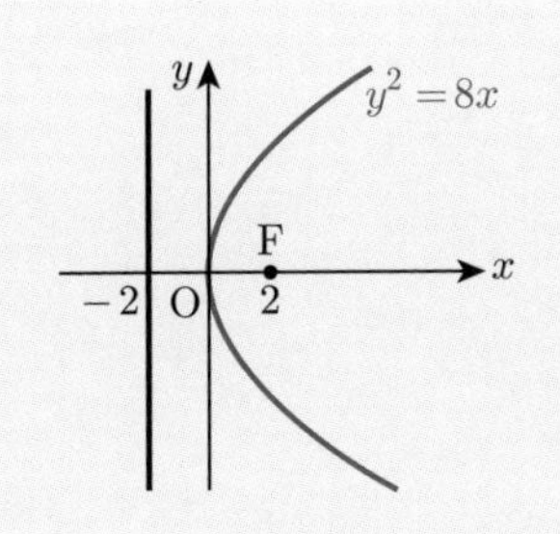

■

問 12.2　円 $x^2+(y-5)^2=4$ に外接し，かつ直線 $y=-3$ にも接する円の中心Pの軌跡の方程式を求めよ．

12.2 楕円

平面上の2点F, F′ からの距離の和が一定であるような点Pの軌跡を**楕円**という．またこのとき，点F, F′ を楕円の**焦点**という．

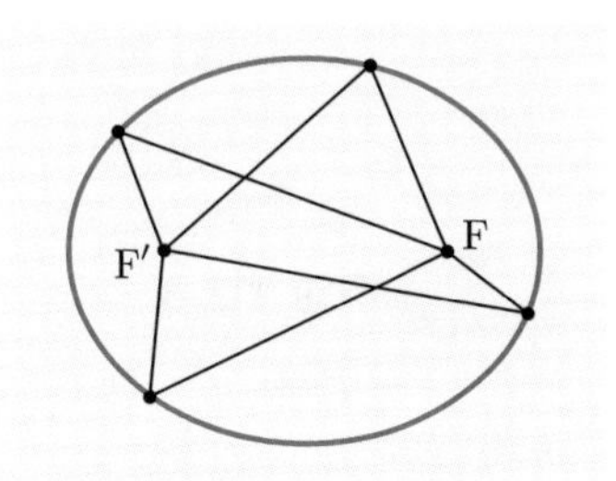

導入 例題 12.4

2点F(1,0), F′(−1,0) を焦点とし，F, F′ からの距離の和が4であるような楕円の方程式を求めよ．

【解答】 楕円上の点を $\mathrm{P}(x,y)$ とすると，

$$\begin{aligned}\mathrm{FP}+\mathrm{F'P}&=\sqrt{(x-1)^2+y^2}+\sqrt{(x+1)^2+y^2}\\&=4\end{aligned}$$

となるので，移項と辺々の2乗を繰り返すと

$$\begin{aligned}\sqrt{(x-1)^2+y^2}&=4-\sqrt{(x+1)^2+y^2}\\(x-1)^2+y^2&=16-8\sqrt{(x+1)^2+y^2}+(x+1)^2+y^2\\2\sqrt{(x+1)^2+y^2}&=x+4 \qquad (x>-4)\\4(x+1)^2+4y^2&=(x+4)^2\\3x^2+4y^2&=12\\\frac{x^2}{4}+\frac{y^2}{3}&=1\end{aligned}$$

となる． ■

一般に，異なる 2 つの正の数 a, b に対して

$$\frac{x^2}{a^2}+\frac{y^2}{b^2}=1$$

は楕円の方程式となる．これを**楕円の標準形**という．この楕円は，x 軸とは 2 点 $\mathrm{A}(a,0)$, $\mathrm{B}(-a,0)$ で交わり，y 軸とは 2 点 $\mathrm{C}(b,0)$, $\mathrm{D}(-b,0)$ で交わる．$\mathrm{AB}=2a$ と $\mathrm{CD}=2b$ のうち長い方を**長軸**といい，短い方を**短軸**という．

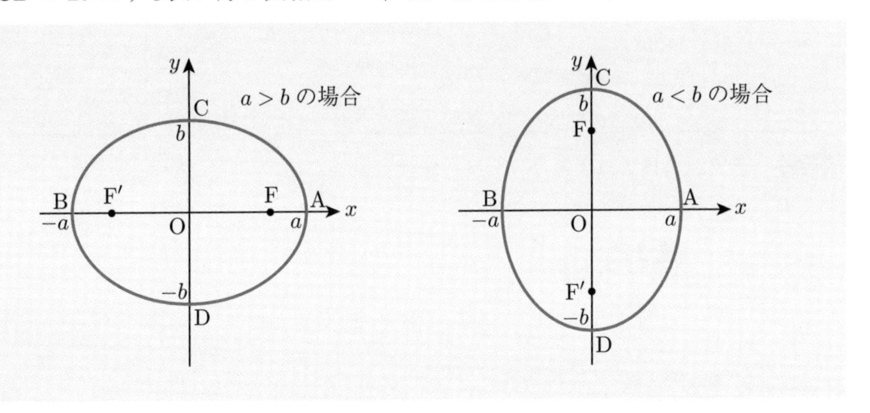

$a>b$ のとき，x 軸上の 2 点 $\mathrm{F}(\sqrt{a^2-b^2},0)$, $\mathrm{F}'(-\sqrt{a^2-b^2},0)$ を焦点とし，2 つの焦点からの距離の和が $2a$ である楕円となり，長軸は $2a$，短軸は $2b$ である．

一方，$a<b$ のときは，y 軸上の 2 点 $\mathrm{F}(0,\sqrt{b^2-a^2}\,)$, $\mathrm{F}'(0,-\sqrt{b^2-a^2}\,)$ を焦点とし，2 つの焦点からの距離の和が $2b$ である楕円となり，長軸は $2b$，短軸は $2a$ である．

確認 例題 12.5

楕円 $\dfrac{x^2}{25}+\dfrac{y^2}{16}=1$ の焦点の座標と長軸・短軸を求めよ．

【解答】　$a=5>b=4$ かつ $\sqrt{25-16}=3$ より，焦点は x 軸上の 2 点 $\mathrm{F}(3,0)$, $\mathrm{F}'(-3,0)$ であり，長軸は 10，短軸は 8 となる．■

問 12.3　次の問に答えよ．

(1)　2 点 $\mathrm{F}(0,\sqrt{7}\,)$, $\mathrm{F}'(0,-\sqrt{7}\,)$ を焦点とし，2 つの焦点からの距離の和が 6 である楕円の方程式と，長軸・短軸を求めよ．

(2)　楕円 $\dfrac{x^2}{8}+\dfrac{y^2}{7}=1$ の焦点の座標と長軸・短軸を求めよ．

基本 例題 12.6

x 軸上の点 $\mathrm{A}(a, 0)$ と y 軸上の点 $\mathrm{B}(0, b)$ が

$$\mathrm{AB} = 10$$

を保ったまま動くとき，線分 AB を 2 : 3 の比に内分する点 P の軌跡を求めよ．

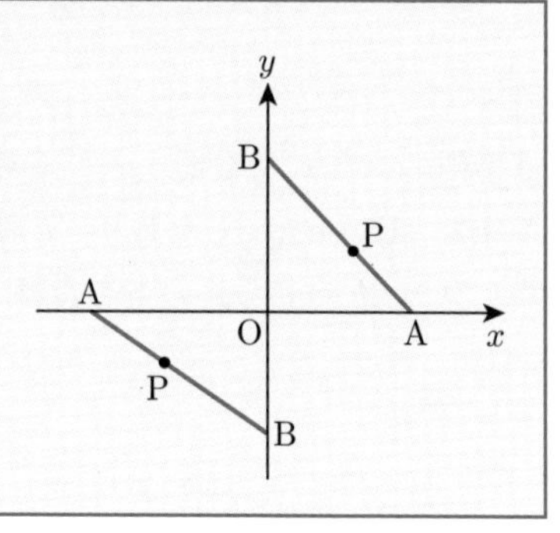

【解答】 まず，$\mathrm{AB} = 10$ より

$$a^2 + b^2 = 100$$

である．$\mathrm{P}(x, y)$ とすると，

$$\mathrm{AP} : \mathrm{PB} = 2 : 3$$

であるから

$$x = \frac{3}{5}a, \quad y = \frac{2}{5}b$$

となる．したがって

$$\left(\frac{5x}{3}\right)^2 + \left(\frac{5y}{2}\right)^2 = 100$$

$$\frac{x^2}{36} + \frac{y^2}{16} = 1$$

となる．

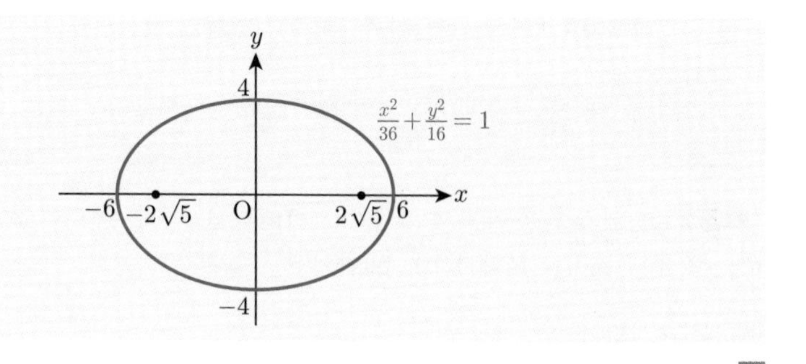

■

問 12.4 x 軸上の点 $\mathrm{A}(a, 0)$ と y 軸上の点 $\mathrm{B}(0, b)$ が $\mathrm{AB} = 7$ を保ったまま動くとき，線分 AB を 5 : 2 の比に内分する点 P の軌跡を求めよ．

12.3 双 曲 線

平面上の 2 点 F, F′ からの距離の差が一定であるような点 P の軌跡を**双曲線**という．またこのとき，点 F, F′ を双曲線の**焦点**という．

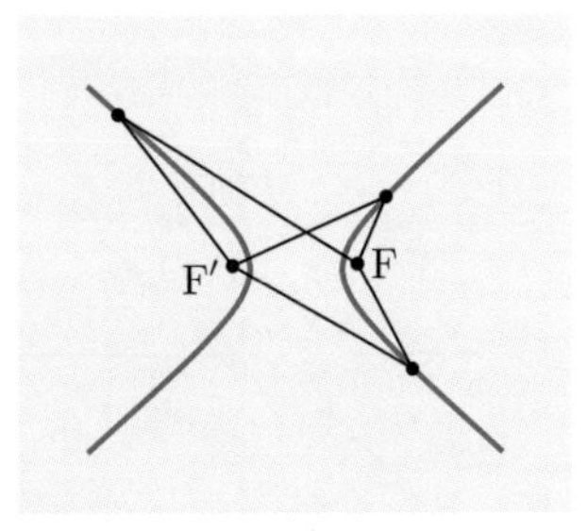

導入 例題 12.7

xy 平面上の 2 点 F(3, 0), F′(−3, 0) を焦点とし，F, F′ からの距離の差が 4 であるような双曲線の方程式を求めよ．

【解答】 双曲線上の点を P(x, y) とすると，

$$|\mathrm{FP} - \mathrm{F'P}| = \left|\sqrt{(x-3)^2+y^2} - \sqrt{(x+3)^2+y^2}\,\right| = 4$$

となるので，移項と辺々の 2 乗を繰り返すと

$$\begin{aligned}
\sqrt{(x-3)^2+y^2} &= -\sqrt{(x+3)^2+y^2} \pm 4 \\
(x-3)^2+y^2 &= (x+3)^2+y^2 \mp 8\sqrt{(x+3)^2+y^2}+16 \\
\pm 2\sqrt{(x+3)^2+y^2} &= 3x+4 \\
4x^2+24x+36+4y^2 &= 9x^2+24x+16 \\
5x^2-4y^2 &= 20 \\
\frac{x^2}{4}-\frac{y^2}{5} &= 1
\end{aligned}$$

となる． ■

一般に，2 つの正の数 a, b に対して，

$$\frac{x^2}{a^2}-\frac{y^2}{b^2}=1$$

は，x 軸上の 2 点 $\mathrm{F}(\sqrt{a^2+b^2}, 0)$, $\mathrm{F'}(-\sqrt{a^2+b^2}, 0)$ を焦点とし，2 つの焦点からの距離の差が $2a$ である双曲線となる．一方，

$$\frac{y^2}{b^2}-\frac{x^2}{a^2}=1$$

は y 軸上の 2 点 $\mathrm{F}(0, \sqrt{a^2+b^2})$, $\mathrm{F}'(0, -\sqrt{a^2+b^2})$ を焦点とし，2 つの焦点からの距離の差が $2b$ である双曲線となる．これらを**双曲線の標準形**という．

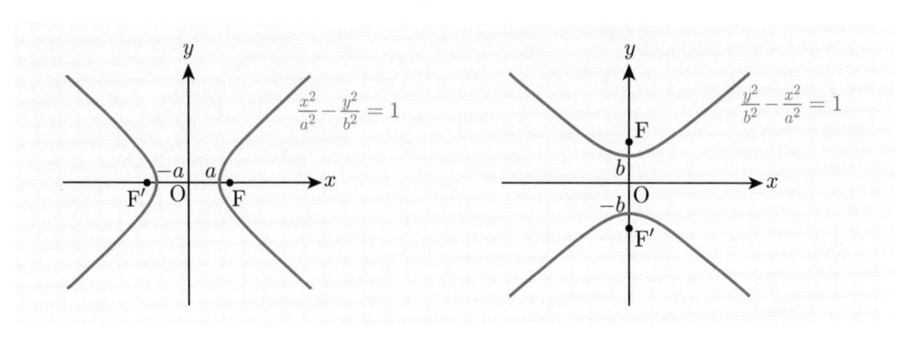

双曲線 $\dfrac{x^2}{a^2}-\dfrac{y^2}{b^2}=1$ の両辺を y^2 で割ると $\dfrac{x^2}{a^2y^2}-\dfrac{1}{b^2}=\dfrac{1}{y^2}$ となるが，ここで $y^2 \to \infty$ とすると，この式の右辺は 0 に近づいていく．このことは，双曲線上の点は原点から離れるにつれて $\dfrac{x^2}{a^2y^2}-\dfrac{1}{b^2}=0$ に近づいていくことを意味している．この方程式が表す図形は

$$\frac{x^2}{a^2y^2}-\frac{1}{b^2}=0$$

$$\frac{x^2}{a^2}-\frac{y^2}{b^2}=0$$

$$\left(\frac{x}{a}-\frac{y}{b}\right)\left(\frac{x}{a}+\frac{y}{b}\right)=0$$

より 2 直線

$$\frac{x}{a}=\frac{y}{b} \quad \text{および} \quad \frac{x}{a}=-\frac{y}{b}$$

であることがわかる．これらの直線を双曲線の**漸近線**という．

同様に，双曲線 $\dfrac{y^2}{b^2}-\dfrac{x^2}{a^2}=1$ の漸近線も $\dfrac{x}{a}=\dfrac{y}{b}$ および $\dfrac{x}{a}=-\dfrac{y}{b}$ となる．

確認 例題 12.8

双曲線 $x^2-y^2=1$ の焦点の座標と漸近線を求めよ．

【解答】 $a=b=1$ であるから，焦点は x 軸上の 2 点 $\mathrm{F}(\sqrt{2}, 0)$, $\mathrm{F}'(-\sqrt{2}, 0)$ であり，漸近線は $x=y$ および $x=-y$ となる． ■

問 12.5　次の問に答えよ．

(1)　2 点 $F(0,5)$, $F'(0,-5)$ を焦点とし，F, F′ からの距離の差が 2 であるような双曲線の方程式と漸近線を求めよ．

(2)　双曲線 $\dfrac{x^2}{3}-\dfrac{y^2}{9}=1$ の焦点の座標と漸近線を求めよ．

海上の船が，自分の位置を特定するための技術に双曲線が用いられている．陸上に設置された 3 つの送信局 A, B, C から同時に発せられた電波を，船が受信するまでの時間の差を求めることにより，A と B を焦点とする双曲線および A と C を焦点とする双曲線が定まり，それら 2 組の双曲線の交点として位置が特定できるのである．この方法を**双曲線航法**という．

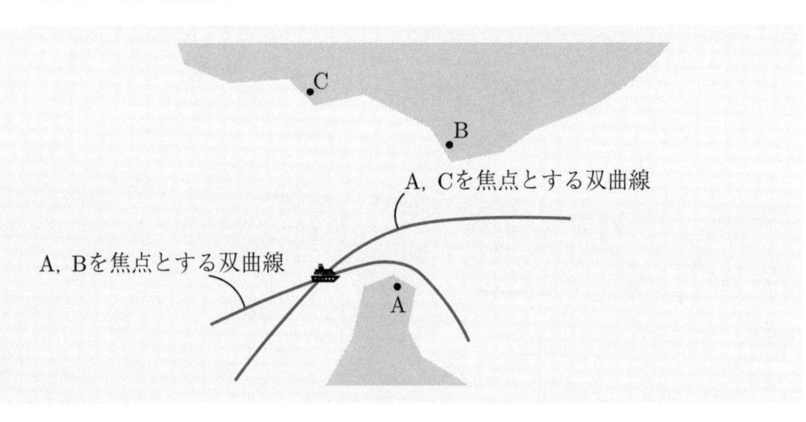

基本 例題 12.9

2 つの円 $(x-5)^2+y^2=4$, $(x+5)^2+y^2=16$ の両方に外接する円の中心 P の軌跡を求めよ．

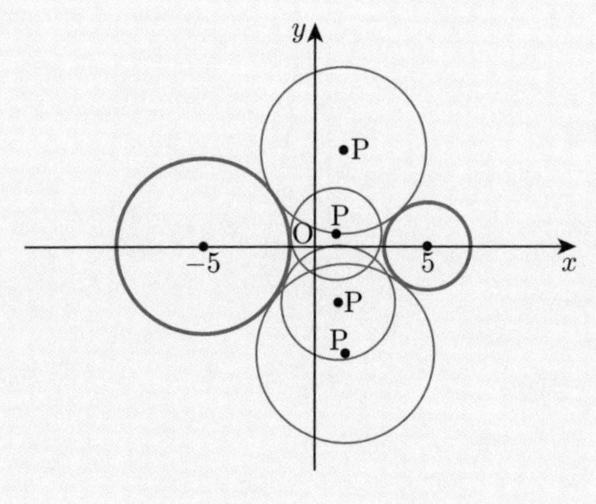

【解答】 2つの円に外接する円の方程式を

$$(x-X)^2+(y-Y)^2=r^2$$

とおくと，中心は $\mathrm{P}(X,Y)$ であり，円の中心同士の距離はそれぞれの円の半径の和であるから

$$\sqrt{(X-5)^2+Y^2}=2+r$$
$$\sqrt{(X+5)^2+Y^2}=4+r$$

が成り立つ．ここから r を消去して移項と辺々の2乗を繰り返すと

$$\sqrt{(X-5)^2+Y^2}=\sqrt{(X+5)^2+Y^2}-2$$
$$(X-5)^2+Y^2=(X+5)^2+Y^2-4\sqrt{(X+5)^2+Y^2}+4$$
$$\sqrt{(X+5)^2+Y^2}=5X+1 \qquad \left(X \geqq -\frac{1}{5}\right)$$
$$X^2+10X+25+Y^2=25X^2+10X+1$$
$$X^2-\frac{Y^2}{24}=1$$

となる．したがって点 P の軌跡は，双曲線 $x^2-\dfrac{y^2}{24}=1$ のうち $x \geqq -\dfrac{1}{5}$ の部分である．

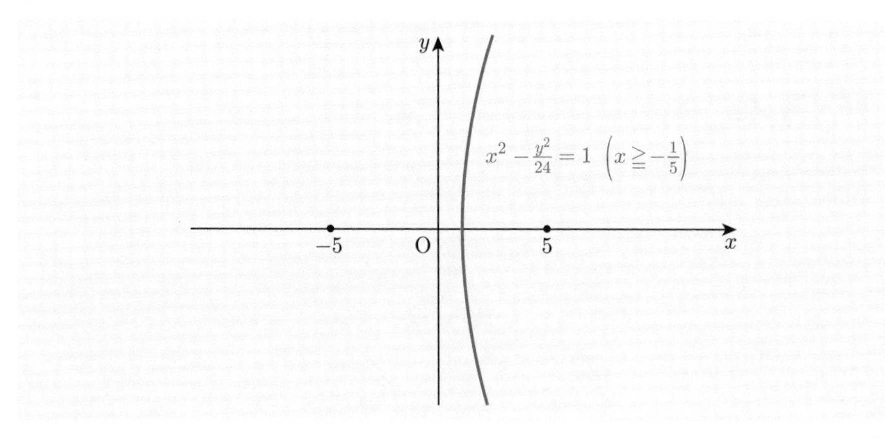

■

問 12.6 2つの円 $x^2+(y-4)^2=9$, $x^2+(y+4)^2=1$ の両方に外接する円の中心 P の軌跡を求めよ．

12.4　2 次曲線の平行移動

前節までに 2 次曲線の標準形を学んだが，一般に x と y の 2 次方程式 $Ax^2+Bxy+Cy^2+Dx+Ey+F=0$（A〜F は定数）が表す曲線は，左辺が因数分解されない限り，

放物線・楕円（円を含む）・双曲線

のいずれかになる．特に $B=0$ のときは，標準形の 2 次曲線を平行移動したものになることがわかる．まずは次の例題から考えてみよう．

導入 例題 12.10

単位円 $x^2+y^2=1$ を，x 軸方向に 3，y 軸方向に 2 平行移動した図形の方程式を求めよ．

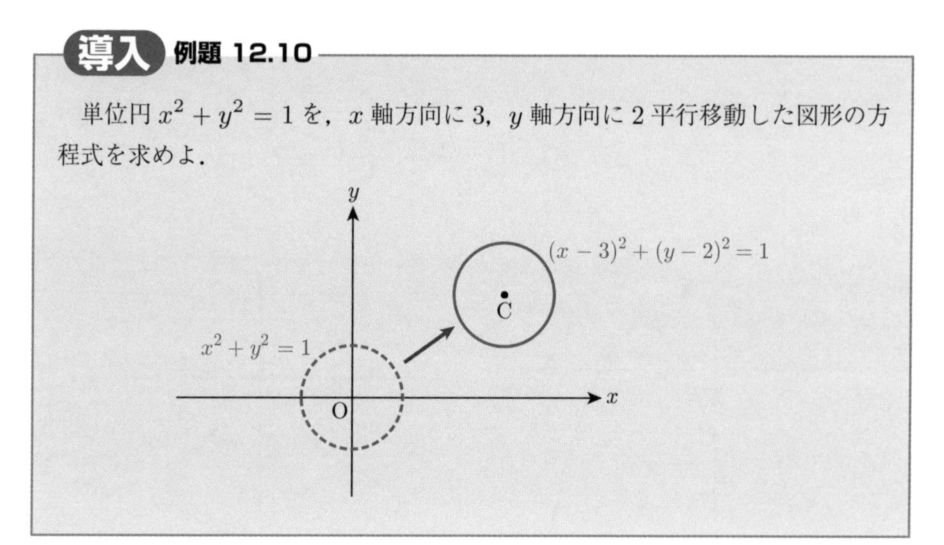

【解答】　求めるのは，点 C(3, 2) を中心とし，半径が 1 の円であるから，方程式は

$$(x-3)^2+(y-2)^2=1$$

となる．■

円以外の曲線についても同じことがいえる．つまり，方程式

$$f(x,y)=0$$

が表す曲線を x 軸方向に a，y 軸方向に b 平行移動した図形の方程式は

$$f(x-a,y-b)=0$$

となる．

確認 例題 12.11

次の図形の方程式を求めよ．

(1)　放物線 $x^2 = -3y$ を x 軸方向に 5，y 軸方向に 2 平行移動した図形．

(2)　双曲線 $\dfrac{x^2}{8} - \dfrac{y^2}{2} = 1$ を y 軸方向に -3 平行移動した図形．

【解答】 (1)　求める方程式は

$$(x-5)^2 = -3(y-2)$$

となる．

(2)　求める方程式は

$$\frac{x^2}{8} - \frac{(y+3)^2}{2} = 1$$

となる．

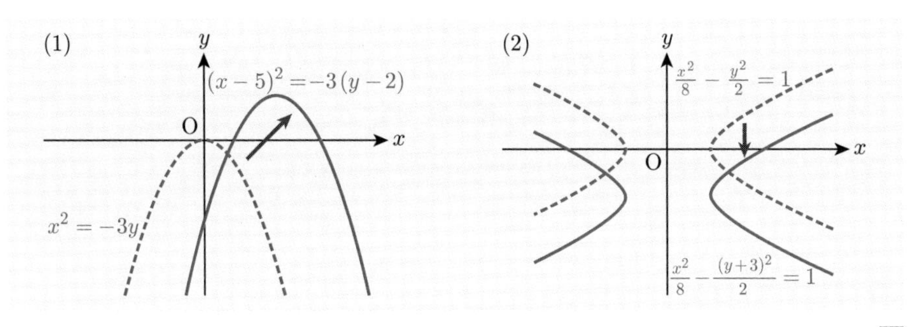

■

2次曲線を平行移動する場合は，焦点・準線および漸近線なども同じだけ平行移動される．

問 12.7　次の図形の方程式を求めよ．

(1)　楕円 $\dfrac{x^2}{9} + y^2 = 1$ を x 軸方向に -3，y 軸方向に 2 平行移動した図形．

(2)　双曲線 $\dfrac{y^2}{4} - \dfrac{x^2}{3} = 1$ を x 軸方向に $\dfrac{1}{2}$，y 軸方向に 1 平行移動した図形．

基本 例題 12.12

次の方程式が表す曲線はどのような図形か．

(1)　$y^2 - 2y = x + 1$

(2)　$2x^2 - 4x + 3y^2 - 12y + 2 = 0$

【解答】　(1)　方程式は

$$y^2 - 2y = 2x + 1$$
$$(y-1)^2 = 2(x+1)$$

と変形できるので，この曲線は放物線 $y^2 = 2x$ を x 軸方向に -1，y 軸方向に 1 平行移動した図形である．

(2)　方程式は

$$2x^2 + 4x + 3y^2 - 12y + 2 = 0$$
$$2(x+1)^2 + 3(y-2)^2 = 12$$
$$\frac{(x-1)^2}{6} + \frac{(y-2)^2}{4} = 1$$

と変形できるので，この曲線は楕円 $\dfrac{x^2}{6} + \dfrac{y^2}{4} = 1$ を x 軸方向に 1，y 軸方向に 2 平行移動した図形である．

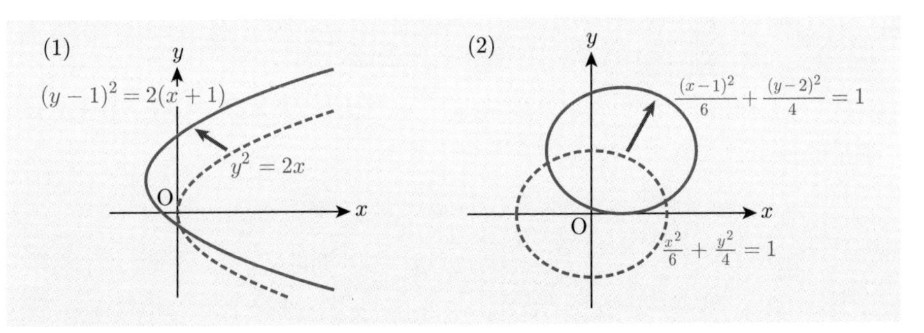

■

問 12.8　次の方程式が表す曲線はどのような図形か．

(1)　$6x - y^2 + 6y = 0$

(2)　$3x^2 - 12x - 4y^2 + 24y = 0$

12.5　2次曲線と離心率

例題 12.1 で見たように，平面上の点Fと，Fを通らない直線 ℓ から等距離にある点Pの軌跡は放物線であった．これは言い換えれば，線分FPの長さと点Pから直線 ℓ までの距離の比が $1:1$ であるような点Pの軌跡ともいえる．では，この比を変えてみたら曲線はどう変わるか考えてみよう．

確認 例題 12.13

点 $\mathrm{F}(2,0)$ と直線 $\ell : x = -2$ が与えられたとき，次の問に答えよ．

(1)　点Fと直線 ℓ からの距離の比が $1:\sqrt{2}$ であるような点Pの軌跡を求めよ．

(2)　点Fと直線 ℓ からの距離の比が $\sqrt{3}:1$ であるような点Pの軌跡を求めよ．

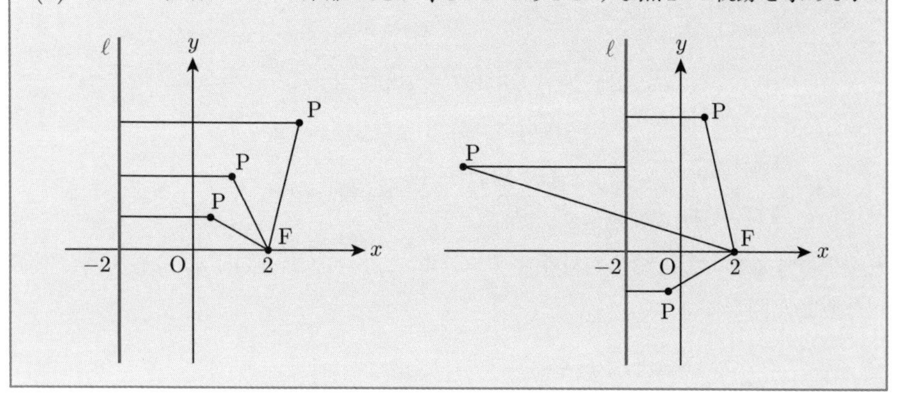

【解答】　(1)　点 $\mathrm{P}(x,y)$ とおくと，線分 $\mathrm{FP} = \sqrt{(x-2)^2+y^2}$ であり，Pと直線 ℓ の距離は $|x+2|$ であるから

$$\sqrt{(x-2)^2+y^2} : |x+2| = 1 : \sqrt{2}$$

$$\sqrt{2}\sqrt{(x-2)^2+y^2} = |x+2|$$

$$2x^2 - 8x + 8 + 2y^2 = x^2 + 4x + 4$$

$$x^2 - 12x + 2y^2 = -4$$

$$(x-6)^2 + 2y^2 = 32$$

$$\frac{(x-6)^2}{32} + \frac{y^2}{16} = 1$$

となる．これは，楕円 $\dfrac{x^2}{32} + \dfrac{y^2}{16} = 1$ を x 軸方向に6平行移動した図形である．

(2)　点 $\mathrm{P}(x, y)$ とおくと，(1) と同様に

$$
\begin{aligned}
\sqrt{(x-2)^2+y^2} : |x+2| &= \sqrt{3} : 1 \\
\sqrt{(x-2)^2+y^2} &= \sqrt{3}\,|x+2| \\
x^2-4x+4+y^2 &= 3x^2+12x+12 \\
2x^2+16x-y^2 &= -8 \\
2(x+4)^2-y^2 &= 24 \\
\frac{(x+4)^2}{12}-\frac{y^2}{24} &= 1
\end{aligned}
$$

となる．これは，双曲線 $\dfrac{x^2}{12}-\dfrac{y^2}{24}=1$ を x 軸方向に -4 平行移動した図形である．

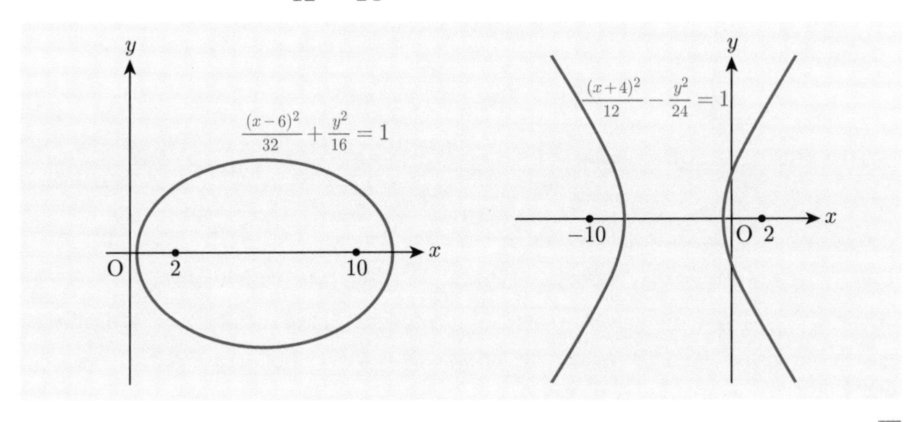

■

一般に，点 F と，F を通らない直線 ℓ が与えられたとき，点 F と直線 ℓ からの距離の比が $e : 1$ であるような点 P の軌跡は，

(1)　$0 < e < 1$ ならば楕円
(2)　$e = 1$ ならば放物線
(3)　$e > 1$ ならば双曲線

となることが知られている ♣1．この e を**離心率**という．離心率という観点から，放物線・楕円・双曲線は統一的に扱えるのである．$0 < e < 1$ の場合，e が 0 に近ければ円に近い楕円になり，1 に近ければ細長い楕円になる．そして $e = 1$ のときの

♣1　この章に限り，e はネイピアの数ではないものとする．

み放物線になり，e が 1 を超えると双曲線になる．e が大きいほど双曲線の漸近線同士がなす鋭角は小さくなる．なお，いずれの場合も点 F は焦点（の 1 つ）となっている．

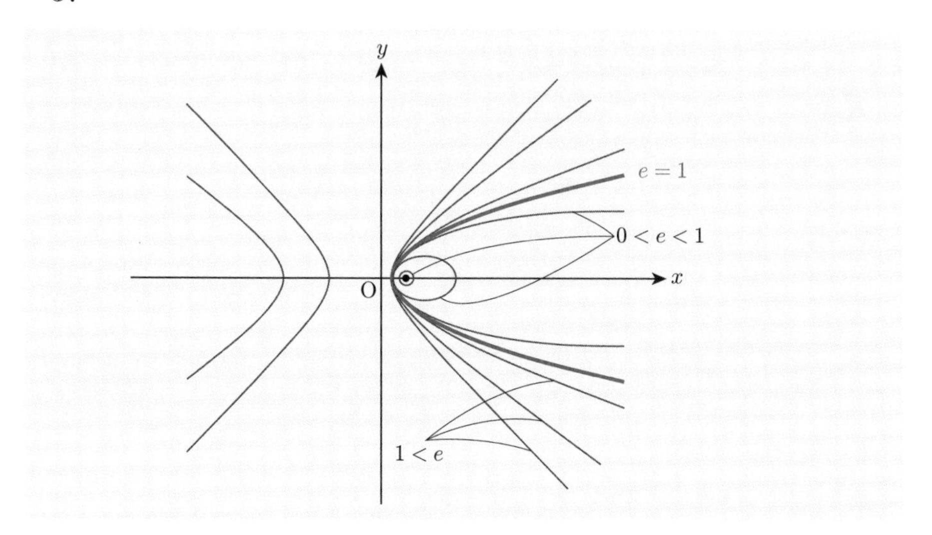

太陽系の惑星の公転軌道はすべて離心率が 0 に近い（つまり円に近い）楕円軌道である．また，彗星の中にはハレー彗星のように楕円軌道のものがある一方で，放物線軌道や双曲線軌道のものも存在する．これらは一度現れたら二度と同じ場所には戻ってこない．星の公転軌道の違いも離心率の違いによるものである．

問 12.9　点 $\mathrm{F}(0,3)$ と直線 $\ell : y = 1$ が与えられたとき，次の問に答えよ．

(1)　点 F と，直線 ℓ からの距離の比が $1:2$ であるような点 P の軌跡の方程式を求めよ．

(2)　点 F と，直線 ℓ からの距離の比が $4:1$ であるような点 P の軌跡の方程式を求めよ．

第 12 章　演習問題

12.1　次の 2 次曲線の方程式を求め，曲線の概形を描け．

(1)　点 $\mathrm{F}(-2,0)$ を焦点とし，直線 $y = 2$ を準線とする放物線．

(2)　2 点 $\mathrm{F}(1,0)$, $\mathrm{F}'(-1,0)$ を焦点とし，焦点からの距離の和が $2\sqrt{3}$ である楕円．

(3)　2 点 $\mathrm{F}(3,0)$, $\mathrm{F}'(-3,0)$ を焦点とし，焦点からの距離の差が 2 である双曲線．

12.2　次の問に答えよ．

(1)　楕円 $\dfrac{x^2}{8} + \dfrac{y^2}{3} = 1$ の焦点および長軸・短軸をそれぞれ求めよ．

(2)　双曲線 $\dfrac{y^2}{5} - \dfrac{x^2}{4} = 1$ の焦点および漸近線をそれぞれ求めよ．

12.3　次の点 P の軌跡の方程式を求めよ．

(1)　2 つの円 $(x-3)^2+y^2=1$, $(x+3)^2+y^2=16$ の両方に外接する円の中心 P.

(2)　x 軸上の点 $\mathrm{A}(s,0)$ と y 軸上の点 $\mathrm{B}(0,t)$ が $\mathrm{AB}=12$ を保ったまま動くとき，線分 AB を $3:1$ の比に内分する点 P.

(3)　円 $(x+4)^2+y^2=1$ に外接し，かつ直線 $x=3$ にも接する円の中心 P.

12.4　次の方程式が表す 2 次曲線の概形を描け．

(1)　$3x^2-18x+2y^2-8y+23=0$

(2)　$2y^2+8y-3x-4=0$

(3)　$4x^2-8x-9y^2-36y+4=0$

12.5　次の 2 次曲線の方程式を求めよ．

(1)　点 $\mathrm{F}(4,0)$ を焦点とし，直線 $x=2$ を準線とする放物線.

(2)　2 点 $\mathrm{F}(3,2)$, $\mathrm{F}'(-1,2)$ からの距離の和が 6 である楕円.

12.6　2 点 $\mathrm{F}(\sqrt{2},\sqrt{2})$, $\mathrm{F}'(-\sqrt{2},-\sqrt{2})$ を焦点とし，F, F′ からの距離の差が $2\sqrt{2}$ であるような双曲線の方程式と漸近線を求めよ．

12.7　$a,b>0$ とするとき，楕円 $\dfrac{x^2}{a^2}+\dfrac{y^2}{b^2}=1$ 上の点 $\mathrm{P}(x_1,y_1)$ における接線の方程式を，次の手順で求めよ．

(1)　接線の方程式を $y=mx+n$ とおいたとき，重解を持つ 2 次方程式を導き，判別式を用いて $n^2=a^2m^2+b^2$ が成り立つことを示せ.

(2)　2 次方程式の重解が x_1 であることを用いて $x_1=-\dfrac{a^2m}{n}$ となることを示せ.

(3)　$y_1=\dfrac{b^2}{n}$ となることを示せ.

(4)　楕円上の点 $\mathrm{P}(x_1,y_1)$ における接線の方程式は次の式で与えられることを示せ.

$$\frac{x_1x}{a^2}+\frac{y_1y}{b^2}=1$$

12.8　前問を参考にして，双曲線 $\dfrac{x^2}{a^2}-\dfrac{y^2}{b^2}=1$ 上の点 $\mathrm{P}(x_1,y_1)$ における接線の方程式は次の式で与えられることを示せ♣1.

$$\frac{x_1x}{a^2}-\frac{y_1y}{b^2}=1$$

12.9　放物線 $x^2=4py$ 上の点 $\mathrm{P}(x_1,y_1)$ における接線の方程式は次の式で与えられることを，微分を用いて示せ♣2.

$$x_1x=2p(y+y_1)$$

♣1　同様に $\dfrac{y^2}{b^2}-\dfrac{x^2}{a^2}=1$ 上の点 $\mathrm{P}(x_1,y_1)$ における接線の方程式は $\dfrac{y_1y}{b^2}-\dfrac{x_1x}{a^2}=1$ となる.

♣2　同様に $y^2=4px$ 上の点 $\mathrm{P}(x_1,y_1)$ における接線の方程式は $y_1y=2p(x+x_1)$ となる.

付　　録

付録 1　常用対数表

$\log_{10} x$（$x = 1.00 \sim 9.99$）の値を小数点以下 5 桁まで収録した.

x	0.00	0.01	0.02	0.03	0.04	0.05	0.06	0.07	0.08	0.09
1.0	0.00000	0.00432	0.00860	0.01284	0.01703	0.02119	0.02531	0.02938	0.03342	0.03743
1.1	0.04139	0.04532	0.04922	0.05308	0.05690	0.06070	0.06446	0.06819	0.07188	0.07555
1.2	0.07918	0.08279	0.08636	0.08991	0.09342	0.09691	0.10037	0.10380	0.10721	0.11059
1.3	0.11394	0.11727	0.12057	0.12385	0.12710	0.13033	0.13354	0.13672	0.13988	0.14301
1.4	0.14613	0.14922	0.15229	0.15534	0.15836	0.16137	0.16435	0.16732	0.17026	0.17319
1.5	0.17609	0.17898	0.18184	0.18469	0.18752	0.19033	0.19312	0.19590	0.19866	0.20140
1.6	0.20412	0.20683	0.20952	0.21219	0.21484	0.21748	0.22011	0.22272	0.22531	0.22789
1.7	0.23045	0.23300	0.23553	0.23805	0.24055	0.24304	0.24551	0.24797	0.25042	0.25285
1.8	0.25527	0.25768	0.26007	0.26245	0.26482	0.26717	0.26951	0.27184	0.27416	0.27646
1.9	0.27875	0.28103	0.28330	0.28556	0.28780	0.29003	0.29226	0.29447	0.29667	0.29885
2.0	0.30103	0.30320	0.30535	0.30750	0.30963	0.31175	0.31387	0.31597	0.31806	0.32015
2.1	0.32222	0.32428	0.32634	0.32838	0.33041	0.33244	0.33445	0.33646	0.33846	0.34044
2.2	0.34242	0.34439	0.34635	0.34830	0.35025	0.35218	0.35411	0.35603	0.35793	0.35984
2.3	0.36173	0.36361	0.36549	0.36736	0.36922	0.37107	0.37291	0.37475	0.37658	0.37840
2.4	0.38021	0.38202	0.38382	0.38561	0.38739	0.38917	0.39094	0.39270	0.39445	0.39620
2.5	0.39794	0.39967	0.40140	0.40312	0.40483	0.40654	0.40824	0.40993	0.41162	0.41330
2.6	0.41497	0.41664	0.41830	0.41996	0.42160	0.42325	0.42488	0.42651	0.42813	0.42975
2.7	0.43136	0.43297	0.43457	0.43616	0.43775	0.43933	0.44091	0.44248	0.44404	0.44560
2.8	0.44716	0.44871	0.45025	0.45179	0.45332	0.45484	0.45637	0.45788	0.45939	0.46090
2.9	0.46240	0.46389	0.46538	0.46687	0.46835	0.46982	0.47129	0.47276	0.47422	0.47567
3.0	0.47712	0.47857	0.48001	0.48144	0.48287	0.48430	0.48572	0.48714	0.48855	0.48996
3.1	0.49136	0.49276	0.49415	0.49554	0.49693	0.49831	0.49969	0.50106	0.50243	0.50379
3.2	0.50515	0.50651	0.50786	0.50920	0.51055	0.51188	0.51322	0.51455	0.51587	0.51720
3.3	0.51851	0.51983	0.52114	0.52244	0.52375	0.52504	0.52634	0.52763	0.52892	0.53020
3.4	0.53148	0.53275	0.53403	0.53529	0.53656	0.53782	0.53908	0.54033	0.54158	0.54283
3.5	0.54407	0.54531	0.54654	0.54777	0.54900	0.55023	0.55145	0.55267	0.55388	0.55509
3.6	0.55630	0.55751	0.55871	0.55991	0.56110	0.56229	0.56348	0.56467	0.56585	0.56703
3.7	0.56820	0.56937	0.57054	0.57171	0.57287	0.57403	0.57519	0.57634	0.57749	0.57864
3.8	0.57978	0.58092	0.58206	0.58320	0.58433	0.58546	0.58659	0.58771	0.58883	0.58995
3.9	0.59106	0.59218	0.59329	0.59439	0.59550	0.59660	0.59770	0.59879	0.59988	0.60097
4.0	0.60206	0.60314	0.60423	0.60531	0.60638	0.60746	0.60853	0.60959	0.61066	0.61172
4.1	0.61278	0.61384	0.61490	0.61595	0.61700	0.61805	0.61909	0.62014	0.62118	0.62221
4.2	0.62325	0.62428	0.62531	0.62634	0.62737	0.62839	0.62941	0.63043	0.63144	0.63246
4.3	0.63347	0.63448	0.63548	0.63649	0.63749	0.63849	0.63949	0.64048	0.64147	0.64246
4.4	0.64345	0.64444	0.64542	0.64640	0.64738	0.64836	0.64933	0.65031	0.65128	0.65225
4.5	0.65321	0.65418	0.65514	0.65610	0.65706	0.65801	0.65896	0.65992	0.66087	0.66181
4.6	0.66276	0.66370	0.66464	0.66558	0.66652	0.66745	0.66839	0.66932	0.67025	0.67117
4.7	0.67210	0.67302	0.67394	0.67486	0.67578	0.67669	0.67761	0.67852	0.67943	0.68034
4.8	0.68124	0.68215	0.68305	0.68395	0.68485	0.68574	0.68664	0.68753	0.68842	0.68931
4.9	0.69020	0.69108	0.69197	0.69285	0.69373	0.69461	0.69548	0.69636	0.69723	0.69810

x	0.00	0.01	0.02	0.03	0.04	0.05	0.06	0.07	0.08	0.09
5.0	0.69897	0.69984	0.70070	0.70157	0.70243	0.70329	0.70415	0.70501	0.70586	0.70672
5.1	0.70757	0.70842	0.70927	0.71012	0.71096	0.71181	0.71265	0.71349	0.71433	0.71517
5.2	0.71600	0.71684	0.71767	0.71850	0.71933	0.72016	0.72099	0.72181	0.72263	0.72346
5.3	0.72428	0.72509	0.72591	0.72673	0.72754	0.72835	0.72916	0.72997	0.73078	0.73159
5.4	0.73239	0.73320	0.73400	0.73480	0.73560	0.73640	0.73719	0.73799	0.73878	0.73957
5.5	0.74036	0.74115	0.74194	0.74273	0.74351	0.74429	0.74507	0.74586	0.74663	0.74741
5.6	0.74819	0.74896	0.74974	0.75051	0.75128	0.75205	0.75282	0.75358	0.75435	0.75511
5.7	0.75587	0.75664	0.75740	0.75815	0.75891	0.75967	0.76042	0.76118	0.76193	0.76268
5.8	0.76343	0.76418	0.76492	0.76567	0.76641	0.76716	0.76790	0.76864	0.76938	0.77012
5.9	0.77085	0.77159	0.77232	0.77305	0.77379	0.77452	0.77525	0.77597	0.77670	0.77743
6.0	0.77815	0.77887	0.77960	0.78032	0.78104	0.78176	0.78247	0.78319	0.78390	0.78462
6.1	0.78533	0.78604	0.78675	0.78746	0.78817	0.78888	0.78958	0.79029	0.79099	0.79169
6.2	0.79239	0.79309	0.79379	0.79449	0.79518	0.79588	0.79657	0.79727	0.79796	0.79865
6.3	0.79934	0.80003	0.80072	0.80140	0.80209	0.80277	0.80346	0.80414	0.80482	0.80550
6.4	0.80618	0.80686	0.80754	0.80821	0.80889	0.80956	0.81023	0.81090	0.81158	0.81224
6.5	0.81291	0.81358	0.81425	0.81491	0.81558	0.81624	0.81690	0.81757	0.81823	0.81889
6.6	0.81954	0.82020	0.82086	0.82151	0.82217	0.82282	0.82347	0.82413	0.82478	0.82543
6.7	0.82607	0.82672	0.82737	0.82802	0.82866	0.82930	0.82995	0.83059	0.83123	0.83187
6.8	0.83251	0.83315	0.83378	0.83442	0.83506	0.83569	0.83632	0.83696	0.83759	0.83822
6.9	0.83885	0.83948	0.84011	0.84073	0.84136	0.84198	0.84261	0.84323	0.84386	0.84448
7.0	0.84510	0.84572	0.84634	0.84696	0.84757	0.84819	0.84880	0.84942	0.85003	0.85065
7.1	0.85126	0.85187	0.85248	0.85309	0.85370	0.85431	0.85491	0.85552	0.85612	0.85673
7.2	0.85733	0.85794	0.85854	0.85914	0.85974	0.86034	0.86094	0.86153	0.86213	0.86273
7.3	0.86332	0.86392	0.86451	0.86510	0.86570	0.86629	0.86688	0.86747	0.86806	0.86864
7.4	0.86923	0.86982	0.87040	0.87099	0.87157	0.87216	0.87274	0.87332	0.87390	0.87448
7.5	0.87506	0.87564	0.87622	0.87679	0.87737	0.87795	0.87852	0.87910	0.87967	0.88024
7.6	0.88081	0.88138	0.88195	0.88252	0.88309	0.88366	0.88423	0.88480	0.88536	0.88593
7.7	0.88649	0.88705	0.88762	0.88818	0.88874	0.88930	0.88986	0.89042	0.89098	0.89154
7.8	0.89209	0.89265	0.89321	0.89376	0.89432	0.89487	0.89542	0.89597	0.89653	0.89708
7.9	0.89763	0.89818	0.89873	0.89927	0.89982	0.90037	0.90091	0.90146	0.90200	0.90255
8.0	0.90309	0.90363	0.90417	0.90472	0.90526	0.90580	0.90634	0.90687	0.90741	0.90795
8.1	0.90849	0.90902	0.90956	0.91009	0.91062	0.91116	0.91169	0.91222	0.91275	0.91328
8.2	0.91381	0.91434	0.91487	0.91540	0.91593	0.91645	0.91698	0.91751	0.91803	0.91855
8.3	0.91908	0.91960	0.92012	0.92065	0.92117	0.92169	0.92221	0.92273	0.92324	0.92376
8.4	0.92428	0.92480	0.92531	0.92583	0.92634	0.92686	0.92737	0.92788	0.92840	0.92891
8.5	0.92942	0.92993	0.93044	0.93095	0.93146	0.93197	0.93247	0.93298	0.93349	0.93399
8.6	0.93450	0.93500	0.93551	0.93601	0.93651	0.93702	0.93752	0.93802	0.93852	0.93902
8.7	0.93952	0.94002	0.94052	0.94101	0.94151	0.94201	0.94250	0.94300	0.94349	0.94399
8.8	0.94448	0.94498	0.94547	0.94596	0.94645	0.94694	0.94743	0.94792	0.94841	0.94890
8.9	0.94939	0.94988	0.95036	0.95085	0.95134	0.95182	0.95231	0.95279	0.95328	0.95376
9.0	0.95424	0.95472	0.95521	0.95569	0.95617	0.95665	0.95713	0.95761	0.95809	0.95856
9.1	0.95904	0.95952	0.95999	0.96047	0.96095	0.96142	0.96190	0.96237	0.96284	0.96332
9.2	0.96379	0.96426	0.96473	0.96520	0.96567	0.96614	0.96661	0.96708	0.96755	0.96802
9.3	0.96848	0.96895	0.96942	0.96988	0.97035	0.97081	0.97128	0.97174	0.97220	0.97267
9.4	0.97313	0.97359	0.97405	0.97451	0.97497	0.97543	0.97589	0.97635	0.97681	0.97727
9.5	0.97772	0.97818	0.97864	0.97909	0.97955	0.98000	0.98046	0.98091	0.98137	0.98182
9.6	0.98227	0.98272	0.98318	0.98363	0.98408	0.98453	0.98498	0.98543	0.98588	0.98632
9.7	0.98677	0.98722	0.98767	0.98811	0.98856	0.98900	0.98945	0.98989	0.99034	0.99078
9.8	0.99123	0.99167	0.99211	0.99255	0.99300	0.99344	0.99388	0.99432	0.99476	0.99520
9.9	0.99564	0.99607	0.99651	0.99695	0.99739	0.99782	0.99826	0.99870	0.99913	0.99957

付録2　三角比表

$\sin\theta$, $\cos\theta$, $\tan\theta$（$\theta = 1^\circ \sim 90^\circ$）の値を小数点以下5桁まで収録した.

θ	$\sin\theta$	$\cos\theta$	$\tan\theta$	θ	$\sin\theta$	$\cos\theta$	$\tan\theta$	θ	$\sin\theta$	$\cos\theta$	$\tan\theta$
1	0.01745	0.99985	0.01746	31	0.51504	0.85717	0.60086	61	0.87462	0.48481	1.80405
2	0.03490	0.99939	0.03492	32	0.52992	0.84805	0.62487	62	0.88295	0.46947	1.88073
3	0.05234	0.99863	0.05241	33	0.54464	0.83867	0.64941	63	0.89101	0.45399	1.96261
4	0.06976	0.99756	0.06993	34	0.55919	0.82904	0.67451	64	0.89879	0.43837	2.05030
5	0.08716	0.99619	0.08749	35	0.57358	0.81915	0.70021	65	0.90631	0.42262	2.14451
6	0.10453	0.99452	0.10510	36	0.58779	0.80902	0.72654	66	0.91355	0.40674	2.24604
7	0.12187	0.99255	0.12278	37	0.60182	0.79864	0.75355	67	0.92050	0.39073	2.35585
8	0.13917	0.99027	0.14054	38	0.61566	0.78801	0.78129	68	0.92718	0.37461	2.47509
9	0.15643	0.98769	0.15838	39	0.62932	0.77715	0.80978	69	0.93358	0.35837	2.60509
10	0.17365	0.98481	0.17633	40	0.64279	0.76604	0.83910	70	0.93969	0.34202	2.74748
11	0.19081	0.98163	0.19438	41	0.65606	0.75471	0.86929	71	0.94552	0.32557	2.90421
12	0.20791	0.97815	0.21256	42	0.66913	0.74314	0.90040	72	0.95106	0.30902	3.07768
13	0.22495	0.97437	0.23087	43	0.68200	0.73135	0.93252	73	0.95630	0.29237	3.27085
14	0.24192	0.97030	0.24933	44	0.69466	0.71934	0.96569	74	0.96126	0.27564	3.48741
15	0.25882	0.96593	0.26795	45	0.70711	0.70711	1.00000	75	0.96593	0.25882	3.73205
16	0.27564	0.96126	0.28675	46	0.71934	0.69466	1.03553	76	0.97030	0.24192	4.01078
17	0.29237	0.95630	0.30573	47	0.73135	0.68200	1.07237	77	0.97437	0.22495	4.33148
18	0.30902	0.95106	0.32492	48	0.74314	0.66913	1.11061	78	0.97815	0.20791	4.70463
19	0.32557	0.94552	0.34433	49	0.75471	0.65606	1.15037	79	0.98163	0.19081	5.14455
20	0.34202	0.93969	0.36397	50	0.76604	0.64279	1.19175	80	0.98481	0.17365	5.67128
21	0.35837	0.93358	0.38386	51	0.77715	0.62932	1.23490	81	0.98769	0.15643	6.31375
22	0.37461	0.92718	0.40403	52	0.78801	0.61566	1.27994	82	0.99027	0.13917	7.11537
23	0.39073	0.92050	0.42447	53	0.79864	0.60182	1.32704	83	0.99255	0.12187	8.14435
24	0.40674	0.91355	0.44523	54	0.80902	0.58779	1.37638	84	0.99452	0.10453	9.51436
25	0.42262	0.90631	0.46631	55	0.81915	0.57358	1.42815	85	0.99619	0.08716	11.43005
26	0.43837	0.89879	0.48773	56	0.82904	0.55919	1.48256	86	0.99756	0.06976	14.30067
27	0.45399	0.89101	0.50953	57	0.83867	0.54464	1.53986	87	0.99863	0.05234	19.08114
28	0.46947	0.88295	0.53171	58	0.84805	0.52992	1.60033	88	0.99939	0.03490	28.63625
29	0.48481	0.87462	0.55431	59	0.85717	0.51504	1.66428	89	0.99985	0.01745	57.28996
30	0.50000	0.86603	0.57735	60	0.86603	0.50000	1.73205	90	1.00000	0.00000	—

問・演習問題解答

各章の問と演習問題の解答を収録した．ただし，証明問題の解答は省略する．

第 1 章

問 1.1　(1) $x = \sqrt{3} + 1$　(2) $y = \dfrac{\sqrt{3}+1}{2}$　(3) $z = 6.96365$

問 1.2

θ	0°	90°	120°	135°	150°	180°
$\cos\theta$	1	0	$-\frac{1}{2}$	$-\frac{1}{\sqrt{2}}$	$-\frac{\sqrt{3}}{2}$	(-1)
$\sin\theta$	0	1	$\frac{\sqrt{3}}{2}$	$\frac{1}{\sqrt{2}}$	$(\frac{1}{2})$	0
$\tan\theta$	0	—	$-\sqrt{3}$	(-1)	$-\frac{1}{\sqrt{3}}$	0

問 1.3　(1) $\cos\theta = -\dfrac{4}{5},\quad \sin\theta = \dfrac{3}{5}$　(2) $\cos\theta = -\dfrac{3}{\sqrt{10}},\quad \tan\theta = -\dfrac{1}{3}$

問 1.4　(1) $x = 3.31921$　(2) $\theta = 75^\circ$

問 1.5　(1) $\theta = 45^\circ$　(2) $x = 3$

問 1.6　(1) $\dfrac{3\sqrt{3}}{2}$　(2) $2\sqrt{66}$　(3) $\dfrac{\sqrt{23}}{4}$　問 1.7　$\dfrac{\sqrt{34}}{2}$

▶ 演習問題解答

1.1　(1) $\sin\theta = \dfrac{\sqrt{15}}{4},\quad \tan\theta = \sqrt{15}$　(2) $\sin\theta = \sqrt{\dfrac{10}{11}},\quad \cos\theta = -\dfrac{1}{\sqrt{11}}$

1.2　省略　**1.3**　(1) $x = \sqrt{21},\quad S = 5\sqrt{3}$　(2) $y = 2\sqrt{3} + 2,\quad S = \sqrt{3} + 1$

1.4　(1) $S = \dfrac{15\sqrt{7}}{4}$　(2) $\mathrm{AD} = \dfrac{5\sqrt{7}}{4}$

1.5　12 cm

1.6　省略

1.7　省略（$\angle\mathrm{ADC} = 180^\circ - \angle\mathrm{ADB}$ を使う．）

1.8　省略（BD を含む 2 つの三角形に対して余弦定理を使い，BD^2 を表す．AC についても同様のことをする．）

1.9　省略（四角形 ABCE に対してトレミーの定理を使う．）

1.10　$\sin 15^\circ = \dfrac{\sqrt{6}-\sqrt{2}}{4},\quad \cos 15^\circ = \dfrac{\sqrt{6}+\sqrt{2}}{4}$

$\sin 36^\circ = \dfrac{\sqrt{10-2\sqrt{5}}}{4},\quad \cos 36^\circ = \dfrac{\sqrt{5}+1}{4}$

第2章

問 2.1　省略（両者の座標成分が一致することを示す.）

問 2.2　(1)　$y = x + 4$　　(2)　$y = x - 2$　　(3)　$a = 2$

問 2.3　省略（基本例題 2.8 の結果を使う.）

問 2.4　(1)　$d = \dfrac{16}{\sqrt{5}}$　　(2)　$d = 7$

(3)　$y = -2x + 10$ および $y = -2x$

問 2.5　$a = 2$

問 2.6　$x - 2y = -5$ および $2x + y = -5$

問 2.7

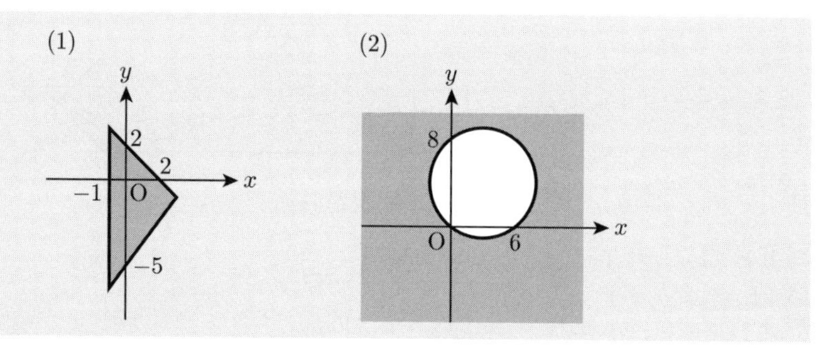

問 2.8　最大値 6，最小値 0

▶ 演習問題解答

2.1　直角二等辺三角形

2.2　$a = 2,\ b = 5$

2.3　(1)　$y = -\dfrac{4}{3}x + \dfrac{1}{3}$　　(2)　$y = \dfrac{1}{3}x + \dfrac{10}{3}$　　(3)　$y = x - 1$

2.4　$d = \dfrac{3}{\sqrt{29}}$

2.5　$\mathrm{H}\left(\dfrac{63}{25}, -\dfrac{16}{25}\right)$

2.6　18

2.7　(1)　$x^2 + y^2 - 5x - 3y = 0$

(2)　$x^2 + y^2 - x + y - 18 = 0$

(3)　$(x - 2)^2 + (y + 5)^2 = 25$ および $(x - 22)^2 + (y + 145)^2 = 21025$

2.8　$5x + 12y = 39$ および $x = 3$

2.9

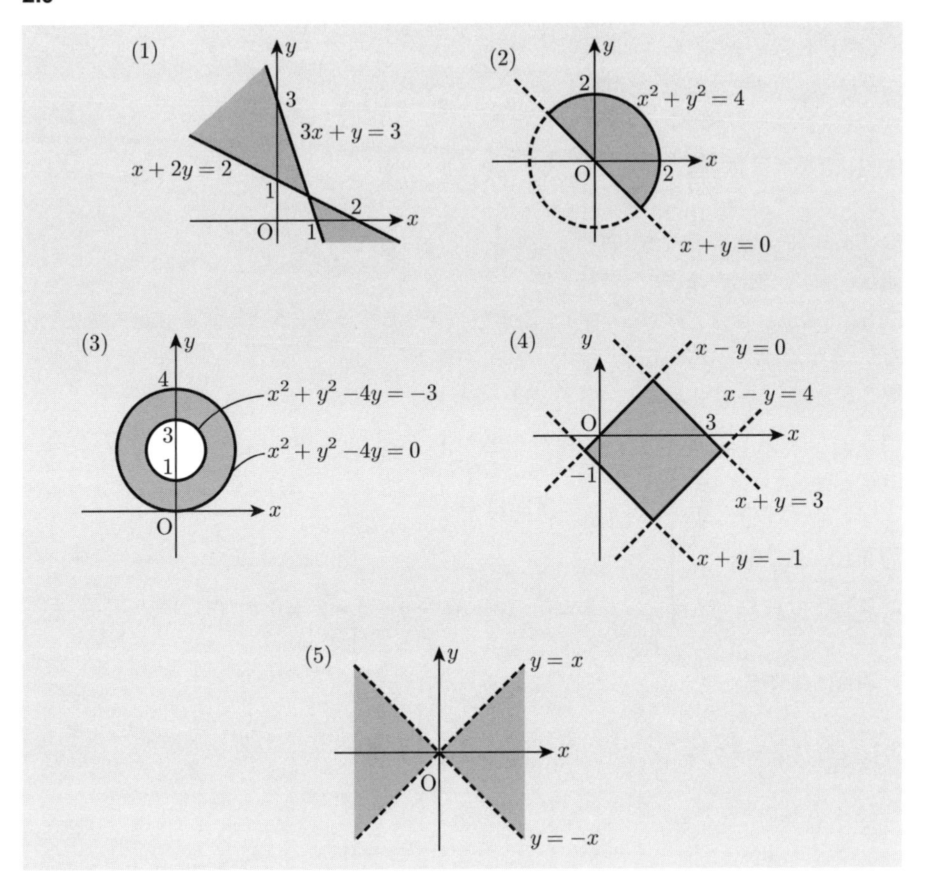

2.10 (1) A: $2x+3y$, B: $5x+y$ (2) $k=4x+3y$

(3) $x=9$, $y=35$ のとき最大値 141

第3章

問 3.1

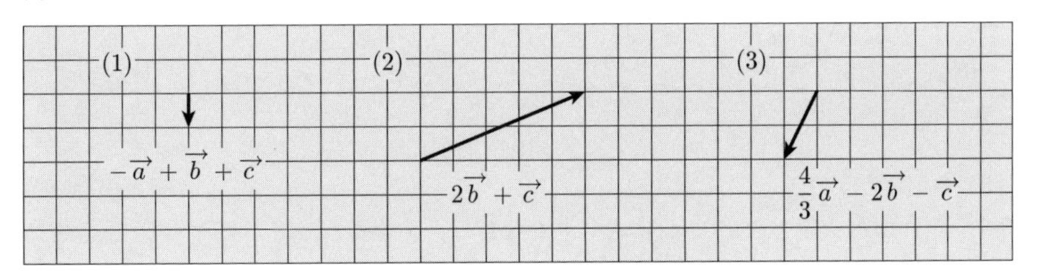

問 3.2　(1) $\overrightarrow{BC} = \vec{a} + \vec{b}$　(2) $\overrightarrow{AD} = 2\vec{a} + 2\vec{b}$　(3) $\overrightarrow{AE} = \vec{a} + 2\vec{b}$

(4) $\overrightarrow{CE} = -\vec{a} + \vec{b}$

問 3.3　(1) $-\vec{a} + 2\vec{b} = \begin{pmatrix} 4 \\ 1 \end{pmatrix}$, $|-\vec{a} + 2\vec{b}| = \sqrt{17}$

(2) $4\vec{a} - 3\vec{b} = \begin{pmatrix} -11 \\ 6 \end{pmatrix}$, $|4\vec{a} - 3\vec{b}| = \sqrt{157}$

問 3.4　$s = -1$　問 3.5　(1) $s = -\dfrac{1}{2}$　(2) 90°

問 3.6　OE : ED = 2 : 1

問 3.7　辺 AB を 4 : 3 の比に内分する点を D とする．このとき求める点 P は，線分 CD を 7 : 5 の比に内分する点.

問 3.8　(1) $x - y + 1 = 0$　(2) 30°

問 3.9　(1) $\overrightarrow{AJ} = \vec{a} + \dfrac{1}{2}\vec{b} + \vec{c}$　(2) $\overrightarrow{FI} = -\dfrac{1}{2}\vec{a} + \vec{b} - \vec{c}$

(3) $\overrightarrow{IE} = -\dfrac{1}{2}\vec{a} - \vec{b} + \vec{c}$　(4) $\overrightarrow{IJ} = \dfrac{1}{2}\vec{a} - \dfrac{1}{2}\vec{b} + \vec{c}$

問 3.10　正三角形

問 3.11　(1) $\dfrac{x-1}{-1} = \dfrac{y}{2}$, $z = 1$　(2) $3x - y - z - 2 = 0$　(3) $d = \dfrac{5}{\sqrt{11}}$

▶ 演習問題解答

3.1　(1) $|\vec{a} + 2\vec{b}| = \sqrt{29}$　(2) $|\vec{b} - \vec{c}| = 4\sqrt{2}$　(3) $\left|2\vec{a} + \dfrac{2}{3}\vec{b} - \vec{c}\right| = \sqrt{65}$

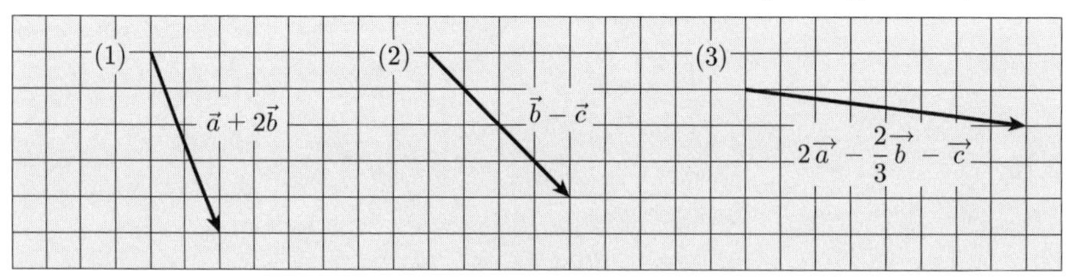

3.2　$k = 2\vec{a} \cdot \vec{c} - \sqrt{2}\,\vec{b} \cdot \vec{c}$, $\ell = 2\vec{b} \cdot \vec{c} - \sqrt{2}\,\vec{a} \cdot \vec{c}$

3.3　(1) $\overrightarrow{AB} = \begin{pmatrix} -1 \\ 4 \end{pmatrix}$, $|\overrightarrow{AB}| = \sqrt{17}$, $\overrightarrow{AC} = \begin{pmatrix} 2 \\ 3 \end{pmatrix}$, $|\overrightarrow{AC}| = \sqrt{13}$

(2) D(5, −2)

3.4　(1) $|\vec{a} + 2\vec{b}| = \sqrt{77}$　(2) $s = \dfrac{4}{19}$

3.5　省略（$\overrightarrow{AD} \cdot \overrightarrow{BE} = 0$ を示す.）

3.6　点 P は辺 AB を 2 : 3 の比に内分する点を D とするとき，線分 CD を 5 : 1 の比に内分する点.

3.7 BF : FD $= 5 : 8$ **3.8** $\angle$BAC $= 120°$

3.9 省略（(1) は第 1 章 1.4 節の三角形の面積［公式 1］から．(2) は (1) から．）

3.10 ℓ_1: $2x - y + 3 = 0$，ℓ_2: $3x + y - 8 = 0$，ℓ_1 と ℓ_2 がなす角は 45°

3.11 省略（いずれも内積が 0 であることを示す．）

3.12 (1) $\overrightarrow{\mathrm{AB}} \cdot \overrightarrow{\mathrm{AF}} = 1$ (2) $\overrightarrow{\mathrm{AF}} \cdot \overrightarrow{\mathrm{AH}} = 1$ (3) $\overrightarrow{\mathrm{AG}} \cdot \overrightarrow{\mathrm{AH}} = 2$ (4) 60°

3.13 (1) $\dfrac{x-3}{3} = \dfrac{y-2}{1} = \dfrac{z+1}{-3}$

(2) $x = 3t + 3,\ y = t + 2,\ z = -3t - 1$（$t$ は実数）

(3) $3\sqrt{\dfrac{14}{19}}$ (4) π: $2x - 3y + z + 1 = 0$，平面 π と原点 O の距離は $\dfrac{1}{\sqrt{14}}$

第 4 章

問 4.1 $A \cup B = \{$ 山形, 栃木, 群馬, 埼玉, 山梨, 長野, 富山, 岐阜, 滋賀, 奈良, 和歌山, 山口 $\}$
$A \cap B = \{$ 山梨 $\}$

問 4.2 省略（定理 4.1，定理 4.2 を使う．） 問 4.3 (1) 250 個 (2) 44 人

問 4.4 (1) 真の命題 (2) 命題ではない (3) 真の命題 (4) 偽の命題
(5) 偽の命題

問 4.5 (1) $P \subset Q$ 型， 真 (2) $P \neq \emptyset$ 型， 偽 (3) $P = U$ 型， 偽

問 4.6 (1) 主催した国民体育大会において，総合優勝できなかった都道府県がある．
(2) この試験室の受験生は全員，鉛筆か消しゴムの少なくとも一方は持ってきている．
(3) $n^2 + n - 2 > 0$ かつ $-3 < n < 2$ が成り立つような整数 n が存在する．

問 4.7 省略（(4) は背理法で示す．m も n も奇数となることから矛盾を導く．）

▶ 演習問題解答

4.1 (1) $A \cup B = \{1, 2, 4, 5, 6, 8, 9\}$ (2) $A \cup B \cup C = U$ (3) $A \cap C = \{5\}$
(4) $B \cap C = \emptyset$ (5) $\overline{A} \cup \overline{B} = \{1, 3, 4, 5, 6, 7, 8, 9\}$
(6) $\overline{B} \cap \overline{C} = \{1, 9\}$ (7) $\overline{A} \cap B = \{4, 6, 8\}$ (8) $\overline{A} \cap \overline{B} \cap C = \{3, 7\}$

4.2 (1) $A \cap \overline{B}$ (2) $(A \cap \overline{B}) \cup (\overline{A} \cap B)$ (3) $A \cup \overline{B}$

4.3

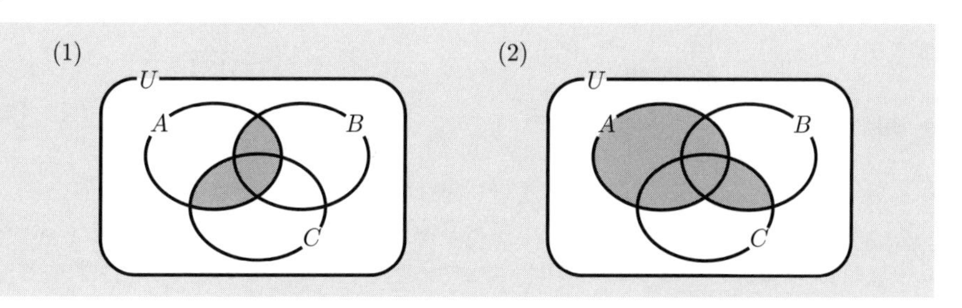

4.4 (1) 667 個 (2) 310 人 (3) 32（$= 2^5$）個，$n(X) = N$ のとき 2^N 個

4.5 (1)「P 県の小学校の修学旅行の行き先はすべて京都か東京である」

(2)「Q 高校の生徒で，バレー部に所属し，かつ身長が 180 cm 未満の人がいる」

(対偶)「Q 高校の生徒で，身長が 180 cm 未満の人はバレー部には所属していない」

(3)「この会合に参加している人で，日本人でもイタリア人でもブラジル人でもない人がいる」

(4)「R 町の住人で，結婚したことがない 50 歳以上の男性がいる」

(対偶)「R 町の住人で，結婚の経験がない人は女性か 50 歳未満の男性である」

(5)「S 市の芸術展において，油絵でも彫刻作品でもない作品で金賞か銀賞を受賞したものがある」

(対偶)「S 市の芸術展で，油絵でも彫刻作品でもない作品は，金賞も銀賞も受賞していない」

4.6 省略

4.7 (1) $n = 2$ のとき成り立たない． (2) $x = -1$ のとき成り立たない．

(3) $x = \sqrt{2}$, $y = -\sqrt{2}$ のとき成り立たない．

(4) 3, 4, 5 を 3 辺とする直角三角形の三角比に対して成り立たない．

(5) $\angle \mathrm{A} = 180° - \angle \mathrm{A}'$ のとき成り立たない．

第 5 章

問 5.1 (1) 1440 通り (2) 720 通り (3) 2736 通り

問 5.2 (1) 715 通り (2) 315 通り (3) 665 通り

問 5.3 3360

問 5.4 $U = \{(赤, 白), (赤, 黄), (赤, 青), (白, 黄), (白, 青), (黄, 青)\}$

$A = \{(赤, 白), (白, 黄), (白, 青)\}$

$B = \{(赤, 白), (赤, 黄), (白, 黄)\}$

問 5.5 (1) $\dfrac{1}{6}$ (2) $\dfrac{1}{6}$ 問 5.6 (1) $\dfrac{2}{5}$ (2) $\dfrac{2}{5}$ (3) $\dfrac{3}{5}$

問 5.7 (1) $\dfrac{1}{30}$ (2) $\dfrac{1}{5}$ (3) $\dfrac{1}{2}$ 問 5.8 (1) $\dfrac{997}{1700}$ (2) $\dfrac{47}{85}$

問 5.9 (1) $\dfrac{11}{36}$ (2) $\dfrac{17}{24}$ 問 5.10 (1) $\dfrac{625}{11664}$ (2) $\dfrac{2059}{5184}$

▶ 演習問題解答

5.1 (1) 12 通り (2) 48 通り (3) 96 通り

5.2 (1) 28 試合 (2) 135 通り (3) 280 通り

5.3 (1) 252 通り (2) 212 通り

5.4 (1) -4320 (2) 996005996001

(3) 省略（$2^6 = (1+1)^6$ に二項定理を用いる.）

5.5 (1) $\frac{7}{12}$ (2) $\frac{3}{4}$

5.6 (1) 35 個 (2) $\frac{4}{5}$ (3) $\frac{22}{35}$ (4) $\frac{5}{7}$

5.7 (1) $\frac{7}{30}$ (2) $\frac{1}{2}$ (3) $\frac{4}{5}$ **5.8** (1) $\frac{10}{81}$ (2) $\frac{17}{27}$

5.9 (1) $\frac{135}{512}$ (2) $\frac{5}{16}$ (3) $\frac{5}{512}$

5.10 93 個 **5.11** (1) $\frac{8}{27}$ (2) $\frac{16}{27}$ (3) $\frac{17}{81}$ (4) $\frac{8}{27}$

第6章

問 6.1 (1) $a_n = \frac{5n-1}{3}$ (2) 第 61 項

問 6.2 (1) $(n-1)(3n+2)$ (2) $-(n-2)(n+1)$ (3) $\frac{3\{(-3)^n - 1\}}{4}$

(4) $3 + \left(\frac{1}{3}\right)^{n-1} - 3\left(\frac{1}{2}\right)^{n-1}$

問 6.3 (1) n^2+1 (2) $\frac{13-(-2)^{n-1}}{3}$

問 6.4 (1) $a_n = 2^n - 1$ (2) $a_n = -\frac{1}{2}(-1)^{n-1} + \frac{5}{2}$

問 6.5 省略 問 6.6 (1) 6 (2) -3 (3) $\frac{2}{5}$ (4) 3

問 6.7 (1) $\frac{1}{6}$ (2) $\frac{1}{3}$ (3) $-\frac{8}{3}$

問 6.8 (1) $\frac{410}{333}$ (2) $\frac{116}{495}$

▶ 演習問題解答

6.1 (1) $5n-14$ (2) $\frac{8}{9}\left(\frac{3}{4}\right)^{n-1}$ (3) $2n^2-14n+28$

(4) $\frac{1-(-1)^{n-1}}{2}$ (5) $-2n+11$ (6) $-9(-2)^{n-1}$

6.2 (1) $a_n = \frac{13}{3}\left(-\frac{1}{2}\right)^{n-1} + \frac{2}{3}$ (2) $a_n = -\frac{4}{3}(-2)^{n-1} + \frac{4}{3}$

6.3 省略

6.4 (1) $a_2 = \frac{3}{2}, a_3 = \frac{4}{3}, a_4 = \frac{5}{4}, a_5 = \frac{6}{5}$, $a_n = \frac{n+1}{n}$ (2) 省略

6.5 (1) $F_{n+2} = F_{n+1} + F_n$ (2) 省略（漸化式を使う.）

6.6 省略（命題が偽となる番号 n が存在すると仮定して矛盾を導く.）

6.7 (1) -2 (2) $-\dfrac{1}{5}$ (3) $\dfrac{1}{12}$ (4) 1 (5) $\dfrac{1}{3}$

6.8 $|r|<1$ のとき 0 に収束し，$|r|>1$ のとき -1 に収束する．

6.9 (1) $\dfrac{150}{11}$ (2) $-\dfrac{5}{3}$ (3) $\dfrac{23}{24}$

6.10 (1) $A_n = 4\left\{1-\left(\dfrac{1}{2}\right)^n\right\}$, $B_n = \dfrac{4}{3}\left\{1-\left(-\dfrac{1}{2}\right)^n\right\}$

(2) $\displaystyle\lim_{n\to\infty} A_n = 4$, $\displaystyle\lim_{n\to\infty} B_n = \dfrac{4}{3}$

第7章

問 7.1

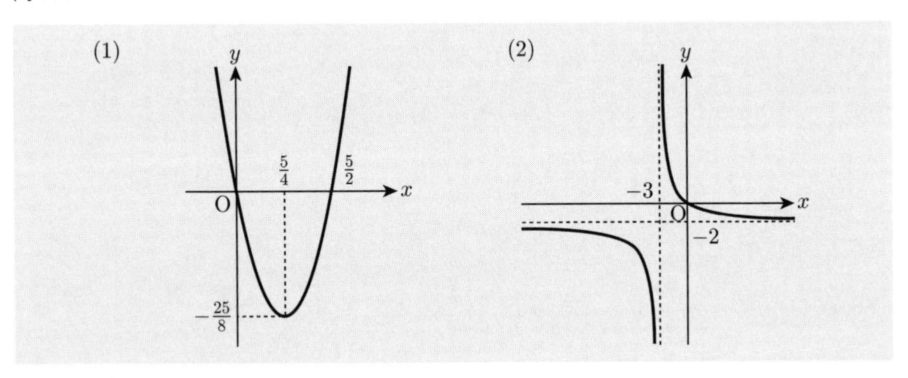

問 7.2 (1) $f^{-1}(x) = \dfrac{2}{x-1}$ (2) $f^{-1}(x) = (x+2)^2 - 3$

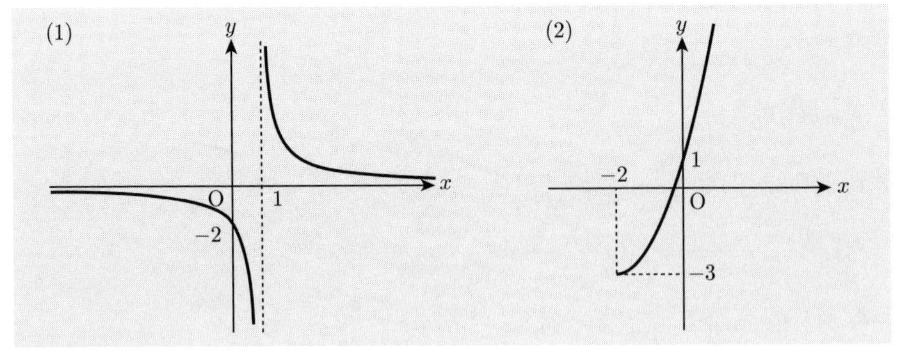

問 7.3

度数法	120°	135°	150°	210°	225°	240°	270°	300°	315°	330°
弧度法	$\frac{2}{3}\pi$	$\frac{3}{4}\pi$	$\frac{5}{6}\pi$	$\frac{7}{6}\pi$	$\frac{5}{4}\pi$	$\frac{4}{3}\pi$	$\frac{3}{2}\pi$	$\frac{5}{3}\pi$	$\frac{7}{4}\pi$	$\frac{11}{6}\pi$

問 7.4 右図

問 7.5 (1) -1 (2) $\dfrac{1}{2}$ (3) $\dfrac{1}{\sqrt{2}}$ (4) 0

問 7.6 (1) $\theta = \dfrac{7}{6}\pi + 2n\pi$ および $\dfrac{11}{6}\pi + 2n\pi$ (n は整数)

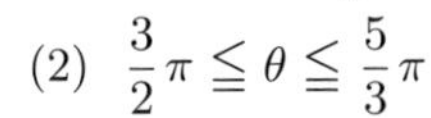

(2) $\dfrac{3}{2}\pi \leqq \theta \leqq \dfrac{5}{3}\pi$

問 7.7 (1) $\dfrac{\sqrt{6}-\sqrt{2}}{4}$ (2) $1-\sqrt{2}$

問 7.8 (1) 最大値 5，最小値 -5 (2) 最大値 $\sqrt{30}$，最小値 $-\sqrt{30}$

問 7.9 (1) 32 (2) $\dfrac{1}{5}$ (3) 1 **問 7.10** (1) -4 (2) $\dfrac{1}{2}$ (3) -2

問 7.11 省略 (定理 7.6 (1), (2) と同様に示す.) **問 7.12** (1) 2 (2) 1 (3) 2

問 7.13 (1) 約 311000 (2) 約 4.61 (3) 123 桁

▶ 演習問題解答

7.1

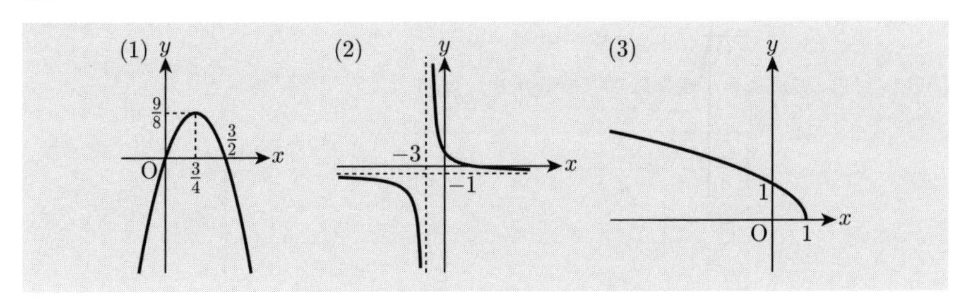

7.2 (1) $f^{-1}(x) = (x+2)^2 - 5$ (2) $f^{-1}(x) = \log_2(x-1)$

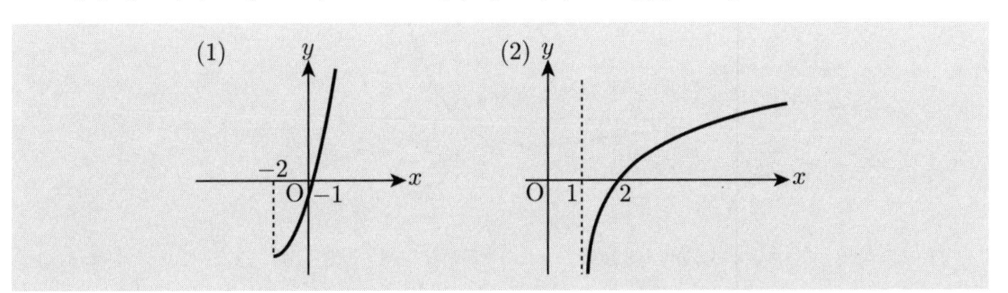

7.3 (1) $\dfrac{\pi}{180}$ (2) $\left(\dfrac{180}{\pi}\right)^{\circ}$ **7.4** $\tan\theta = \dfrac{\sqrt{1-a^2}}{a}$

7.5 省略 **7.6** 省略 (前問の結果を使って示す.)

7.7 (1) $\cos\theta = \dfrac{1}{\sqrt{3}}$ (2) $\theta = \dfrac{3}{2}\pi$

7.8 (1) $\sin 3\theta = -4\sin^3\theta + 3\sin\theta$ (2) $\cos 3\theta = 4\cos^3\theta - 3\cos\theta$

7.9 (1) 省略 (2) $\log_4 5 < \log_3 4$ （$4\log_4 5 < 5 < 4\log_3 4$ を示して使う.）

7.10 (1) $x = \pm 4\sqrt{5}$ (2) $x = 1,\ 25$ (3) $x = 3$

7.11 省略 **7.12** (1) 約 11900 (2) 約 3.53 (3) 6 個

第 8 章

問 8.1 (1) $\dfrac{1}{8}$ (2) -1 (3) $-\infty$ (4) 0

問 8.2 (1) 5 (2) 3 (3) $\dfrac{1}{6}$

問 8.3 (1) $\dfrac{1}{e^6}$ (2) $\dfrac{1}{e^4}$ (3) -1 (4) $\dfrac{1}{2}$ (5) $\dfrac{3}{4}$

問 8.4 (1) $5x^4 - 3x^2$ (2) $\dfrac{x^2+4x+1}{(x+2)^2}$ (3) $-\dfrac{2x}{(x^2+5)^2}$

問 8.5 (1) $\dfrac{3}{\cos^2 3x}$ (2) $\dfrac{x}{\sqrt{x^2+1}}$ (3) $-\dfrac{10}{(x+4)^{11}}$ (4) $-2\cos x\sin x$

(5) $\dfrac{1}{2\sqrt{x}(\sqrt{x}+1)^2}$ (6) $\dfrac{e^x - e^{-x}}{e^x + e^{-x}}$ (7) e^{x+e^x} (8) $2^x\log 2$

問 8.6 (1) 増減表・グラフは以下の通りで，$f(x)$ は $x = -1$ で極小値 $-\dfrac{1}{e}$ をとる.

x	$(-\infty)$	$\cdots$	-2	$\cdots$	-1	$\cdots$	(∞)
f'			$-$		0	$+$	
f''		$-$	0		$+$		
f	(0)	↘	$-\frac{2}{e^2}$	↘	$-\frac{1}{e}$	↗	(∞)

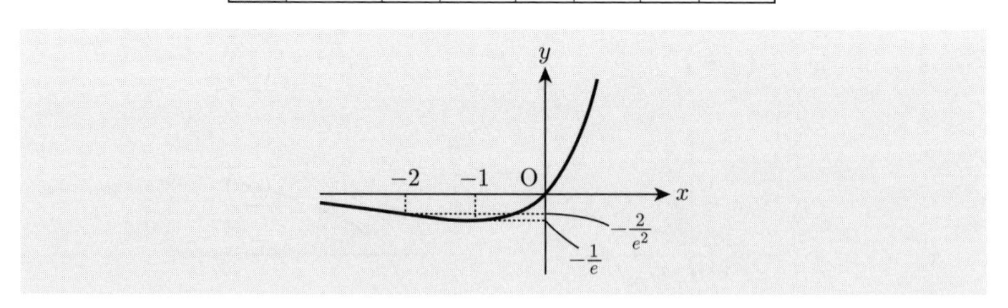

(2) 増減表・グラフは以下の通りで，$f(x)$ は $x = -1$ で極大値 -2 をとり，$x = 1$ で極小値 2 をとる.

x	$(-\infty)$	$\cdots$	-1	$\cdots$	(0)		$\cdots$	1	$\cdots$	(∞)
f'		$+$	0	$-$			$-$	0	$+$	
f''			$-$					$+$		
f	$(-\infty)$	↗	-2	↘	$(-\infty)$	(∞)	↘	2	↗	(∞)

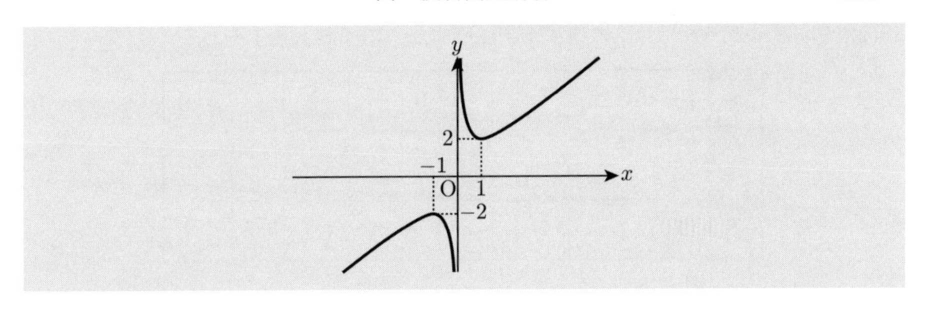

▶ 演習問題解答

8.1 (1) $\sqrt{3}$ (2) $\dfrac{2}{\sqrt{3}}$ (3) $\dfrac{1}{e}$ (4) -2 (5) $\dfrac{5}{3}$

8.2 省略 $\left(3 < (1+3^x)^{\frac{1}{x}} = 3(1+3^{-x})^{\frac{1}{x}} < 3 \cdot 2^{\frac{1}{x}}\right.$ を使う.)

8.3 (1) 連続 (2) 不連続 **8.4** (1) $a_n = \left(1 - \dfrac{1}{n}\right)^n$ (2) $\displaystyle\lim_{n\to\infty} a_n = \frac{1}{e}$

8.5 (1) 省略 (2) $f'(x) = 2|x|$

8.6 (1) $\dfrac{e^x(x+2)}{(x+3)^2}$ (2) $\dfrac{\cos\sqrt{x}}{2\sqrt{x}}$ (3) $\dfrac{1}{x\log 2}$ (4) $1 - \dfrac{1}{x^2}$

(5) $6\cos 3x \sin 3x$ (6) $\dfrac{1}{\sqrt{x^2+2}}$ (7) $x^x(\log x + 1)$

8.7 (1) $y = -\dfrac{1}{4}x + \dfrac{7}{4}$ (2) $y = x - 1$

8.8 (1) $y = (2ap+b)x - ap^2 + c$ (2) $x = \dfrac{p+q}{2}$

8.9 (1) 増減表・グラフは以下の通りで，$f(x)$ は $x=1$ で極大値 6 をとり，$x=3$ で極小値 2 をとる.

x	$(-\infty)$	$\cdots$	1	$\cdots$	2	$\cdots$	3	$\cdots$	(∞)
f'		$+$	0		$-$		0	$+$	
f''			$-$		0		$+$		
f	(0)	↗	6	↘	4	↘	2	↗	(∞)

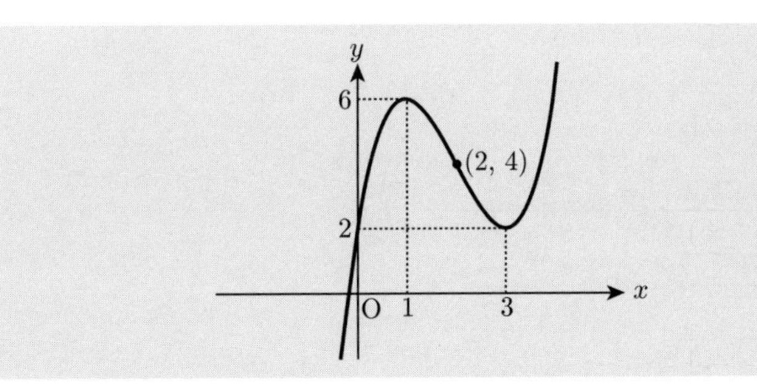

(2) 増減表・グラフは以下の通りで，$f(x)$ は $x=0$ で極大値 1 をとる．

x	$(-\infty)$	$\cdots$	$-\frac{1}{\sqrt{2}}$	$\cdots$	0	$\cdots$	$\frac{1}{\sqrt{2}}$	$\cdots$	(∞)
f'			$+$		0		$+$		
f''		$+$	0		$+$		0	$+$	
f	(0)	↗	$\sqrt{\frac{2}{3}}$	↗	1	↘	$\sqrt{\frac{2}{3}}$	↘	(0)

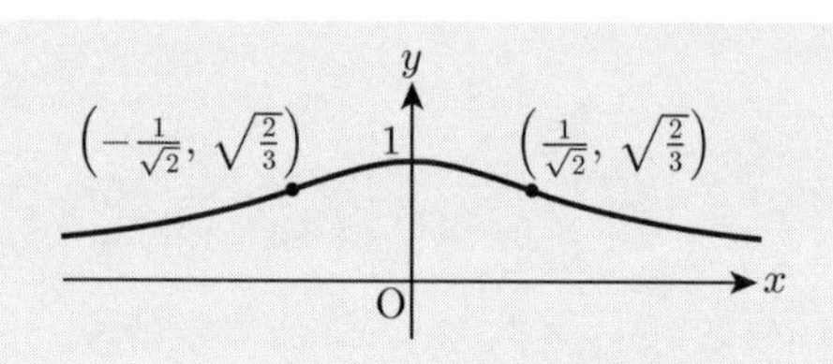

8.10 省略 （$f(x) \leqq g(x)$ を示すには $g(x)-f(x) \geqq 0$ を示せばよい．）

第 9 章

問 9.1 (1) $\dfrac{4}{3}$ (2) $\dfrac{111}{4}$ (3) $1-\dfrac{1}{e}$ (4) $2\sqrt{2}$ (5) $\dfrac{1}{2}\log 3$

(6) $\log 5$

問 9.2 (1) $\dfrac{8}{5}\sqrt{3}-\dfrac{4}{15}\sqrt{2}$ (2) $-\log(\log 2)$ (3) $\dfrac{9}{2}\log 3-2$

(4) $2e^2-e$ (5) 2π (6) $\dfrac{\pi}{6}$

問 9.3 (1) $\dfrac{14}{3}$ (2) $\sqrt{2}(e^{\pi}-1)$

問 9.4 (1) $x^2+y^2=C$ (2) $x^2+y^2=5$

▶ 演習問題解答

9.1 (1) $-\dfrac{22}{15}$ (2) $\log\dfrac{3}{2}+\dfrac{1}{6}$ (3) $\dfrac{21}{110}$ (4) $\dfrac{5}{24}$ (5) $\dfrac{31}{15}$

(6) $\dfrac{\pi}{4}-\dfrac{1}{2}\log 2$ (7) $1-\dfrac{2}{e}$ (8) $-\dfrac{2}{5}$ (9) $\dfrac{5}{2}$

9.2 省略

9.3 (1) $I=-2J$ および $I=-\dfrac{1}{2}-\dfrac{1}{2}e^{2\pi}+\dfrac{1}{2}J$

(2) $I=-\dfrac{2e^{2\pi}+2}{5},\ J=\dfrac{e^{2\pi}+1}{5}$

9.4 (1) π (2) $\dfrac{\pi}{6\sqrt{3}}$

9.5 (1) $\dfrac{8}{3}$ (2) $\dfrac{e}{2}-1$

9.6 $f(x)=3x^2+\dfrac{9}{13}x-\dfrac{17}{26}$

9.7 (1) $\dfrac{16}{15}\pi$ (2) $\dfrac{4}{3}\pi r^3$

9.8 (1) $\dfrac{8}{3}(2+\sqrt{2})$ (2) $e-\dfrac{1}{e}$

9.9 (1) 一般解：$y=Ce^{-x^2}$，特殊解：$y=-e^{-x^2}$

(2) 一般解：$y=-\dfrac{1}{\log(x+1)+C}$，特殊解：$y=-\dfrac{1}{\log(x+1)+1}$

(3) 一般解：$y=\dfrac{(C-\cos x)^2}{4}-2$（ただし $C-\cos x \geqq 0$），

特殊解：$y=\dfrac{(3-\cos x)^2}{4}-2$

第10章

問 10.1 (1) $-1-13i$ (2) $-\dfrac{2}{5}+\dfrac{4}{5}i$ (3) -1

問 10.2 省略

問 10.3

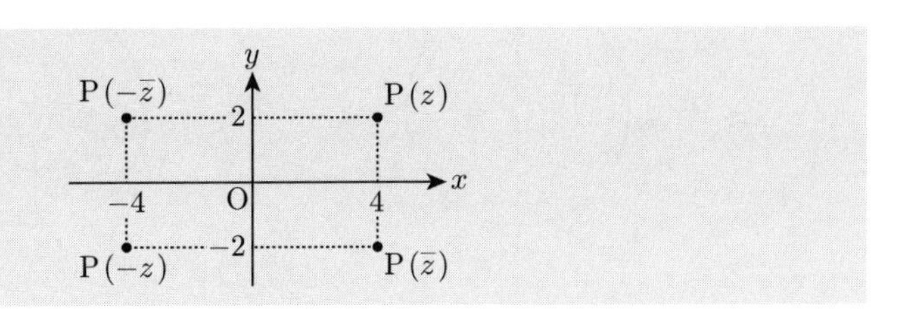

問 10.4 省略 （(2) は $-|z\pm w| \leqq |z|-|w| \leqq |z\pm w|$ と同値.）

問 10.5 (1) $2\sqrt{2}\left(\cos\dfrac{\pi}{6}+i\sin\dfrac{\pi}{6}\right)$ (2) $\dfrac{1}{\sqrt{2}}\left(\cos\dfrac{3}{4}\pi+i\sin\dfrac{3}{4}\pi\right)$

(3) $\cos\pi+i\sin\pi$

問 10.6 (1) $\mathrm{B}(-\sqrt{2},\sqrt{6})$ (2) $\theta=\dfrac{5}{6}\pi$

問 10.7 (1) $512+512\sqrt{3}\,i$ (2) $-\dfrac{1}{128}+\dfrac{1}{128}i$

問 10.8 (1) $\sqrt{3}+i,\ -1+\sqrt{3}\,i,\ -\sqrt{3}-i,\ 1-\sqrt{3}\,i$

(2) $1,\ \dfrac{1}{2}+\dfrac{\sqrt{3}}{2}i,\ -\dfrac{1}{2}+\dfrac{\sqrt{3}}{2}i,\ -1,\ -\dfrac{1}{2}-\dfrac{\sqrt{3}}{2}i,\ \dfrac{1}{2}-\dfrac{\sqrt{3}}{2}i$

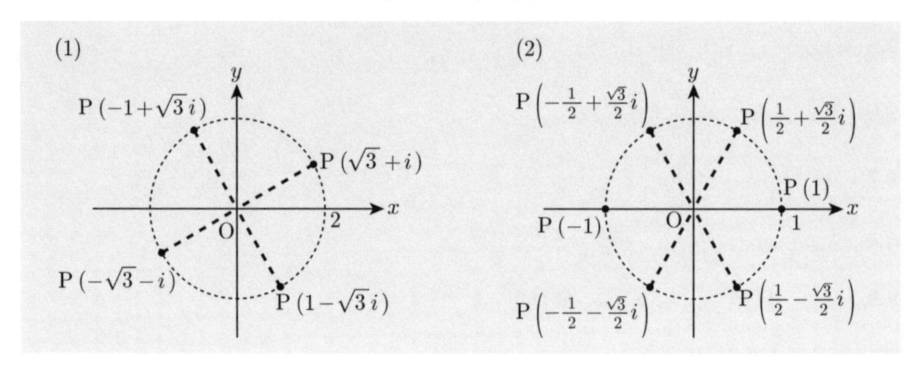

▶ 演習問題解答

10.1　(1) $-1+3i$　　(2) $\dfrac{4}{25}-\dfrac{3}{25}i$　　(3) $\dfrac{7}{10}-\dfrac{9}{10}i$

10.2　省略（(2) は (1) と $\dfrac{1}{z}+\dfrac{1}{\overline{z}}=\dfrac{1}{|z|^2}(z+\overline{z})$ を用いる.）　**10.3**　省略

10.4

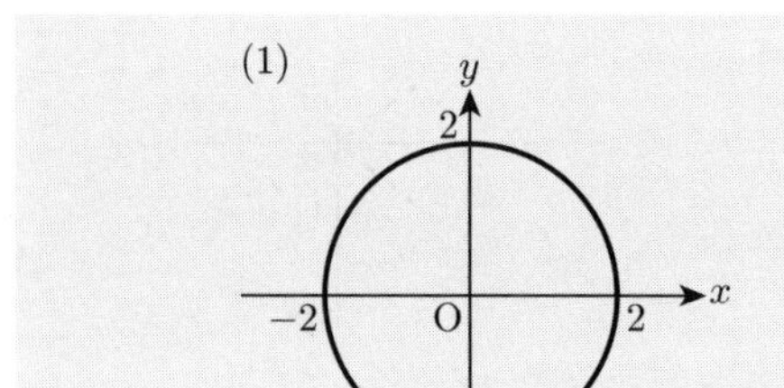

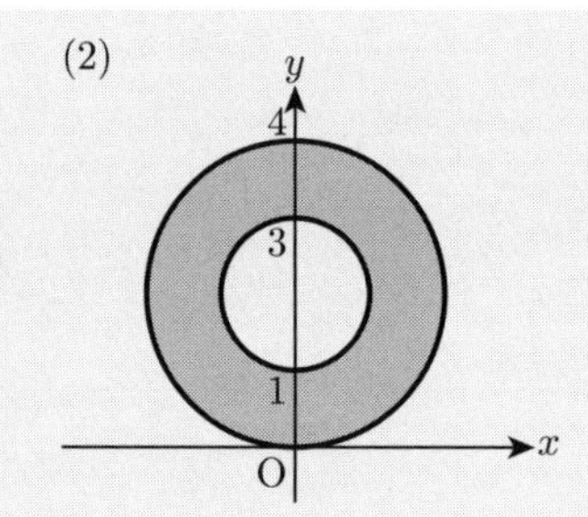

10.5　三角形 OP(1)P(z) と三角形 OP(w)P(zw) が相似になるように点 P(zw) を定めればよい.

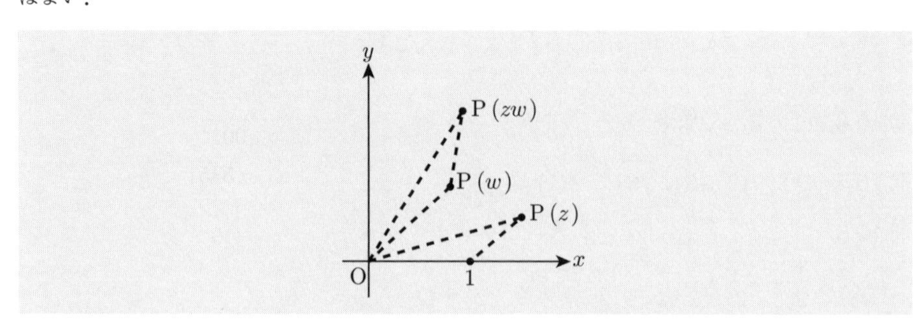

10.6 (1) $\dfrac{\pi}{4}$ (2) $\mathrm{C}\left(\dfrac{1-\sqrt{3}}{2}, \dfrac{5+3\sqrt{3}}{2}\right)$

10.7 (1) $\dfrac{1}{\sqrt{2}}+\dfrac{1}{\sqrt{2}}i,\ -\dfrac{1}{\sqrt{2}}+\dfrac{1}{\sqrt{2}}i,\ -\dfrac{1}{\sqrt{2}}-\dfrac{1}{\sqrt{2}}i,\ \dfrac{1}{\sqrt{2}}-\dfrac{1}{\sqrt{2}}i$

(2) $\dfrac{\sqrt{6}+\sqrt{2}}{4}+\dfrac{\sqrt{6}-\sqrt{2}}{4}i,\ -\dfrac{1}{\sqrt{2}}+\dfrac{1}{\sqrt{2}}i,\ -\dfrac{\sqrt{6}-\sqrt{2}}{4}-\dfrac{\sqrt{6}+\sqrt{2}}{4}i$

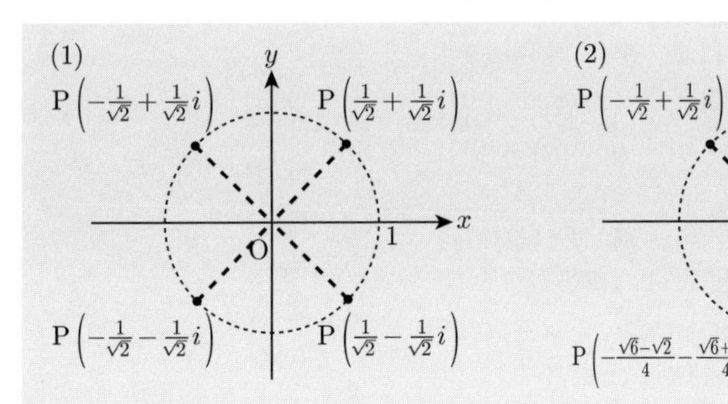

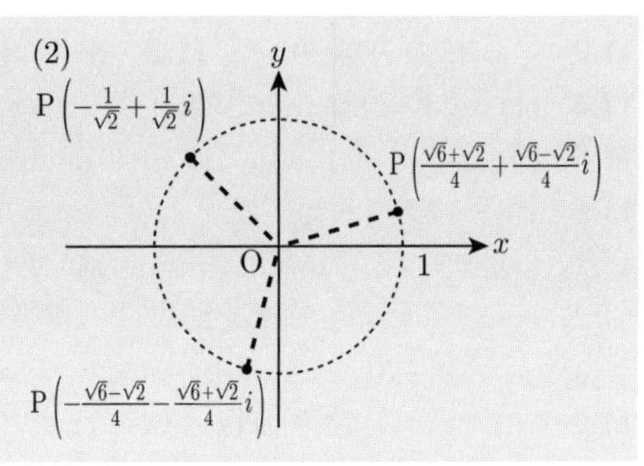

10.8 (1) 右図

(2) 省略（解と係数の関係を用いる.）

(3) 省略（極形式を用いる.）

(4) 省略（定理 10.2 を用いる.）

(5) $t^2+t-1=0$

(6) $\dfrac{\sqrt{5}-1}{4}$

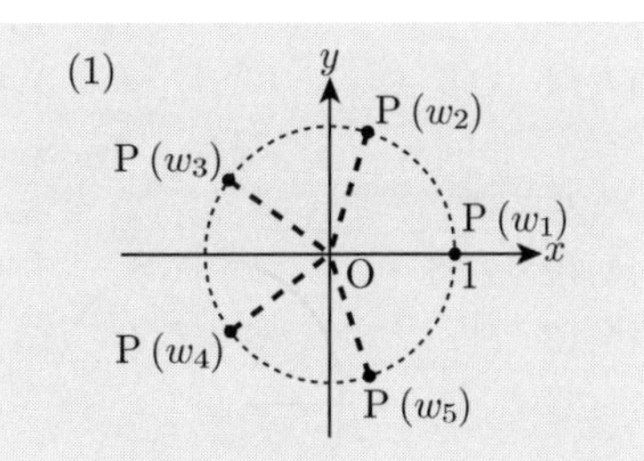

第 11 章

問 11.1 (1) 合成数 (2) 合成数 (3) 素数 (4) 合成数 (5) 素数

問 11.2 (1) 1, 2, 5, 7, 10, 14, 35, 70, 49, 98, 245, 490

(2) 1, 3, 17, 23, 51, 69, 391, 1173

(3) 1, 2, 3, 4, 5, 6, 8, 10, 11, 12, 15, 20, 22, 24, 30, 33, 40, 44, 55, 66, 69, 88, 110, 120, 132, 165, 220, 264, 330, 440, 660, 1320

問 11.3 35

問 11.4 (1) $\gcd=15$, $\mathrm{lcm}=6300$ (2) $\gcd=77$, $\mathrm{lcm}=1001$

問 11.5 (1) $\gcd=89$, $\mathrm{lcm}=302867$ (2) $\gcd=67$, $\mathrm{lcm}=545179$

問 11.6 (1) $x=3+5k,\ y=3+6k$（k は整数）

(2) $x=100+173k,\ y=-26-45k$（k は整数）

(3) $x=67+72k,\ y=-243-263k$（k は整数）

問 11.7 (1) 16 (2) 13 (3) 3

問 11.8 (1) $x\equiv 4 \pmod 6$ (2) $x\equiv 8 \pmod{12}$

問 11.9 (1) $x = 5 + 7k$, $y = 3k$（k は整数）

(2) $x = 2 - 5k$, $y = 7 + 12k$（k は整数）

(3) $x = 5 + 21k$, $y = -2 - 16k$（k は整数）

▶ 演習問題解答

11.1 (1) 素数 (2) 合成数 (3) 合成数

11.2 $n = 9,\ 18,\ 45,\ 90$ **11.3** 省略（背理法を用いる.）

11.4 (1) $\gcd = 9$, $\mathrm{lcm} = 15552$ (2) $\gcd = 101$, $\mathrm{lcm} = 409959$

11.5 $(m, n) = (56, 1680)$, $(112, 840)$, $(168, 560)$, $(280, 336)$

11.6 省略（背理法を用いる.）

11.7 (1) $x = 12 + 15k$, $y = -5 - 8k$（k は整数）

(2) $x = 8 + 12k$, $y = 7 + 23k$（k は整数）

(3) $x = 10 + 31k$, $y = -49 - 152k$（k は整数）

11.8 151 年後 **11.9** (1) 11 (2) 7

11.10 (1) $x \equiv 4 \pmod 7$ (2) $x \equiv 7 \pmod 9$ (3) $x \equiv 23 \pmod{25}$

11.11 (1) $a = 3$ の場合，順に 3, 6, 2, 5, 1, 4

$a = 5$ の場合，順に 5, 3, 1, 6, 4, 2

(2) 省略 (3) 省略（(2) を用いる.）

11.12 省略

11.13 (1) 省略（p が素数ならば $(p-1)!$ と p は互いに素であることを用いる.）

(2) 2

第 12 章

問 12.1 (1) $x^2 = -12y$ (2) 焦点 $\mathrm{F}\left(\dfrac{1}{20}, 0\right)$，準線 $x = -\dfrac{1}{20}$ 問 12.2 $x^2 = 20y$

問 12.3 (1) $\dfrac{x^2}{2} + \dfrac{y^2}{9} = 1$，長軸 6，短軸 $2\sqrt{2}$

(2) 焦点 $\mathrm{F}(1, 0)$, $\mathrm{F}'(-1, 0)$，長軸 $4\sqrt{2}$，短軸 $2\sqrt{7}$

問 12.4 $\dfrac{x^2}{4} + \dfrac{y^2}{25} = 1$

問 12.5 (1) $y^2 - \dfrac{x^2}{24} = 1$，漸近線 $y = \dfrac{1}{2\sqrt{6}}x$, $y = -\dfrac{1}{2\sqrt{6}}x$

(2) 焦点 $\mathrm{F}(2\sqrt{3}, 0)$, $\mathrm{F}'(-2\sqrt{3}, 0)$，漸近線 $y = \sqrt{3}\,x$, $y = -\sqrt{3}\,x$

問 12.6 $y^2 - \dfrac{x^2}{15} = 1 \left(y \leqq -\dfrac{1}{4}\right)$

問 12.7 (1) $\dfrac{(x+3)^2}{9} + (y-2)^2 = 1$ (2) $\dfrac{(y-1)^2}{4} - \dfrac{(x-\frac{1}{2})^2}{3} = 1$

問 12.8　(1)　放物線 $y^2 = 6x$ を x 軸方向に $-\dfrac{3}{2}$，y 軸方向に 3 移動した図形.

(2)　双曲線 $\dfrac{y^2}{6} - \dfrac{x^2}{8} = 1$ を x 軸方向に 2，y 軸方向に 3 平行移動した図形.

問 12.9　(1)　楕円 $\dfrac{x^2}{\frac{4}{3}} + \dfrac{(y - \frac{11}{3})^2}{\frac{16}{9}} = 1$　(2)　双曲線 $\dfrac{(y - \frac{13}{15})^2}{\frac{64}{225}} - \dfrac{x^2}{\frac{64}{15}} = 1$

▶ 演習問題解答

12.1　(1)　$y^2 = -8x$　(2)　$\dfrac{x^2}{3} + \dfrac{y^2}{2} = 1$　(3)　$x^2 - \dfrac{y^2}{8} = 1$

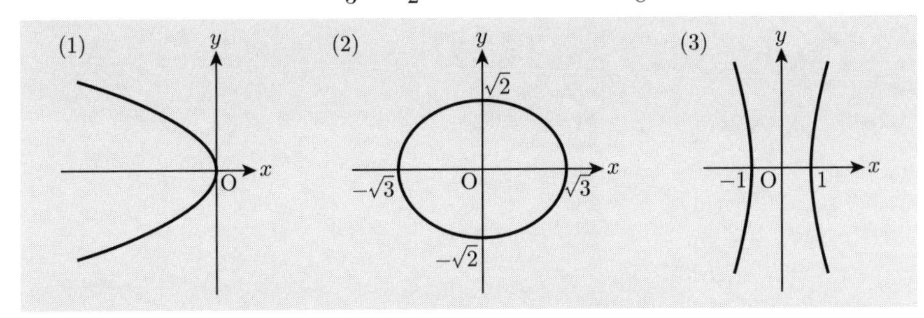

12.2　(1)　焦点 $\mathrm{F}(\sqrt{5}, 0)$, $\mathrm{F}'(-\sqrt{5}, 0)$，長軸 $4\sqrt{2}$，短軸 $2\sqrt{3}$

(2)　焦点 $\mathrm{F}(0, 3)$, $\mathrm{F}'(0, -3)$，漸近線 $y = \dfrac{\sqrt{5}}{2}x$, $y = -\dfrac{\sqrt{5}}{2}x$

12.3　(1)　$\dfrac{x^2}{\frac{9}{4}} - \dfrac{y^2}{\frac{27}{4}} = 1 \left(x \geqq -\dfrac{3}{4}\right)$　(2)　$\dfrac{x^2}{9} + \dfrac{y^2}{81} = 1$　(3)　$y^2 = -16x$

12.4　(1)　$\dfrac{(x-3)^2}{4} + \dfrac{(y-2)^2}{6} = 1$　(2)　$(y+2)^2 = \dfrac{3}{2}(x+4)$

(3)　$\dfrac{(y+2)^2}{4} - \dfrac{(x-1)^2}{9} = 1$

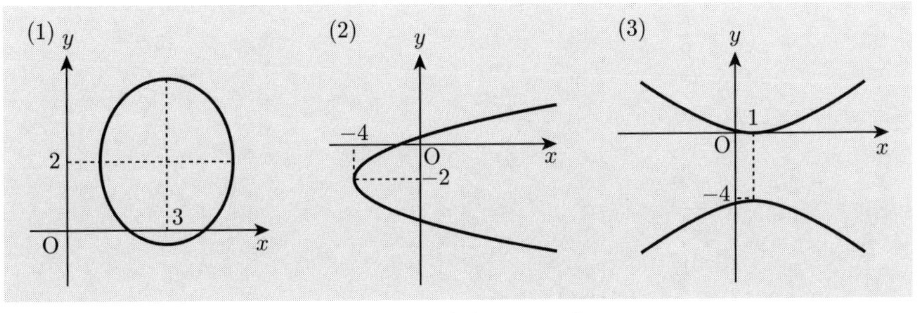

12.5　(1)　$y^2 = 4(x-3)$　(2)　$\dfrac{(x-1)^2}{9} + \dfrac{(y-2)^2}{5} = 1$

12.6　$xy = 1$，漸近線 $y = 0$, $x = 0$　**12.7**　省略　**12.8**　省略　**12.9**　省略

索　　引

著者略歴

星賀　彰（ほしが　あきら）

1993年　北海道大学大学院理学研究科修士課程数学専攻修了
　　　　北見工業大学工学部講師，静岡大学工学部准教授を経て
現　在　静岡大学学術院工学領域教授
　　　　博士（理学）（北海道大学）
　　　　専門は偏微分方程式論

主要著書

『工学系の微分積分学』（共著，学術図書出版社）

ライブラリ 例題から展開する大学数学＝**1**

例題から展開する大学の基礎数学

2020年1月25日©　　初　版　発　行

著　者　星賀　彰　　発行者　森平敏孝
　　　　　　　　　　印刷者　大道成則

発行所　株式会社　**サイエンス社**

〒151-0051　東京都渋谷区千駄ヶ谷1丁目3番25号
営業　☎ (03)5474–8500（代）　振替 00170–7–2387
編集　☎ (03)5474–8600（代）
FAX　☎ (03)5474–8900

印刷・製本　太洋社

《検印省略》

ISBN978–4–7819–1464–0

PRINTED IN JAPAN

サイエンス社のホームページのご案内
https://www.saiensu.co.jp
ご意見・ご要望は
rikei@saiensu.co.jp　まで．